EXPOSITION
DES PRODUITS DE L'INDUSTRIE FRANÇAISE.

RAPPORT
DU JURY CENTRAL
EN 1839.

Imprimerie de L. BOUCHARD-HUZARD,
rue de l'Éperon, 7.

EXPOSITION
DES PRODUITS DE L'INDUSTRIE FRANÇAISE EN 1839.

RAPPORT
DU JURY CENTRAL.

—

TOME SECOND.

PARIS,
CHEZ L. BOUCHARD-HUZARD,
rue de l'Éperon, 7.

—

M DCCC XXXIX.

RAPPORT

DU JURY CENTRAL

SUR LES PRODUITS

DE L'INDUSTRIE FRANÇAISE

EN 1839.

• •

TROISIÈME COMMISSION.

MACHINES ET USTENSILES AGRICOLES.

MM. le baron Ch. Dupin, président, Combes, Durand (Amédée), Griolet, vicomte Héricart de Thury, Kœchlin, Michel Chevalier, Payen, Pouillet, baron Séguier, Tarbé de Vauxclairs et Yvart.

—

SECTION PREMIÈRE.

§ 1er. MACHINES A ÉLEVER L'EAU.

M. Combes, rapporteur.

Considérations générales.

Cette classe importante de machines est repré-sentée, à l'exposition de 1839, par des pompes à

incendie, et des pompes de petites dimensions destinées aux usages domestiques, ou à l'arrosement
des jardins.

Le grand nombre de pompes à incendie, qui sont
arrivées de plusieurs départements, montre que la
fabrication de ces utiles appareils s'est répandue, et
a pris un assez grand développement. Ceux qui sont
conformes aux anciens modèles sont, en général, bien
confectionnés, et ont reçu des améliorations de détails. Plusieurs innovations ont été tentées, dans le
but de réduire le prix des pompes, de les rendre plus
transportables ou d'un usage plus commode. Pour y
parvenir, on a dû malheureusement sacrifier quelques-uns des avantages des pompes ordinaires. On
remarque un modèle de l'appareil contre les incendies des salles de spectacle, déjà placé au théâtre de
la porte Saint-Martin.

Parmi les pompes de petites dimensions, les
pompes rotatives de différentes formes sont établies
à des prix très-bas ; leur pose est facile et peu coûteuse ; mais elles demeurent, sous tous les autres
rapports, bien inférieures aux pompes à pistons
douées d'un mouvement alternatif.

On regrette l'absence complète des machines usitées pour l'épuisement des fondations, ainsi que des
appareils capables d'élever un grand volume d'eau
à une petite hauteur, qui pourraient servir au dessé-
chement des marais ou de terrains marécageux, à

l'irrigation en grand des terrains plats, situés dans le voisinage des riviéres , à l'alimentation des réservoirs ou de biez de certains canaux de navigation.

Enfin les grandes pompes d'épuisement pour les mines profondes, celles qui servent à élever de l'eau pour les besoins des villes populeuses , manquent également. Cela est d'autant plus fâcheux, que la construction des pompes d'épuisement de mines a reçu de grandes améliorations depuis quelques années. On peut citer, comme exemple, les belles pompes de la mine du Huelgoat, dans le département du Finistére, qui élèvent l'eau, sans reprise, à 160 mètres de hauteur verticale, et sont mues par les premières machines à colonne d'eau qui aient été construites en France. Ces machines sont égales, sinon supérieures , à tout ce qui existe de plus beau en ce genre, en Angleterre et en Allemagne.

MÉDAILLE D'ARGENT.

M. Guérin, à Paris, rue du Marché-d'Aguesseau, 6.

M. Guérin a exposé, sous le n° 1261, une pompe à incendie, avec avant-train, à l'instar des équipages de l'artillerie, un assortiment de boyaux en cuir, de seaux, un appareil de M. le colonel Paulin, pour permettre aux pompiers de pénétrer dans les caves remplies de fumée ou d'exhalaisons irrespirables, enfin un modèle de l'appareil de sûreté qu'il a fait établir, depuis plusieurs années, au théâtre de la Porte-Saint-Martin.

M. Guérin est un ancien capitaine, adjudant-major au corps des sapeurs-pompiers de la ville de Paris. Il fabrique, dans son établissement, rue du Marché-d'Aguesseau, des pompes à incendie, et tous leurs accessoires. Il occupe, dans ses ateliers, de quarante à cinquante ouvriers; les produits qui en sortent se distinguent par une bonne exécution. M. Guérin a fait plusieurs essais pour trouver l'enduit le plus propre à la conservation des cuirs employés pour la construction des boyaux. Ce qui appelle surtout sur lui l'attention du jury, c'est l'appareil contre l'incendie des cintres de théâtre.

Les décorations d'un théâtre sont disposées de telle sorte qu'un incendie s'y propage avec une rapidité effroyable : elle est si grande, que, si on ne se rend pas maître du feu dès les premiers instants, on doit renoncer à l'espoir de l'éteindre ; quelquefois, au théâtre de l'Ambigu-Comique, par exemple, il est arrivé que le feu a pris sous les yeux mêmes des pompiers de service, sans qu'il leur ait été possible d'éviter la catastrophe. Pour éteindre le feu qui peut être mis aux pièces légères, suspendues dans les salles, par une pièce d'artifice, il est nécessaire de pouvoir diriger immédiatement, sur le point où le feu s'est attaché, un jet d'eau animé d'une grande vitesse. Ce n'est pas la masse d'eau projetée qui agit, mais plutôt la force de projection qui détache les parties embrasées. Il était donc nécessaire d'avoir un moyen d'obtenir instantanément un jet d'eau sortant sous une fort grande pression. Un réservoir d'eau, placé au haut de l'édifice, ne fournit pas un jet d'une force suffisante pour les étages supérieurs de la salle, qui sont les plus exposés à l'incendie. **M. Guérin** a eu l'idée d'établir un appareil composé de deux réservoirs en tôle, placés dans les combles, et d'un troisième réservoir placé dans les caves de l'édifice. Un tuyau descend du premier réservoir supérieur au-dessous du réservoir de la cave. Un autre tuyau, montant du réservoir de la cave, débouche à la partie supérieure du deuxième réservoir des combles; enfin un tuyau, partant de ce dernier réservoir, descend le long d'un des murs de l'édifice. Ce tuyau porte des robinets qui doivent fournir, aux divers étages de la salle, les jets destinés à combattre les incendies. Pour mettre l'appareil en charge, les deux réservoirs des combles, le premier et le troisième tuyau, sont remplis d'eau par le moyen d'une pompe à incendie. Le réservoir de la cave et le tuyau montant au deuxième réservoir des combles sont remplis, avec une pompe foulante, d'air suffisamment comprimé pour faire équilibre à la pression de la colonne d'eau contenue dans ce premier tuyau, et qui a, par conséquent, toute la hauteur de la salle. Cela fait, on ouvre le robinet de communication entre le premier réservoir des combles et le réservoir d'air comprimé, placé dans la cave, et l'appareil est prêt à fonctionner. On voit que la pression de la première colonne d'eau est transmise, par la colonne d'air comprimé, au-dessus de l'eau contenue dans le deuxième réservoir des combles, et qu'en conséquence on peut obtenir, dans les combles mêmes, un jet d'eau provenant du deuxième réservoir, qui jaillira sous une pression d'eau égale à la hauteur entière de la salle. Cette pression demeurera à peu près constante pendant tout le temps que le deuxième réservoir se videra, parce que l'eau du premier réservoir des combles passera dans le réservoir d'air comprimé. Cette application du principe de la fontaine de Héron ou de la transmission des pressions de colonnes d'eau parallèles, au moyen de colonnes d'air intermédiaires, aux appareils contre l'incendie des théâtres, nous parait entièrement nouvelle, et nous nous sommes assurés, en faisant fonctionner l'appareil sous nos yeux, qu'il serait possible d'en tirer un très-grand parti, pour combattre un incendie qui viendrait à se déclarer, pendant la durée d'une représentation.

M. Guérin a obtenu une médaille de bronze à l'exposition de 1834. Il mérite, pour la bonne fabrication de ses pompes à incendie, et pour l'appareil particulier que nous avons décrit, la médaille d'argent que le jury lui décerne.

MÉDAILLES DE BRONZE.

M. Charles KRESS, à Colmar (Haut-Rhin).

M. Kress expose une pompe à incendie sur chariot, avec avant-train, à l'instar de l'artillerie, avec les pièces de rechange et accessoires.

La pompe est d'une exécution parfaite, et bien entendue dans toutes ses parties. Les supports de la brimbale sont en fer, et présentent une assiette solide et large à cette pièce. On peut, en enlevant les pistons des pompes, arriver aux clapets d'aspiration, qui sont vissés au bas des cylindres, et peuvent être enlevés et remplacés en très-peu de temps. Les viroles d'assemblage des boyaux présentent un mode particulier de construction qui prouve l'habileté et l'intelligence du mécanicien.

M. Kress a un atelier de constructions d'une assez grande étendue, à Colmar. Il livre annuellement au commerce 150 pompes à incendie à peu près.

Le jury se plaît à constater la perfection de ses machines, et à le récompenser par la médaille de bronze.

M. Lhuilier, à Remiremont (Vosges).

M. Lhuilier a exposé une pompe à incendie sur chariot, de grandes dimensions et bien confectionnée. Ses ateliers fournissent annuellement au commerce vingt pompes à incendie environ.

Le jury, en raison de la bonne exécution de sa pompe, décerne à ce fabricant la médaille de bronze.

M. A. Petit, à Paris.

M. A. Petit expose des pompes pour l'arrosement des jardins, qui sont fort bien établies, et qu'il livre au prix de 15 fr. Ces pompes sont entièrement en cuivre. La tige du piston est un simple fil de fer de gros calibre. Un réservoir d'air annulaire, d'une grande hauteur, entoure tout l'appareil, qui présente extérieurement la forme cylindrique. La soupape d'ascension est une bille à jouer, à laquelle on peut arriver en desserrant, avec une pince, une plaque à vis adaptée à un bout de tuyau circulaire fixé au réservoir d'air. Dans tout son ensemble, la pompe de M. A. Petit, semblable, d'ailleurs, aux clysoirs, est ingénieusement conçue et d'une bonne exécution.

Le jury décerne à ce fabricant la médaille de bronze.

MM. Klemm et Torasse, aux Batignolles.

MM. Klemm et Torasse exposent, sous le nº 1105, un appareil pour mesurer le volume d'eau fourni par un tuyau auquel l'appareil est adapté. L'hydromètre de MM. Klemm et Torasse se compose d'un piston qui se meut dans un cylindre alésé. Un tiroir analogue au tiroir distributeur des machines à vapeur met alternativement en communication, avec le tuyau de décharge, le dessus ou le dessous du piston, tandis que l'autre partie du cylindre reçoit l'eau de la source. Le piston lui-même est mû par la pression de l'eau débitée par le compteur, et son mouvement alternatif entraîne celui du tiroir distributeur, en même temps qu'il fait avancer d'une dent, à chaque double excursion, la roue d'un compteur portant une aiguille, qui se meut devant un cadran. Chaque division du cadran indique une dépense d'eau égale à la capacité engendrée par la double excursion du piston. Le compteur peut accuser 5,000 fois cette capacité.

L'application, par MM. Klemm et Torasse, du mécanisme des machines à vapeur à l'enregistrement du volume d'eau fourni par un réservoir est ingénieuse.

Le jury, pour récompenser ces fabricants, leur décerne la médaille de bronze.

M. Huck, à Paris, rue Bichat, 17.

M. Huck expose une pompe rotative de Dietz modifiée par lui, un modèle de machine à vapeur, des râpes. Tous ces objets, et notamment la pompe rotative, sont d'une bonne exécution.

Le jury, pour l'ensemble de ses produits, décerne à M. Huck la m daille de bronze.

MENTIONS HONORABLES.

M. Dubuc, à Paris, impasse de la Pompe, 3.

M. Dubuc expose, sous le n° 834, des pompes pour arrosement des jardins, à réservoir d'air, construites en zinc ou en cuivre, qu'il vend depuis 5 jusqu'à 15 fr. Malgré l'extrême modicité du prix, ces pompes sont bien faites et ingénieusement conçues.

Le jury décerne une mention honorable à M. Dubuc.

M. CAILLET, à Châlons (Marne).

M. Caillet expose, sous le n° 2,226, une pompe à incendie, à cylindre horizontal et à double effet, placée sur un chariot. L'essieu du chariot est coudé dans son milieu, de manière à former une manivelle qui transmet à la tige de la pompe le mouvement de va-et-vient, lorsque l'essieu reçoit un mouvement de rotation. Quand la pompe est arrivée au lieu de l'incendie, on soulève le chariot au moyen de chambrières. Les roues n'appuient plus à terre. En retournant la plaque à écrou, qui retient la roue pendant le transport, une des roues se trouve fixée à l'essieu; on adapte en un point du rayon une manivelle, et la roue fixée devient un volant. La pompe fonctionne ainsi, sans avoir besoin d'être mise à terre.

L'idée de M. Caillet d'employer, comme volant, la roue du chariot qui porte la pompe, n'est point nouvelle. Nous devons dire aussi que, pour des pompes à incendie, le mouvement ordinaire du balancier nous semble préférable au mouvement d'une manivelle. Cependant l'appareil de M. Caillet n'est point une copie de ce qui a été fait avant lui. Sa pompe est bien construite. Ses dispositions sont simples.

Ce fabricant mérite donc la mention honorable que le jury lui décerne.

POUR MÉMOIRE.

Sont réservés les fabricants dont les noms suivent, qui ont exposé plusieurs objets différents, en même temps que des pompes.

RAPPELS DE MÉDAILLES D'ARGENT.

M. HERMANN

A exposé une pompe à incendie, simple, bien établie et à un prix modéré.

Voyez le rapport qui donne la récompense, p. 60.

MM. STOLTZ et c^ie

Ont exposé une pompe rotative, dite pompe de Dietz, pour laquelle il a été décerné une médaille de bronze à l'exposition de 1834; cette pompe a reçu, depuis, de notables perfectionnements.

Renvoi au rapport spécial.

MM. ROLLÉ et SCHWILGUÉ.

Cette maison, qui a reçu, aux dernières expositions, une médaille d'argent, a envoyé, avec d'autres produits, une pompe à botte facilement transportable; cette pompe est à diaphragme, et mérite d'être signalée sous le rapport de la simplicité, de la modération du prix et de la bonne confection.

Renvoi au rapport qui donne la médaille.

La maison THIÉBAULT

Expose des pompes fort bien construites.
Renvoi au rapport qui décerne la médaille.

---

§ 2. SOUFFLETS.

MÉDAILLE DE BRONZE.

M. de la Forge fils, à Paris, rue de Pontoise, 10 et 12.

M. de la Forge a présenté, à l'exposition, des soufflets de forge d'une très-bonne construction, et des forges portatives garnies de leurs soufflet et cheminée.

Tout le monde a remarqué les élégantes forges portatives ployantes de ce fabricant. Elles sont susceptibles d'être renfermées dans une caisse de 24 centimètres de profondeur, ce qui rend leur transport très-facile.

M. de la Forge succède à son père, qui a obtenu une médaille de bronze en 1834. Le fils soutient dignement l'ancienne réputation de la maison, et mérite, par la bonne exécution de ses produits, la nouvelle médaille de bronze que le jury lui décerne.

MENTIONS HONORABLES.

M. ENFER, rue Neuve-Sainte-Catherine, 22.

M. Enfer expose des soufflets cylindriques à vent continu, composés de deux caisses séparées par le plateau

circulaire qui reçoit le mouvement de la branloire, et dé
termine l'agrandissement et le rétrécissement alternatifs
de l'une et l'autre capacité. Le vent aspiré dans chacune
d'elles est refoulé dans une troisième caisse ou compartiment, formant réservoir d'air, qui est placé au-dessus des
deux autres ; l'air venant de la capacité inférieure arrive
à ce réservoir par un conduit métallique placé extérieurement ; le plateau mobile est lié à la branloire par un étrier.
Les soufflets de M. Enfer sont bien établis ; ils occupent
peu d'espace, ainsi que le prouvent les forges portatives
exposées par le même fabricant.

Le jury décerne à M. Enfer une mention honorable.

M. PAILLETTE, rue de la Montagne-Sainte-Geneviève, 52.

Les soufflets exposés par M. Paillette sont construits
dans le même système que ceux du précédent ; ils ont la
forme prismatique à base carrée, au lieu de la forme cylindrique. La branloire à laquelle est lié le plateau mobile
traverse, dans un fourreau en cuir flexible, le corps du
soufflet, et le vent du deuxième compartiment, placé au-
dessous du plateau mobile, est conduit au réservoir d'air
par un conduit intérieur en cuir flexible.

Les soufflets de M. Paillette sont d'une bonne exécution, occupent peu de place, comme ceux de M. Enfer, et
lui méritent la mention honorable que le jury lui décerne.

***

§ 3. GARDE-ROBES HYDRAULIQUES.

Les garde-robes qui figurent à l'exposition sont nombreuses et presque toutes bien confectionnées. Cela prouve

que les habitudes de propreté, et le besoin d'ustensiles élégants et commodes, se répandent de plus en plus dans toutes les classes de la société.

La commission des machines a éprouvé un véritable embarras pour classer ces appareils, en raison même de la bonne exécution de presque tous. Elle a préféré ceux qui joignent à une fermeture à peu près hermétique, obtenue par un ajustement soigné et un contre-poids assez fort, une fermeture hydraulique au moyen de l'eau contenue dans la soucoupe, dont les rebords élevés emboîtent extérieurement le bas de la cuvette.

MÉDAILLE DE BRONZE.

M. FEUILLATRE, rue Croix-des-Pet.-Champs.

Les garde-robes et appareils de toilette et de propreté, exposés par M. Feuillâtre, sont parfaitement exécutés, et d'un usage commode. Ce fabricant s'occupe exclusivement de la construction de ces appareils, qui a pris, dans ses ateliers, où il occupe de 30 à 40 ouvriers, un grand développement.

M. Feuillâtre a fait preuve d'intelligence et d'activité; il mérite la médaille de bronze que le jury lui décerne.

MENTIONS HONORABLES.

M. DURAND aîné, rue S.-Nicolas-d'Antin, 24,

Expose des pompes-bornes et des garde-robes hydrauliques. Ces appareils sont d'une exécution soignée et méritent la mention honorable, que le jury décerne à M. Durand aîné.

M. GUINIER, rue Saint-Philippe, 2.

M. Guinier expose des garde robes bien établies, et mérite, au même titre que le précédent, la mention honorable que le jury lui décerne.

M. HAVARD, rue de Béthizy, 20.

M. Havard, déjà mentionné honorablement à l'exposition de 1834 pour ses garde-robes, mérite que le jury de 1839 lui accorde la même distinction.

M. LAMOTTE, boulevart Montmartre, 10.

M. Lamotte expose une pompe à incendie et des garde-robes et autres appareils de toilette. Sa pompe ne paraît pas devoir offrir les avantages que l'auteur en attend. Ses garde-robes sont bien exécutées, et lui valent la mention honorable que le jury lui décerne.

M. BOURG, à Bercy,

A présenté une garde-robe construite sur un principe nouveau, et qui peut être dissimulée dans l'épaisseur d'un mur, ou dans la profondeur d'un meuble semblable à une commode ou à un secrétaire. La double fermeture obtenue par M. Bourg, en faisant tourner le siége entier autour du canal cylindrique qui communique avec la fosse, ne doit pas permettre à l'odeur de s'échapper. La disposition du siége secret est de nature à rendre cet appareil précieux, dans les appartements resserrés des grandes villes. Le jury lui décerne une mention honorable.

M. RENAUDOT, rue de Grenelle-S.-Germ., 24.

La garde-robe présentée par M. Renaudot paraît d'une construction trop compliquée ; mais elle est très-bien exécutée, et son mécanisme ingénieux prouve que l'auteur est capable de faire, avec un grand degré de perfection, les travaux qui sont du ressort du plombier-fontainier.

Le jury décerne à M. Renaudot une mention honorable.

M. DE LA CHANTERIE, à Rouen,

Présente une garde-robe dite *antiscastodique*, dans laquelle les matières liquides sont immédiatement séparées des matières solides. Celles-ci tombent à part dans un tonneau, où arrive en même temps une dose déterminée de poudre désinfectante. L'appareil de M. de la Chanterie est nouvellement construit par lui : il est grossièrement exécuté ; mais le principe, déjà ancien d'ailleurs, en est excellent, et applicable surtout dans les maisons où il n'existe pas de fosses d'aisances, comme il y en a dans beaucoup de ports de mer et de villes du midi de la France.

Le jury décerne à M. de la Chanterie la mention honorable.

---

§ 4. APPAREILS DE FILTRAGE.

Filtrage sous une pression élevée et en vase clos hermétiquement.

AJOURNEMENT.

Plusieurs appareils pour le filtrage des liquides en vase clos, sous une pression élevée, figurent à l'exposition. Leur construction date de l'année 1837, et les résultats obtenus jusqu'ici donnent lieu d'espérer qu'ils rendront à l'industrie des services très-importants ; toutefois leur usage est encore récent, et leurs applications industrielles n'ont pas été assez nombreuses, pour que leur degré d'utilité soit constaté, avec ce caractère de certitude qui est nécessaire, pour obtenir une des récompenses d'un ordre élevé que le jury décerne. D'ailleurs, des contestations relatives aux droits de propriété, tels qu'ils résultent des brevets d'invention respectifs, sont engagées entre les exposants, et ne sont point encore définitivement vidées devant les tribunaux.

Ces motifs déterminent le jury central à ajourner l'examen des appareils de filtrage en vase clos, présentés par la Compagnie française de filtrage, MM. Lanct et Sornay, et M. Ducommun, à la prochaine exposition générale. Le jury d'alors, éclairé par les résultats d'une expérience soutenue, sera plus à même de décerner avec justice à leurs auteurs les récompenses méritées.

Fontaines filtrantes par ascension.

MÉDAILLE DE BRONZE.

M. Lélogé, rue St-Étienne-Bonne-Nouvelle, 15.

M. Lélogé expose des fontaines de ménage, filtrant par ascension, qui ont déjà figuré à l'exposition de 1834, et valu à l'auteur une mention honorable. Une expérience de plus de cinq ans a confirmé aujourd'hui les avantages du procédé introduit par M. Lélogé, qui a trouvé plusieurs imitateurs.

Le jury se plaît à reconnaître le mérite de l'auteur, auquel il décerne la médaille de bronze.

MENTIONS HONORABLES.

M. Ducommun, boulevart Poissonnière, 6.

M. Ducommun a exposé des fontaines à filtres épurateurs, pour lesquelles il a reçu du jury de 1834 une mention honorable. M. Ducommun se montre toujours digne de la même distinction.

MM. Jaminet et Cornet, rue du Four-St.-Germain, 26.

MM. Jaminet et Cornet exposent des fontaines qui réunissent au filtrage par ascension, suivant le procédé de M. Lélogé, l'épuration par le charbon contenu dans l'encaissement formé par les pierres filtrantes; ils leur donnent le nom de *polyfiltres*. Les pierres qui forment les parois verticales des fontaines de MM. Jaminet et Cornet sont assemblées à rainure et languette, sans agrafes en fer, et rejointoyées avec du ciment hydraulique.

Le jury décerne à ces fabricants la mention honorable.

---

§ 5. OUTILS DE SONDAGE.

Depuis l'exposition de 1834, les outils de sondage ont reçu plusieurs améliorations. Des travaux difficiles, soit par la nature des terrains perforés, soit par la profondeur, ont été exécutés. Enfin nos sondeurs les plus habiles et les plus actifs ont recueilli, de l'exercice de leur industrie, les bénéfices dus à leurs travaux, et aux dépenses considérables faites antérieurement.

NOUVELLE MÉDAILLE D'ARGENT.

M. MULOT, à Épinay.

M. Mulot expose des outils de sondage bien exécutés, parmi lesquels on remarque l'encliquetage Lobo, destiné à prévenir la chute de la sonde dans les puits forés, et des tarières à soupapes à boulet, composées de plusieurs cylindres se vissant au bout les uns des autres, et dont chacun porte sa soupape. M. Mulot a exécuté de nombreux sondages depuis l'exposition de 1834, où il reçut du jury la médaille d'argent. Il travaille encore au grand sondage de l'abattoir de Grenelle, qui est aujourd'hui arrivé dans la glauconie ou craie verte, à une profondeur de 475 mètres, et qui est entièrement tubé, sur un diamètre de $0^m,21$, jusqu'à 410 mètres.

Le jury, pour récompenser l'habileté et la persévérance de M. Mulot, lui décerne une nouvelle médaille d'argent.

MÉDAILLE D'ARGENT.

MM. DEGOUSÉE et c^{ie}, rue de Chabrol, 35.

M. Degousée expose une collection très-complète d'instruments de sondage, et d'appareils pour la manœuvre de la sonde. On y remarque de grandes tarières ouvertes en fer aciéré, des tarières à soupape à boulet dont M. Degousée se sert depuis 1830, un outil composé d'un cylindre plein, armé de deux lames tournant autour de boulons verticaux, lames qui se développent pour mordre dans les parois lorsque l'on tourne la sonde dans un sens, et se logent dans des entailles ménagées à cet effet, quand on tourne en sens contraire. Cet outil, en changeant la forme des lames, peut être employé, soit comme élargisseur, soit pour couper une colonne de tuyaux à une profondeur déterminée, soit pour percer des tuyaux, soit enfin pour vérifier la nature des parois du trou à une profondeur quelconque. Les treuils à came pour le battage méritent aussi des éloges.

M. Degousée, qui exécute des sondages depuis douze ans, expose pour la première fois. Indépendamment de ses nombreux sondages, il a livré au commerce, dans ces dernières années, beaucoup d'outils et instruments très-bien confectionnés, dont plusieurs ont été vendus à des exploitants de mines ou à des mécaniciens des départements du Nord et du Pas-de-Calais, où ont été creusés nos plus anciens puits forés.

Le jury, pour récompenser les travaux de M. Degousée, et les perfectionnements qu'il a apportés à l'outillage du sondeur, lui décerne la médaille d'argent.

MÉDAILLE DE BRONZE.

M. Espériquette, serrurier-sondeur, à Perpignan (Pyrénées-Orientales).

M. Espériquette présente un tableau de vingt-trois sondages exécutés par lui, de 1833 à 1838, dans le département des Pyrénées-Orientales. Les puits forés qu'il a pratiqués ont une profondeur qui varie de 27 à 180 mètres, et ont été exécutés à des prix très-modérés. Le plus profond, pratiqué sur l'esplanade de Perpignan, est arrivé à 180 mètres de profondeur, moyennant une dépense de 3,930 francs; ainsi il a coûté moyennement 22 francs le mètre courant. Le puits foré chez M. Durand, à Toulonges, en 1838, qui a 96 mètres de profondeur, n'a coûté que 919 francs, un peu moins de 10 francs par mètre. Le bas prix du travail tient, sans doute, en grande partie, à la nature du terrain qui a été perforé; mais il prouve aussi l'habileté du sondeur.

Le jury se plaît à accorder à **M.** Espériquette la médaille de bronze.

------

§ 6. SUR LA MACHINE A BROYER LES BOIS DE TEINTURE.

MÉDAILLE D'OR D'ENSEMBLE.

M. VALLERY, à Saint-Paul-sur-Risle (Eure).

M. Vallery s'est occupé depuis longtemps de la trituration des bois tinctoriaux. Dès 1828, il prit, conjointement avec **M.** Perrot, un brevet d'invention pour une machine qui se composait de lames ajustées sur le contour d'une surface cylindrique, à laquelle on imprimait un mouvement de rotation.

En 1830, MM. Vallery et de Malhortie prirent un brevet d'addition et de perfectionnement pour la machine brevetée en 1828. Deux machines sont représentées dans les pièces jointes à la demande du brevet d'addition et perfectionnement pris en 1830. Dans la première, les lames sont fixées à une surface plane qui reçoit un mouvement rectiligne alternatif; le châssis ou surface plane qui porte les lames peut être placé sous des inclinaisons diverses, et que l'on peut varier à volonté. La bûche, posée sur un châssis horizontal analogue à celui des scieries ordinaires, reçoit un mouvement de progression intermittent au moyen des mécanismes connus, composés d'une roue à rochet, de vis sans fin, roues d'engrenage et crémaillères.

La seconde machine, brevetée en 1830, se compose d'un plateau circulaire, à la surface duquel sont attachées les lames saillantes. Ces lames ne sont pas disposées suivant des rayons, mais suivant des arcs de cercle. La bûche, posée sur un châssis situé au-dessous de l'axe autour duquel tourne le plateau, est poussée d'une manière continue contre les lames saillantes. On voit que les lames n'agissent sur la bûche que lorsqu'elles viennent passer sur elle, dans le mouvement de rotation du plateau qui les porte ; ainsi elles ne sont en prise avec le bois que pendant une fraction de leur révolution.

En 1835, M. Vallery a pris un nouveau brevet d'invention pour les machines dont il se sert aujourd'hui dans son établissement de Saint-Paul-sur-Risle. Dans celles-ci, les lames sont fixées à la surface d'un disque plan, ou bien présentant la forme d'un cône creux, ouvert sous un angle de 140 degrés. Le disque conique sert surtout pour les bois tortueux, de forme très-irrégulière. Dans tous les cas, une mèche est fixée dans l'axe même du disque, et la bûche que l'on veut réduire en poudre est poussée contre le centre même de ce disque. La mèche centrale pénètre dans la bûche qu'elle creuse, et lui sert de support, tandis que les autres lames rongent, à une distance plus grande du centre, la partie de la bûche appliquée contre le disque. Des jours sont ménagés, autour de la mèche centrale, pour laisser dégorger les poussières enlevées par la mèche. Il résulte de ces nouvelles dispositions que la bûche est portée par une de ses extrémités sur la mèche centrale, qu'elle se présente au centre du disque, et que les lames sont constamment en prise, et agissent sur le bois pendant leur révolution entière.

Le jury reconnaît qu'il y a là un perfectionnement très-notable apporté aux machines précédentes, brevetées en 1828 et 1830.

Les poudres de bois tinctoriaux présentées par M. Vallery ont été reconnues de bonne qualité (*voir* le rapport de M. Chevreul) : il en fabrique annuellement une quantité considérable, environ 2,000,000 kilogrammes, et les livre aux fabricants à un prix inférieur aux prix anciens de 1828 et 1830.

Cet exposant a obtenu du jury de 1834 une médaille d'argent pour ses poudres de bois de teinture; il a placé, à l'exposition de 1839, un grenier mobile qui présente des avantages marqués. (*Voir* le rapport de M. Héricart de Thury.)

Le jury, pour récompenser les nombreux et utiles travaux de M. Vallery, lui décerne la médaille d'or.

---

§ 7. LAMPE DE SURETÉ NOUVELLE.

MENTION HONORABLE.

M. DU MESNIL, de Dijon (Côte-d'Or).

M. du Mesnil expose une nouvelle lampe de sûreté pour l'éclairage des mines, où l'air peut être accidentellement chargé de gaz inflammable (hydrogène proto-carboné). La lampe à treillis métallique inventée par l'illustre Davy, peut être employée, avec une entière sécurité, dans un air tranquille; mais l'impulsion d'un courant doué d'une vitesse médiocre ($1^m,50$ par seconde environ) suffit pour faire passer la flamme à travers la toile. Ainsi l'agitation produite par la chute d'un bloc de houille, par la chute de la lampe même, par la marche seule un peu rapide de l'ouvrier portant une lampe dans des galeries où l'air serait explosif, peut suffire pour occasionner des accidents terribles.

M. du Mesnil a voulu donner aux mineurs une lampe sûre dans tous les cas. Son appareil, qu'il a présenté, en 1838, à l'Académie des sciences, où il a été examiné par une commission, et ensuite à l'administration des mines, a quelque analogie avec la lampe perfectionnée de John Roberts, décrite dans les procès-verbaux de l'enquête faite par une commission de la chambre des communes, sur les accidents arrivés dans les mines de la Grande-Bretagne ; mais il existe, entre les deux lampes, des différences capitales qui font bien voir que M. du Mesnil ne connaissait pas l'appareil Roberts, que nous regardons, d'ailleurs, comme très-inférieur au sien.

M. du Mesnil supprime l'enveloppe en toile métallique de la lampe de Davy, et la remplace par un cylindre ou manchon en cristal épais et bien recuit, d'une hauteur de 20 centimètres, maintenu entre deux disques circulaires en tôle, qui forment les fonds inférieur et supérieur de la lampe. Le cristal est défendu, contre les chocs, par quelques tiges en fil de fer, suffisamment espacées pour n'intercepter qu'une faible partie de la lumière de la lampe. La mèche plate, en coton tressé, s'élève au centre du disque inférieur ; elle reçoit l'huile d'un réservoir latéral. L'air nécessaire à l'entretien de la combustion est amené sur les deux faces de la mèche par deux tubes aplatis, de 6 millimètres de large, qui traversent le fond de la lampe, et sont recouverts, à leur orifice supérieur, par des morceaux de toile métallique à mailles très-serrées. L'air entrant est ainsi dirigé tout entier sur la mèche en ignition, et s'y épuise d'oxygène, au point de devenir impropre à l'entretien ultérieur de la combustion. Les gaz chauds s'échappent par une cheminée de 20 centimètres de hauteur, placée sur le disque supérieur, et d'un diamètre à peu près égal à la moitié de celui du manchon en cristal. La hauteur totale de la lampe est ainsi de 40 centimètres. L'orifice supérieur de la cheminée est rétréci, et recouvert par une calotte sphérique qui descend au-dessous des bords de cet orifice. On a tenté d'abord de le garnir d'une toile métallique; mais l'expérience a fait voir que les ouvertures de cette toile étaient rapidement obstruées par le noir de fumée, au point de ne plus laisser une issue suffisante aux gaz, de sorte que la lampe brûlait mal, et finissait par s'éteindre.

L'appareil que nous venons de décrire n'est pas encore usité dans les mines; mais les expériences faites par l'ordre de M. le directeur général des ponts et chaussées et des mines, dans le laboratoire de l'école des mineurs et dans quelques mines de houille des environs de Saint-Étienne, sont suffisantes pour constater les avantages qu'il présente. Il résulte, en effet, de ces expériences exécutées par M. l'ingénieur Gruner, professeur de chimie à l'école de Saint-Étienne,

1° Que la lampe de M. du Mesnil recevant, par les tubes adducteurs de l'air, un mélange explosif d'air et de gaz oléifiant, la combustion qui avait lieu dans la lampe ne s'est jamais propagée en arrière, à travers la toile métallique qui recouvrait les tubes. Lorsque l'on a injecté dans la lampe un mélange d'air et d'hydrogène, la combustion s'est propagée à travers l'enveloppe en fil de fer, mais jamais à travers une enveloppe en fil de cuivre jaune, d'un tissu plus serré.

2° Lorsque la flamme du gaz oléifiant atteignait la plus grande hauteur possible, et pénétrait jusque dans la cheminée, on a dirigé au-dessus de l'orifice de celle-ci un jet d'hydrogène ; il a été impossible de l'enflammer, même dans le cas où le jet était dirigé entre la calotte sphérique et l'orifice de la cheminée qu'elle recouvre, et dans les moments du plus grand allongement de la flamme.

3° Lorsque le gaz, introduit par les tubes adducteurs, commence à brûler au delà des toiles métalliques, les petites détonations, qui se répètent dans l'intérieur de la lampe, produisent une espèce de son plaintif dont l'intensité varie avec la quantité de gaz inflammable. Ce son s'est reproduit, lorsque l'on a placé la lampe dans les mines, dans un mélange explosif ; il fournirait un avertissement salutaire aux ouvriers qui devraient se retirer sans délai, lorsqu'il se ferait entendre.

4° Sur le cylindre en cristal, fortement échauffé par la combustion prolongée du gaz, on a projeté, à plusieurs reprises, des gouttelettes d'eau sans que le cristal ait éprouvé la moindre altération : en le touchant avec des fragments de glace, on est parvenu à y déterminer une légère fente.

5° On a laissé tomber la lampe à plusieurs reprises, et dans plusieurs sens, d'une hauteur de 2 à 2^m,52, sur un sol en pierres dures ; elle n'a éprouvé aucune avarie.

6° La quantité de lumière est beaucoup plus grande que celle que fournit la lampe de Davy ordinaire.

A côté de ces avantages, il y a quelques inconvénients que nous devons également signaler. Ainsi la hauteur de 40 centimètres peut être incommode dans certains cas. — Lorsque la lampe se renverse, il tombe quelquefois des gouttes d'huile sur le treillis métallique des tubes adducteurs ; l'huile, surtout si elle est accompagnée de poussière de houille, obstrue les orifices du treillis. L'air n'entre plus en quantité suffisante, et la combustion devient languissante. — On peut encore craindre des explosions, tant qu'on ne sera pas parvenu à faire écouler les gaz chauds, résidus de la combustion, à travers une toile métallique. Enfin les manchons en cristal seront-ils tous également bien recuits, et résisteront ils à des accidents analogues à ceux qu'on a simulés dans les expériences de Saint-Étienne? Ces inconvénients ne sont pas assez graves pour contrebalancer les avantages que présente la lampe.

Le jury central ne peut aujourd'hui décerner à M. du Mesnil que la mention honorable, parce que son appareil n'a point reçu la sanction que donne la pratique industrielle. Il espère que cette sanction ne manquera pas, et permettra au jury de la prochaine exposition de décerner à l'auteur une récompense d'un ordre plus élevé.

SECTION II.

MACHINES POUR FABRIQUER LES TISSUS, FABRIQUE A TISSER, PEIGNES, CARDES.

M. Pouillet, rapporteur.

RAPPELS DE MÉDAILLES D'OR.

Madame COLLIER, à Paris, rue St-Dominique-St-Germain, 27.

L'industrie doit des regrets à la mémoire de M. John Collier, dont les services furent placés au premier rang par le jury dans les quatre expositions précédentes. Madame Collier, qui s'était si honorablement associée à ses travaux et à l'intelligente administration de ses affaires, qui contribuait tant à répandre avec lui, dans ses ateliers, l'esprit d'ordre et d'activité, continue seule aujourd'hui à diriger le grand établissement d'où sont sorties tant d'inventions utiles.

Madame Collier présente, à l'exposition, des tondeuses pour les draps, pour l'envers des châles et pour les calicots, une machine à raboter très-remarquable, et des machines à peigner la laine. Toutes ces machines, inventées ou perfectionnées par M. John Collier, sont maintenant trop connues et trop bien appréciées pour qu'il soit nécessaire d'en reproduire ici la description; nous dirons seulement que, par une exécution de plus en plus soignée, elles semblent encore avoir acquis à un plus haut point cette exacte précision qui fut et qui fera toujours la condition indispensable de leur succès industriel. La peigneuse se distingue, en outre, par un perfectionnement récent qui a pour but d'enlever les boutons qui pouvaient rester dans les rubans peignés. On peut espérer que cette heureuse innovation contribuera à répandre la peigneuse plus qu'elle ne l'a été jusqu'à ce jour.

Le jury se plaît à rappeler, en faveur de madame Collier, les médailles d'or qui ont été successivement décernées à l'établissement qu'elle dirige aujourd'hui.

MM. Pihet et Cie, à Paris, avenue Parmentier, 3.

Après avoir obtenu la médaille de bronze en 1823, la médaille d'argent en 1827 et la médaille d'or en 1834, l'établissement fondé par M. Eugène Pihet, et administré aujourd'hui par une compagnie dont M. Auguste Pihet est le directeur, présente à l'exposition quelques machines-outils très-bien exécutées, et surtout de beaux assortiments de machines à filer la laine et le coton. Cet atelier de construction continue à tenir son rang parmi les plus importants ateliers de Paris, autant par la variété que par la bonne qualité des produits qui en sortent.

Le jury lui fait rappel de la médaille d'or qu'il avait obtenue en 1834.

M. HACHE-BOURGEOIS, à Louviers (Eure).

Depuis 1833, M. Hache-Bourgeois est placé au premier rang par le jury pour la fabrication des cardes ; c'est assurément un beau succès et un titre des plus recommandables, surtout lorsqu'il s'agit d'un genre d'industrie aussi important et qui a subi dans cet intervalle des modifications, nous dirions presque des réformes, aussi considérables. Non content d'adopter et d'introduire dans son vaste établissement les inventions étrangères, M. Hache-Bourgeois a contribué lui-même à perfectionner, sous plusieurs rapports, les procédés connus, soit pour les dernières préparations des cuirs, soit pour le dressage et l'aiguisage des fils de fer.

Le jury se plaît à faire rappel de la médaille d'or en faveur de M. Hache-Bourgeois.

MM. SCRIVE frères, à Lille (Nord).

Depuis l'exposition dernière, MM. Scrive frères ne paraissent pas avoir apporté d'importantes modifications dans leur fabrique de cardes : cependant leur grand établissement soutient la réputation qu'il avait acquise, il continue de livrer à la consommation de bons produits et en grande quantité.

Le jury fait rappel à MM. Scrive frères de la médaille d'or qu'ils ont obtenue en 1834.

NOUVELLES MÉDAILLES D'OR.

MM. André KOECHLIN et Cie, à Mulhausen (Haut-Rhin).

Les ateliers de construction de MM. André Kœchlin et compagnie, qui avaient obtenu une nouvelle médaille d'or à l'exposition de 1834, n'ont pas cessé de rendre d'éminents services à la mécanique, et de tenir l'un des premiers rangs parmi les grands ateliers de la France : ils occupent habituellement plus de 1000 ouvriers, et leur consommation annuelle s'élève à environ 1,600 tonnes métriques de fonte, 500 tonnes de fer et 45 tonnes de cuivre et autres métaux. Les principales machines qui s'y construisent sont surtout : les métiers complets à filer le coton, la laine et le lin, et tout ce qui tient au tissage, à l'impression et à l'apprêt des étoffes ; les machines à papier, les machines à vapeur, et enfin les machines locomotives.

Tant de produits ne pouvaient trouver place dans l'enceinte de l'exposition, et M. André Kœchlin a seulement présenté au public et à l'examen du jury les machines qui ont reçu, dans ses ateliers, quelques perfectionnements remarquables, savoir :

1° Un métier mécanique à tisser le coton ;

2° Un banc à broches à engrenage ;

3° Un renvideur ou *self-acting* ;

4° Une machine à papier dont il sera parlé plus loin.

Le *métier mécanique* est à double fouet recevant sa commande en dessous, et n'ayant besoin ni de ressort ni de contre-poids pour reprendre sa place ; à ce premier avantage il s'en joint un second, qui a surtout de l'importance pour les tissus clairs et peu serrés : c'est un encliquetage sans denture, à effet instantané, qui permet de donner de suite et avec précision tout écartement voulu entre les fils de trame.

Le *banc à broches*, à mouvement différentiel, n'est pas seulement d'une très-bonne construction, mais il présente encore des dispositions nouvelles qui feront époque dans l'art de la filature. Ces dispositions consistent en ce que les cordes sont remplacées avec un plein succès par des engrenages hélicoïdes, et en ce que l'arbre qui commande les bobines accomplit son mouvement vertical avec le chariot sans éprouver la moindre modification dans son mouvement. Déjà, en 1834, M. André Kœchlin avait présenté, à l'exposition, un banc à broches à engrenage; mais ce premier essai, et d'autres analogues tentés par divers mécaniciens pour s'affranchir des cordes, pouvaient à peine donner quelques espérances; il restait à vaincre de nombreuses difficultés dont on a triomphé d'une manière plus ou moins heureuse dans plusieurs ateliers de l'Alsace. Il est permis de dire aujourd'hui que l'expérience a sanctionné cette importante réforme, et ce n'est pas l'un des moindres progrès que nous ayons à signaler.

Le *renvideur* exposé par M. André Kœchlin offre, dans son ensemble, des dispositions analogues à celles du *self-acting* de MM. Sharp et Roberts; mais il en diffère par une foule de détails ingénieux qui ont pour but, d'une part, de rendre la filature plus parfaite, et, d'une autre part, de faire qu'un métier ordinaire puisse être transformé en renvideur par l'addition des pièces convenables, et rendu à son état primitif par la suppression de ces pièces; c'est une combinaison mécanique des plus remarquables sur laquelle nous appelons l'attention des filateurs, dans l'espoir que l'expérience ne tardera pas à la mettre au rang des inventions qui ont fait faire un grand pas à l'industrie.

Le jury se plaît à constater à la fois les efforts et les succès de M. André Kœchlin, et il lui décerne une nouvelle médaille d'or ; en même temps, il exprime la satisfaction particulière qu'il a éprouvée en appréciant l'intelligence et l'esprit inventif dont a fait preuve M. Saladin, directeur des constructions mécaniques de l'établissement.

MM. Nicolas SCHLUMBERGER et c^{ie}, à Guebwiller (Haut-Rhin).

Après avoir obtenu les plus hautes récompenses, comme filateur, aux expositions de 1827 et de 1834, M. Nicolas Schlumberger se présente aujourd'hui pour la première fois comme constructeur de machines. On sait cependant qu'il livre depuis longtemps à l'étranger, à toute la France, et particulièrement à l'Alsace, des métiers à filer le coton dont la parfaite exécution ne laisse rien à désirer : sous ce rapport il a su mériter aussi une renommée déjà ancienne, et le jury de 1834 signale les machines sorties de ses ateliers comme ayant puissamment contribué à la bonne réputation des filés français. Après avoir rendu ces services à la filature du coton, M. Nicolas Schlumberger a dirigé ses efforts vers la filature du lin, qui offre dans notre pays un nouveau et vaste champ à exploiter. Tous les industriels connaissent à cet égard les incontestables succès qui ont été obtenus dans quelques pays voisins : depuis plusieurs années, d'immenses filatures de lin se multiplient en Angleterre et en Écosse ; les systèmes mécaniques inventés ou perfectionnés par les habiles constructeurs de la Grande-Bretagne ont déjà la sanction d'une longue expérience ; déjà ils sont répandus en Allemagne et en Russie, et, nous devons le confesser, nous n'avons pris qu'une part trop petite et trop tardive à ces heureuses inventions. Cependant, sans en faire l'objet d'un reproche à nos capitalistes et à nos mécaniciens, nous pouvons espérer maintenant qu'ils réuniront leurs efforts pour établir en France, sur des bases solides et avec des perfectionnements nouveaux, un genre d'industrie qui est si bien approprié à la nature du sol. Parmi les établissements qui se sont formés dans ces derniers temps pour la construction des machines à filer le lin, celui de M. Nicolas Schlumberger semble, plus que les autres, engagé à justifier ces espérances, et la série des machines qu'il a présentées à l'examen du jury, soit pour la préparation, soit pour la filature, sont une preuve évidente qu'il a organisé ses ateliers pour soutenir, dans les machines à lin, la haute réputation qu'il a si justement acquise pour les machines à coton.

Le jury a examiné cette série de machines avec un très-vif intérêt ; il félicite M. Nicolas Schlumberger de l'entreprise qu'il a faite en faveur d'une industrie nouvelle ; il a la confiance qu'entre ses mains habiles elle ne tardera pas à recevoir tous les perfectionnements et toute l'extension dont elle est susceptible, et, à titre de récompense et d'encouragement, il lui décerne une nouvelle médaille d'or.

MÉDAILLES D'OR.

M. Perrot, à Rouen (Seine-Inférieure).

La consommation des étoffes unies de laine et surtout de coton a, sans doute, augmenté dans une proportion considérable depuis quelques années, à raison du bas prix auquel on les fabrique ; mais la consommation des étoffes imprimées a augmenté dans une proportion bien plus considérable encore, et il est peut-être permis de dire que l'art de l'impression a contribué plus qu'aucun autre à l'immense développement de l'industrie des tissus : c'est en grande partie parce qu'on est parvenu à imprimer à bon marché de très-beaux dessins, que l'on peut aujourd'hui filer et tisser à bon marché. L'impression au rouleau à une, deux ou trois couleurs, doit donc, à juste titre, être considérée comme ayant fait époque; toutefois ce procédé, quelque ingénieux, quelque fécond qu'il soit, n'est pas de nature à répondre à tous les goûts et à tous les besoins du commerce; l'impression à la main continuait à s'exercer de son côté, et comme en concurrence, pour une foule de produits qui lui semblaient réservés : seulement la cherté de cet ancien mode en restreignait de beaucoup les avantages.

Tel était l'état des choses lorsque, dans ces dernières années, M. Perrot est enfin parvenu, par une série d'inventions remarquables, à donner un nouvel essor à ce genre d'industrie, en lui livrant ses machines, qui ont reçu et conservé le nom de perrotines, qui impriment à deux, à trois ou même à quatre couleurs, et qui exécutent, avec une merveilleuse précision et une économie inespérée, le genre de travail que l'on ne pouvait accomplir auparavant que par la main des plus habiles ouvriers. Ce sont ces machines que M. Perrot a présentées à l'exposition, après avoir obtenu, depuis quatre ou cinq ans, auprès des meilleurs imprimeurs, en France, en Angleterre et presque dans toute l'Europe, un véritable et éclatant succès, puisque, dans cet intervalle, près de deux cents machines ont été livrées à l'industrie.

Le jury a examiné les perrotines avec beaucoup de satisfaction ; il a apprécié les perfectionnements récents que l'inventeur lui-même y a introduits, et il décerne à M. Perrot une médaille d'or.

MM. Godemar et Meynier, à Lyon (Rhône).

Le *métier à brocher* inventé par M. Meynier et présenté

à l'exposition par la maison Godemar et Meynier, de Lyon, compte à peine deux ans d'expérience, et déjà il a produit des résultats remarquables qui ont été accueillis avec beaucoup de faveur par la commission des tissus. Dans l'impossibilité de développer ici les principes mécaniques sur lesquels repose cette belle invention, nous essayerons seulement d'indiquer en peu de paroles son but et ses effets. Il semble que M. Meynier se soit proposé le problème suivant : dans la fabrication d'une étoffe de petite ou de grande largeur, unie ou façonnée, exécuter, avec la rapidité du travail ordinaire, des fleurs ou en général des ornements de toute dimension, ayant jusqu'à cinq ou six couleurs, et aussi rapprochés qu'on le juge convenable, de telle sorte que chacun d'eux se trouve broché seulement dans la largeur qu'il occupe à l'endroit, et que l'on puisse à volonté faire cheminer, d'un bord de l'étoffe à l'autre, les couleurs qui le composent, soit en les conservant, soit en les variant de diverses manières.

Les conditions de ce problème sont à la fois si nombreuses et si complexes qu'il semble, au premier coup d'œil, presque impossible de les remplir d'une manière satisfaisante, et cependant il n'en est aucune à laquelle l'invention de M. Meynier ne réponde avec une parfaite justesse. Les combinaisons mécaniques ne méritent pas toujours un haut degré d'intérêt par cela seul qu'elles résolvent heureusement de grandes difficultés : mais, lorsqu'en même temps elles servent à livrer à la consommation des produits nouveaux et recherchés, lorsqu'elles peuvent les fabriquer avec économie, lorsqu'elles sont ainsi appelées à opérer une sorte de réforme dans un genre d'industrie qui a une extension considérable, elles viennent alors se placer parmi les inventions de l'ordre le plus élevé.

Par ces considérations, le jury décerne une médaille d'or à MM. Godemar et Meynier.

RAPPELS DE MÉDAILLES D'ARGENT.

M. GAVEAUX, à Paris, rue Traverse, 15.

M. Gaveaux présente, à l'exposition, des *tondeuses* longitudinales qui sont très-bien exécutées. Cet habile mécanicien semble s'appliquer de préférence à la construction des machines qui exigent une rare précision, et il a aussi le rare mérite d'y réussir complétement. Ses belles presses à imprimer lui valurent la médaille d'argent à l'exposition de 1834, et le jury se plaît à rappeler en sa faveur cette honorable distinction.

M. le duc DE LA ROCHEFOUCAULD-LIANCOURT, à Liancourt (Oise).

Le jury se plaît à faire rappel, en faveur de M. le duc de la Rochefoucauld-Liancourt, de la médaille d'argent qu'il a obtenue à l'exposition de 1834 pour sa fabrique de cardes, et il témoigne toute la satisfaction qu'il éprouve de voir se continuer et s'agrandir, par ses soins, un établissement dont l'origine est si honorable pour l'illustre duc de la Rochefoucauld son père, qui en fut le fondateur.

NOUVELLES MÉDAILLES D'ARGENT.

MM. DEBERGUE et SPRÉAFICO, à Paris.

M. Henri Debergue, qui avait obtenu la médaille d'argent à l'exposition de 1834, pour diverses mécaniques de son invention ou perfectionnées par lui, n'a pas cessé de se livrer à la construction des machines, soit pour la papeterie, soit plus particulièrement encore pour la filature et le tissage des étoffes. Il présente à l'exposition , avec M. Spréafico son associé actuel :

Une machine à couper le papier en travers, qui est encore peu répandue malgré les perfectionnements qu'elle a reçus ;

Une presse hydraulique, qui présente quelques ajustements nouveaux ;

Un métier mécanique à tisser le drap ;

Et un banc à broches pour la filature du lin.

Toutes ces machines sont d'une bonne exécution.

MM. Debergue et Spréafico ont nouvellement monté et outillé des ateliers considérables pour la fabrication de ces diverses machines ; celles qui tiennent à la filature du lin sont exécutées sur des modèles anglais du système de Fairbairn, c'est-à-dire que les peignes y sont conduits par des vis jumelles. Quant au métier mécanique à tisser les draps, il est de l'invention de MM. Debergue et Spréafico ; des fabricants recommandables de Louviers, MM. Jeuffrain père et fils, en rendent un bon témoignage après l'avoir éprouvé pendant quelque temps ; il est à regretter que ces essais soient encore trop récents pour être décisifs.

Le jury décerne à MM. Henri Debergue et Spréafico une nouvelle médaille d'argent.

MM. Ch. Debergue, Desfrièche et Gillotin, à Lisieux (Calvados).

MM. Ch. Debergue, Desfrièche et Gillotin, qui avaient obtenu la médaille d'argent à l'exposition de 1834 pour leurs excellents produits en peignes à tisser, et pour l'ensemble des moyens mécaniques ingénieux dont i!s faisaient usage dans ce travail, qui exige tant de précision, présentent encore aujourd'hui à l'examen du jury de nombreux échantillons de peignes de toute espèce. Ces nouveaux produits annoncent encore de nouveaux progrès, soit qu'ils résultent d'un peu plus de soin et d'adresse de la part des ouvriers, soit qu'ils résultent de quelques innovations dans les mécanismes particuliers qui sont propres à cet établissement. Parmi ces innovations, il en est une sur laquelle les exposants ont surtout appelé notre attention : elle est relative à la machine à lier les peignes, qui peut maintenant couper et presser les dents, de telle sorte qu'une ouvrière en place par jour jusqu'à vingt-cinq mille au lieu de douze mille qu'elle pouvait placer auparavant.

L'établissement de MM. Charles Debergue, Desfrièche et Gillotin a pris, d'ailleurs, une extension considérable, surtout par ses placements à l'étranger : il se livre depuis quelque temps à la fabrication de nouveaux maillons métalliques qui semblent appelés à jouer un rôle assez important dans le tissage des étoffes.

Le jury accorde à ces messieurs une nouvelle médaille d'argent.

M. Feldtrappe, à Paris.

Après avoir obtenu la médaille d'argent à l'exposition de 1834, M. Feldtrappe a redoublé de zèle et d'activité pour perfectionner ses machines à graver les rouleaux et pour en inventer de nouvelles. On peut dire que son atelier est aujourd'hui un modèle de précision, et qu'on y exécute avec une rare intelligence et par des moyens parfaitement sûrs les gravures les plus délicates et les plus difficiles. Outre les cylindres d'un si beau travail, que M. Feldtrappe a présentés à l'exposition, nous avons remarqué dans ses ateliers de grands rouleaux, destinés à imprimer des billets de banque, qui prouvent jusqu'à quel point toutes les ressources de son art lui sont familières.

Le jury décerne à M. Feldtrappe une nouvelle médaille d'argent.

M. Dioudonnat, à Paris, rue Saint-Maur-Popincourt, 12.

M. Dioudonnat a, peut-être plus que personne, contribué à répandre le *métier à la Jacquart;* son établissement, qui obtint en 1827 la médaille de bronze et en 1834 la médaille d'argent, a pris, depuis cette époque, une extension considérable, et plusieurs membres du jury l'ont visité avec un vif intérêt. Tout ce qui tient au lissage et à la construction des métiers à la Jacquart s'y exécute par des machines bien entendues et avec des soins particuliers ; c'est maintenant une machine à vapeur qui imprime le mouvement à tous les mécanismes de l'atelier. Le mode de lissage établi par M. Dioudonnat, et qu'il appelle *accéléré,* a été accueilli avec faveur ; il est déjà exclusivement adopté par cinq des plus habiles lisseurs publics de Paris. Pour ce qui regarde les métiers à la Jacquart, non-seulement les pièces nombreuses qui les composent sont exécutées avec des soins de précision peu ordinaires, mais les bois sont bien choisis et soumis à une dessiccation graduée dans une étuve d'une bonne disposition. C'est par ces moyens d'ensemble et de détail que M. Dioudonnat est parvenu à une construction qui est fort recherchée par les fabricants de châles et d'étoffes façonnées, et qu'il leur livre environ trois mille métiers par an. Sa fabrique de maillons de verre et de métal a pris aussi beaucoup de développement, surtout par les livraisons qu'il fait à l'étranger.

Le jury décerne à M. Dioudonnat une nouvelle médaille d'argent.

M. Metcalfe, à Meulan (Seine-et-Oise).

La fabrique de cardes de M. Metcalfe n'a pas cessé de se distinguer par la perfection de ses produits ; c'est toujours un des établissements de France les plus recommandables, plus soigneux de bien faire que d'étendre beaucoup ses opérations commerciales.

Le jury fait rappel à M. Metcalfe de la nouvelle médaille d'argent qu'il lui a décernée en 1834.

MÉDAILLES D'ARGENT.

M. Taillade, à Thann (Haut-Rhin).

L'atelier de construction de M. Taillade peut être cité parmi les bons établissements de l'Alsace qui se livrent particulièrement à la confection des machines propres à la filature, au tissage et à l'impression du coton. Les diverses pièces qu'il présente à l'examen du jury sont :

Une carde ;

Un mull-jenny à engrenages ;

Et un banc à broches à engrenages.

Toutes ces machines sont bien disposées et exécutées avec assez de soin pour tenir un bon rang parmi les produits remarquables de l'Alsace. Cependant le système des mull-jennys paraît susceptible de quelques perfectionnements : quant à ce qui regarde le système des bancs à broches, l'engrenage de M. Taillade diffère, à quelques égards, de celui de M. André Kœchlin, et il serait difficile de se prononcer entre ces deux modes d'une manière absolue ; au reste, M. Taillade a été des premiers à faire connaître et à recommander les communications de mouvement par engrenages, et il a ainsi le mérite d'avoir concouru à cette réforme heureuse dont la filature s'applaudit maintenant.

Le jury reconnaît les services rendus par M. Taillade, et il lui décerne la médaille d'argent.

MM. Peugeot et cᶦᵉ, à Audincourt (Doubs).

M. Peugeot a eu l'idée d'élever un établissement considérable dans le but spécial de fabriquer tous les objets accessoires qui entrent dans la composition des métiers à filer la laine, le lin et le coton. Ces objets divers, que l'usage appelle *accessoires*, pourraient, à bon droit, être regardés comme les plus importants, car ils sont, avec les communications de mouvement, ceux dont la précision assure le plus la régularité et la perfection du travail : les broches, leurs supports, les cylindres étireurs et toutes les autres pièces mobiles qui agissent directement sur le fil, sont, en effet, des parties soumises à des conditions exactes de forme et de mouvement auxquelles on n'est arrivé qu'après des essais longtemps incertains. Dans les circonstances présentes, lorsque, dans le seul département du Haut-Rhin, il y a plus de six cent mille broches en activité, il est, sans doute, extrêmement utile qu'il se forme des ateliers où, par des machines spéciales et par des soins particuliers, on s'applique exclusivement à la fabrication de ces diverses pièces détachées qui appartiennent à tous les systèmes de filature. On ne peut donc qu'applaudir au but que s'est proposé M. Peugeot, et nous pouvons ajouter qu'il a su l'atteindre d'une manière satisfaisante, car ses produits sont recherchés par la plupart des filateurs qui se distinguent à l'exposition, et nous avons pu apprécier l'efficacité des moyens qu'il emploie pour obtenir de bons résultats.

Le jury décerne à MM. Peugeot et compagnie une médaille d'argent.

M. Arnaud, à Lyon (Rhône).

On connaît maintenant toute l'étendue des services qui

ent été rendus à l'industrie par le métier dont Jacquart fut l'inventeur et qui porte son nom. Cette mécanique si simple, dont les avantages sont si extraordinaires, a reçu, à diverses époques, des modifications plus ou moins importantes, sans que cependant il en soit résulté une extension notable de ses principes ou de ses nombreuses applications. M. Arnaud paraît être sorti de ces limites un peu resserrées de perfectionnement dans lesquelles on s'était tenu jusqu'à ce jour : il présente à l'exposition un nouveau *métier à la Jacquart* qui peut, en quelque sorte, se décomposer en deux parties : l'une, qui est l'ancien métier dans toute sa simplicité ; l'autre, qui, sans aucune complication mécanique, permet, comme il le dit, d'en augmenter la puissance, c'est-à-dire d'en multiplier les combinaisons avec la plus grande facilité. Cette nouvelle machine dispense du rabat, qui exige dans les fils de la chaîne une force considérable, à cause de la brusque tension qu'il leur donne, et elle ne va pas à moins qu'à la suppression complète des remisses, lisserons, armures et autres accessoires. Le but que semble atteindre l'invention de M. Arnaud a donc un haut degré d'importance : il est seulement à regretter que jusqu'à ce jour elle n'ait pas été soumise à une pratique plus soutenue et plus variée. Cependant le jury, d'après les résultats qu'il a pu apprécier et les espérances qu'il a conçues, décerne à M. Arnaud une médaille d'argent.

MM. Papavoine et Chatel, à Rouen (Seine-Inférieure).

M. Papavoine, qui avait obtenu, en 1834, la médaille de bronze pour sa machine à fabriquer les rubans de cardes, présente aujourd'hui à l'exposition, avec M. Châtel, une machine à fabriquer les plaques, qui est doublement remarquable en ce qu'elle est disposée et exécutée dans toutes ses parties avec une rare perfection, et aussi en ce que le mécanisme présente plusieurs modifications importantes et très-ingénieuses. Cette machine a été adoptée par M. Hache-Bourgois et par les meilleurs fabricants, et elle fonctionne avec avantage dans leurs ateliers.

Le jury décerne à MM. Papavoine et Châtel une médaille d'argent.

M. Miroude, à Rouen (Seine-Inférieure).

La fabrique de cardes de M. Miroude est une de celles qui ont pris les développements les plus considérables dans ces dernières années. Aujourd'hui une machine à vapeur fait marcher dans ses ateliers un grand nombre de machines à plaques et à rubans, qu'il fait lui-même exécuter avec des soins particuliers. La mention honorable qui lui fut accordée à l'exposition de 1834 n'a pas été une stérile récompense : la nouvelle activité qu'il a mise à étendre et à perfectionner ses moyens en sont la preuve ; les produits qu'il livre à la consommation, tous d'une qualité remarquable et d'un prix modique, sont recherchés à l'étranger.

Le jury décerne à M. Miroude une médaille d'argent.

M. Guinand, à Lyon (Rhône).

M. Guinand a exposé des peignes de différentes espèces, propres à la fabrication des tissus de soie. Il serait difficile d'imaginer quelque chose de plus parfait que ses peignes fins de fer, dits *peignes d'acier*, qui comptent jusqu'à deux cent dix dents au pouce. Les renseignements qui nous sont parvenus de la fabrique de Lyon sur cet établissement ne permettent pas de douter de la supériorité de ses produits ordinaires.

Le jury décerne à M. Guinand une médaille d'argent.

NOUVELLES MÉDAILLES DE BRONZE.

MM. Chatelard et Perrin, à Lyon (Rhône).

MM. Chatelard et Perrin fabriquent depuis longtemps des *peignes d'acier* de très-bonne qualité pour le tissage des étoffes de soie. L'exposition dernière leur avait valu la médaille de bronze. Depuis cette époque, ils ont fait des progrès assez remarquables, en ce qu'ils sont parvenus, d'une part, à substituer, dans plusieurs fabriques et particulièrement en Italie, leurs peignes aux anciens peignes ou ros en long, et, d'une autre part, en ce qu'ils ont bien réussi à faire des peignes de deux cent dix dents au pouce pour quelques fabricants de gaze-tamis.

Le jury accorde à ces messieurs une nouvelle médaille de bronze.

M. Blanchin, à Paris, rue du Faubourg-Saint-Martin, 98.

Depuis l'exposition de 1834, M. Blanchin est parvenu à introduire des perfectionnements remarquables dans ses *métiers à lacets, à fouet, à cordonnet*, etc. Maintenant la bobine donne le fil par un mécanisme nouveau et très-ingénieux ; l'égalité de la tension du fil et la liberté des mouvements de la bobine sont bien mieux assurées.

Le jury décerne à M. Blanchin une nouvelle médaille de bronze.

MÉDAILLES DE BRONZE.

MM. Scheibel et Loos, à Thann (Haut-Rhin).

L'atelier de MM. Scheibel et Loos date seulement de 1835, et son but principal est la construction des métiers à filer le coton et de toutes les machines accessoires. Ces messieurs présentent, à l'exposition, un *batteur-étaleur* et un *banc à broches* en fin. Le batteur-étaleur est bien exécuté, de plus il présente quelques modifications qui ne paraissent pas sans avantages ; le banc à broches est muni d'un cône à expansion pour accomplir le renvidage avec régularité, et le mouvement est imprimé aux broches par un système d'engrenages droits à dents hélicoïdes qui permet de n'avoir que onze engrenages pour six broches.

Le jury décerne à MM. Scheibel et Loos une médaille de bronze.

MM. Huguenin et Ducommun, à Mulhausen (Haut-Rhin).

MM. Huguenin et Ducommun présentent à l'exposition un *tour à graver les rouleaux* pour l'impression des toiles peintes, et *deux rouleaux de cuivre* dont un est monté sur un axe de fer. Ces divers objets justifient la bonne réputation dont jouit l'atelier de ces messieurs en Alsace et dans différentes parties de la France.

Le jury décerne à MM. Huguenin et Ducommun une médaille de bronze.

M. Mainot, à Rouen (Seine-Inférieure).

La fabrique de *peignes à tisser* de M. Mainot, qui a mérité successivement diverses mentions honorables aux expositions précédentes, a pris une notable extension depuis quelques années.

Le jury accorde à M. Mainot une médaille de bronze.

M. Hermann, à Bitschwiller (Haut-Rhin).

M. Hermann paraît être le premier qui ait livré aux filateurs des *broches* trempées au collet : c'est un heureux perfectionnement. L'atelier que M. Hermann a élevé à Bitschwiller, pour ce genre de fabrication, compte déjà une vingtaine d'ouvriers, et l'on peut espérer qu'il prendra un développement plus considérable.

Le jury décerne à M. Hermann une médaille de bronze.

M. FUMIÈRES, à Rouen (Seine-Inférieure).

Les plaques de cardes et les rubans que M. Fumières présente à l'examen du jury annoncent une fabrication bien entendue et bien dirigée.

Le jury décerne à M. Fumières une médaille de bronze.

M. RISLER (Mathieu), à Cernay (Haut-Rhin).

M. Risler présente, à l'exposition, des garnitures de cardes soigneusement exécutées; le jury lui décerne une médaille de bronze.

MENTIONS HONORABLES.

M. MARQUISOT, à Eloges (Vosges).

Le régulateur de vannes et la machine à mouiller les canettes qui ont été exposés par M. Marquiset annoncent un atelier de construction bien organisé, où les travaux s'exécutent avec beaucoup de soin et d'intelligence.

Le jury accorde à M. Marquiset une mention honorable.

MM. John HALL, POWELL et SCOTT, à Rouen (Seine-Inférieure).

La machine à fouler les draps, qui est exposée par MM. John Hall, Powell et Scott, n'est pas encore assez répandue pour que ses avantages sur les anciennes machines soient irrévocablement constatés.

Le jury se plaît à reconnaître la bonne construction de

cette machine; il espère qu'au moyen des perfectionne-ments récents que ces messieurs y ont introduits, elle est appelée à rendre d'importants services, et il accorde une mention honorable à MM. John Hall, Powell et Scott.

MM. JULIN et ACHARD, à Lyon (Rhône).

Le jury mentionne honorablement la fabrique de car-des de MM. Julin et Achard pour ses produits intéressants qu'elle a exposés.

M. DÉPOUILLY, à Puteaux (Seine).

La machine à imprimer les étoffes que M. Dépouilly présente à l'examen du jury est d'une invention toute ré-cente; c'est surtout sous les yeux de M. Dépouilly lui-même, et dans ses ateliers, qu'elle paraît, jusqu'à présent, avoir rendu des services. Ce n'est pas ici le lieu de discuter les analogies plus ou moins intimes qu'elle peut avoir avec diverses machines qui ont aussi pour but d'imiter l'im-pression à la main. En habile fabricant, M. Dépouilly lui a donné une disposition qui offre des avantages, et le jury lui accorde une mention honorable.

MM. MEYER frères et cie, à Paris.

Le métier à tisser les toiles de chanvre et de lin que pré-sentent MM. Meyer frères et compagnie est bien construit; le mécanisme en est simple, et en plusieurs points très-ingénieux.

Le jury accorde à ces messieurs une mention honorable.

M. KRAFFT, à Paris.

Le jury accorde à M. Krafft une mention honorable pour ses cylindres gravés et destinés à l'impression des étoffes.

MM. Jules BOURLIER et MOREY, à Lyon.

Le petit mécanisme très-ingénieux, imaginé par

MM. Bourlier et Morel, pour faire sa croisure dans le filage de la soie, est digne d'attention.

Le jury accorde à ces messieurs une mention honorable.

M. ROBINET, à Paris.

Le jury accorde à M. Robinet une mention honorable pour son appareil destiné à mesurer la force de l'allongement des fils de soie.

CITATIONS FAVORABLES.

M. HÉRUVILLE, de Paris.

Pour sa machine à imprimer les étoffes, imitant l'impression à la main.

M. HARDING, de Turcoing.

Pour ses plaques de cardes destinées au cardage de la laine et des étoupes de lin,

M. ESPRIT, de Lyon.

Pour ses remises à mailles mobiles.

M. RIGAUX, du Pelque,

Pour son métier à bas mécanique.

SECTION III.

GRANDS MÉCANISMES.

M. le baron Séguier, rapporteur.

Considérations générales.

De tous les auxiliaires mécaniques dont l'homme ait invoqué le concours pour réaliser les conceptions de son génie, le plus puissant, le plus utile, sans contredit, a été, jusqu'à ce jour, le moteur à vapeur.

Dans un rapport du jury sur les grands mécanismes, la machine à vapeur mérite donc d'occuper le premier rang, tout comme dans les salles de l'exposition elle a occupé la plus vaste place. L'industrie des constructeurs de machines à vapeur, justement protégée par le jury d'admission, a trouvé une entrée facile pour ses produits ; aussi plus de quarante machines à vapeur ont provoqué l'attention, moins cependant par la diversité des principes théoriques suivis dans leur construction, que par la variété des formes et des dispositions données à leurs organes. Plus généralement employée, la machine à vapeur est devenue l'œuvre de producteurs plus nombreux ; si le jury est heureux de proclamer les progrès que cette industrie ne cesse de faire en France pour des constructions d'une puissance même déjà assez énergique, telles que les machines d'épuisement, il sera assez sincère pour reconnaître l'infériorité de la France dans l'exécution des grands appareils destinés à la navigation ; il en peut avouer et signaler ici la cause sans faire souffrir l'amour-propre national. Et qui oserait mettre en doute la capacité intellectuelle des mécaniciens français en présence de la variété et de la fécondité des produits de leurs ateliers ? Le jury le proclame donc hautement, et puisse sa voix être entendue, ce sont les moyens matériels seuls qui ont manqué en France ; pour faire bien et vite de grandes machines, il faut de grands outils, et l'administration ne pourrait-elle pas regretter d'avoir privé elle-même les industriels français des trop rares occasions de montrer leur outillage, en portant, sans concurrence, ses commandes à l'étranger, ou bien encore en les disséminant et les offrant au rabais à des constructeurs nationaux que leur patriotisme entraînait à soumissionner des marchés qu'ils savaient onéreux?

Les nombreuses machines exposées en 1839 se distinguent, les unes par une disposition simplifiée qui permet de les établir à des prix réduits, les autres par des organes d'une construction plus dispendieuse, mais qui ont encore pour but l'économie la plus vraie, celle qui porte sur la dépense journalière du combustible. Les machines fixes, les machines locomotives, les machines locomobiles, les machines destinées à la navigation, formeraient autant de catégories dans lesquelles on pourrait ranger les nombreux appareils soumis à l'examen et aux délibérations du jury. On pourrait encore les subdiviser en machines à haute et basse pression, à va-et-vient rectiligne, avec ou sans balancier, et en machines à mouvement rotatif direct avec ou sans piston; mais, comme la plupart des constructeurs fabriquent des machines de divers modèles, le jury a jugé plus convenable de les passer en revue et de les classer en adoptant tout à la fois l'ordre de mérite comparé et l'importance des fabrications respectives.

RAPPELS DE MÉDAILLES D'OR.

M. PECQUEUR, à Paris, rue Neuve-Popincourt, 11.

M. Pecqueur, déjà précédemment couronné d'une médaille d'or pour une invention remarquable en horlogerie, plus tard, honoré d'une médaille d'argent pour des appareils à cuire le sucre et à râper les betteraves, a soumis, cette année, à l'examen du jury des machines et des produits variés, qui tous, par leur mérite, attestent le génie inventif de cet habile mécanicien. Son exposition se composait d'une machine à vapeur à piston, à rotation immédiate, système déjà conçu par lui depuis longues années, mais nouvellement modifié et notablement simplifié. Des presses à pulpes de betteraves, où le jus est extrait par le laminage de la pulpe entre deux cylindres recouverts d'une toile métallique; ces machines, destinées à l'industrie du sucre indigène, ont obtenu la sanction de l'expérience. M. Pecqueur a soumis encore à l'examen du jury le produit de ses métiers à faire le filet fin pour la toilette des dames; l'inspection, dans ses ateliers, des métiers qu'il n'a pas cru devoir exposer en public, a permis de reconnaître tout ce qu'offrait de difficile et présente d'ingénieux la solution de ce problème mécanique. Le jury a pensé que M. Pecqueur s'était montré digne, par l'ensemble de ses travaux nouveaux, du rappel de la médaille d'or par lui précédemment obtenue.

M. SAULNIER, aîné, à Paris, rue Saint-Ambroise-Popincourt, 5.

M. Saulnier a été jugé digne, en 1834, d'une médaille d'or pour sa fabrication de machines à vapeur et pour ses procédés de berçage pour la construction des planches d'acier préparées pour la manière noire. M. Saulnier, depuis cette époque, n'a cessé de donner les plus grands développements à ses constructions; il n'a point hésité à se charger de l'opération difficile du montage de la colonne de Juillet; l'esprit inventif de M. Saulnier, bien connu et prouvé par de nombreuses créations, a trouvé une occasion de s'exercer dans cette circonstance particulière en établissant un tour vertical et une machine à raboter pour tourner et dresser les parties composant ce monument. Le jury se plaît à le reconnaître de plus en plus digne de la distinction qu'il a reçue en 1834.

M. PHILIPPE, à Paris, rue Château-Landon, 17 et 19.

M. Philippe avait, en 1834, excité l'intérêt du jury par la perfection d'exécution apportée par lui-dans une série de modèles destinés aux galeries du Conservatoire. Parmi les délicates productions de ses ateliers, on remarquait surtout le modèle complet d'une machine à papier continu, du genre de celle qui figurait, cette année, avec tant d'éclat au milieu des plus beaux produits des grands établissements industriels. Un modèle de locomotive avait également mérité une attention particulière par la perfection et l'exactitude des détails; cette année encore, tout le mécanisme d'une locomotive a été exécuté par ce constructeur sur échelle réduite avec les modifications que cette importante machine a récemment subies. Le jury pense que les ateliers de M. Philippe, desquels ne sortent pas seulement de petits modèles, mais encore de nombreuses machines bien confectionnées, telles que scieries, machines à clous, machines à tonneaux, continuent à mériter à ce mécanicien la médaille d'or dont il a été honoré en 1834.

MÉDAILLES D'OR.

M. Jacques-François SAULNIER, ingénieur des monnaies, à Paris, rue Notre-Dame-des-Champs, 51.

Déjà honoré de médailles d'argent aux précédentes expositions, M. Saulnier a appelé, cette année, l'attention du jury, tant sur les machines par lui exposées que sur celles sorties de ses ateliers depuis 1834 ; une machine locomobile à balancier, de la force de dix chevaux, aussi remarquable par la bonne disposition de ses parties que par la perfection de leur exécution, une petite machine à basse pression également bien traitée, composaient son exposition ; mais le jury a pu, en dehors des galeries, en visitant plusieurs machines fonctionnant dans les ateliers de la capitale, s'assurer de la perfection d'exécution des machines à vapeur de M. Saulnier. Les témoignages les plus honorables des diverses administrations publiques auxquelles M. Saulnier a fourni des machines constatent que ce constructeur consciencieux a toujours, dans l'exécution de ses marchés, dépassé ses engagements tant pour la puissance de ses machines que pour l'économie dans la dépense du combustible. Les ateliers de cet habile mécanicien, considérablement développés depuis la dernière exposition, ont produit, depuis cette époque, plus de cinquante machines à vapeur, dont plusieurs de la force de vingt et trente chevaux. Un nombre très-considérable de presses hydrauliques et des appareils à faire le vide pour la cuite des sucres ont été construits avec le plus grand succès par M. Saulnier. Aux nombreuses et très-honorables attestations émanées spontanément des administrations publiques et des particuliers auxquels M. Saulnier fournit ses machines, le jury croit devoir joindre son propre témoignage en lui décernant une médaille d'or.

MM. Stéhélin et Huber, à Bitschwiller (Haut-Rhin).

MM. Stéhélin et Huber ont envoyé, à l'exposition, une grande locom..'ive à six roues remarquable par sa belle et bonne exécution. Jaloux de prouver que des machines de ce genre pouvaient aussi bien être construites dans des ateliers français qu'en pays étranger, ces constructeurs n'ont pas reculé devant les sacrifices nécessaires pour nationaliser cette industrie. De dispendieux outils ont été par eux acquis et placés dans leurs ateliers, et bientôt des machines comme celles que le jury a vues avec le plus vif intérêt ont attesté l'heureux résultat de leurs patriotiques efforts. Le succès a été une première récompense pour MM. Stéhélin et Huber ; une médaille d'or décernée par le jury en sera une seconde aussi honorable que bien méritée.

MM. Schneider frères, au Creuzot.

L'établissement du Creuzot, son importance, les immenses ressources que les nombreuses machines dont il est pourvu offrent aux constructions mécaniques de tout genre sont généralement connus ; aussi est-ce moins de cette usine que de ses nouveaux propriétaires, de leurs efforts pour faire produire des fruits utiles aux immenses capitaux enfouis antérieurement dans cet immeuble dont ils viennent de faire l'acquisition, que le jury s'est occupé. La haute récompense décernée aux productions métallurgiques de MM. Schneider ne dispense pas de présenter le compte rendu de leurs autres produits mécaniques. Le jury a distingué une locomotive remarquable par la bonne exécution de sa chaudronnerie et la disposition de ses roues formées d'une seule pièce. Une machine à vapeur horizontale, disposition goûtée pour les mines, exécutée avec soin, mais d'un système de distribution très-susceptible d'être critiqué; enfin des pièces détachées remarquables tant par le travail de forge que par celui d'ajustement.

MM. Cazalis et Cordier, à Saint-Quentin.

L'établissement de MM. Cazalis et Cordier de Saint-Quentin est un de ceux qui peuvent fournir et par leur étendue et par la ressource de leur outillage le plus de facilité pour la construction des machines à vapeur de tout genre. Aussi est-ce des ateliers de ces constructeurs que sont déjà sorties de nombreuses locomotives dont le bon service devient le meilleur témoignage de la perfection de leur construction; le jury, pour récompenser MM. Cazalis et Cordier du bon exemple qu'ils ont donné en se mettant à l'œuvre des premiers pour fournir au pays des machines locomotives tirées à grands frais de l'Angleterre, leur vote la première des récompenses. Il espère que ce haut encouragement déterminera ces habiles manufacturiers à poursuivre leurs efforts pour débarrasser la France du tribut qu'elle paye encore à l'Angleterre pour les grands mécanismes à vapeur destinés à la navigation et les portera à faire les sacrifices nécessaires pour munir leurs ateliers d'outils d'une dimension suffisante pour la bonne et facile exécution des machines les plus puissantes.

———

RAPPELS DE MÉDAILLES D'ARGENT.

M. Thonnellier, à Paris, rue des Trois-Bornes, 26.

M. Thonnellier a reçu en 1834 une médaille d'argent pour des presses monétaires exécutées dans ses ateliers avec une précision d'ajustement remarquable d'après le système des presses à levier funiculaire employées à Munich. Cette année, ce constructeur expose de nouveau une fort belle machine du même genre, mais considérablement modifiée; les heureuses simplifications apportées à cette machine monétaire semblent de nature à provoquer définitivement son emploi. En attendant qu'une expérience prolongée ait démontré toute la valeur de ces perfectionnements, le jury, en faisant fonctionner sous ses yeux la machine modifiée et améliorée, a pu se convaincre suffisamment de ses avantages pour juger M. Thonnelier digne du rappel de la médaille d'argent dont il avait été précédemment honoré.

M. FARCOT, à Paris, rue Moreau, 1.

M. Farcot expose une petite machine à vapeur à sommier et bielle latérale d'une puissance assez restreinte. Cette machine mérite principalement de fixer l'attention par son mécanisme de détente variable, à l'aide duquel la durée d'introduction est constamment mise en rapport avec l'effort à produire par le seul fait du modérateur à boule centrifuge. Le jury, prenant aussi en considération les nombreux travaux exécutés par M. Farcot depuis la dernière exposition, notamment plusieurs machines de son système montées dans des ateliers de la capitale, pense que cet industriel est digne du rappel de la médaille d'argent qui lui a été précédemment accordée.

ÉCOLE de Châlons.

Le jury rappelle à l'école de Châlons la médaille d'argent qui lui a été décernée en 1834. Les modèles de bancs à broche exécutés par les élèves sur échelle pour les galeries du Conservatoire se recommandent par la délicatesse de leur main-d'œuvre ; l'adresse des jeunes gens instruits à Châlons se fait encore remarquer dans la construction d'un modèle de machine de Wolf, à cylindres de verre. Un joli modèle du même système avait déjà été exposé en 1834, par M. Bourdon, à l'effet de rendre perceptibles, pour les yeux, des phénomènes qui semblaient ne pouvoir être appréciés que par l'intelligence, ou les seuls effets extérieurs qu'ils produisent. Un dessin tout ombré au tire-ligne ne peut obtenir du jury l'intérêt qu'autant de patience et d'habileté de main auraient pu mériter par une plus utile application. Malgré ces observations, le jury pense que l'école de Châlons continue à se montrer digne de la médaille d'argent qui lui a été précédemment accordée.

M. Hermann, à Paris, rue de Charenton, 102.

M. Hermann a présenté, à l'exposition, diverses machines parmi lesquelles on distinguait une machine à vapeur sans balancier à double sommier réuni par des bielles attaquant une seule manivelle. Le tiroir de cette machine est mû par un mécanisme à levier placé dans la boîte du tiroir ; le modérateur est à vitesse variable à volonté au moyen de deux plateaux frottant l'un sur l'autre à angle droit ; il suffit, pour opérer les modifications de vitesse, d'éloigner ou de rapprocher du centre d'un des plateaux le point du contact de l'autre.

Des machines à cylindres de métal, de granit, de verre, frottant les uns contre les autres avec des vitesses différentes pour opérer le broyage de diverses substances, telles que chocolat ou couleur, des machines à mouler les pains de savon adoptées par presque tous les fabricants de savon de toilette, figuraient aussi au nombre des produits sortis des ateliers de ce constructeur, que le jury juge digne du rappel de la médaille d'argent à lui précédemment accordée.

MÉDAILLES D'ARGENT.

M. PAUWELS, à Paris, rue du Faubourg-Poissonnière, 109.

Les ateliers que **M.** Pauwels a créés à la barrière Blanche, près Paris, pour la construction des grands mécanismes, ont mérité, par leur étendue et les ressources qu'ils offrent à l'industrie, toute l'attention du jury. Cette usine, animée par un moteur à vapeur puissant pourvu d'un martinet mû par une machine à vapeur distincte, permet à leur propriétaire d'entreprendre et de construire rapidement de puissantes machines, de forger sur place leurs plus grosses pièces et de fabriquer dans l'établissement même leurs chaudières. **M.** Pauwels a construit avec succès un nombre considérable de machines fixes à détente, du système de celles par lui exposées. Durant les années qui viennent de s'écouler, il s'est livré à la construction des bateaux à vapeur eu fer. Un remorqueur de la force de cent chevaux, muni de machines à haute pression, a été fourni par lui au port du Havre. Parmi les bateaux à vapeur sortis de ses ateliers, le jury peut citer un très-long bateau surnommé *le Corsaire rouge*, qui s'est fait remarquer, sur la basse Seine, par la rapidité de sa marche. **M.** Pauwels a paru au jury, par l'ensemble de ses travaux et la fondation de son vaste atelier de la barrière Blanche, digne d'une médaille d'argent.

M. DURENNE. — Non-exposant.

M. Durenne, non-exposant, est inscrit sur la liste des industriels dont les travaux ont pu devenir l'objet des délibérations du jury. C'est dans les vastes ateliers de cet industriel que se construisent, pour la plupart, les générateurs grands et petits, à haute et à basse pression, qui alimentent de vapeur les machines exécutées par ceux de nos constructeurs qui ne réunissent point encore des ateliers de chaudronniers à leurs ateliers de mécanique. M. Durenne, par une sage administration, a su ménager à son établissement un développement successif; il est parvenu à lui donner une importance qui le place au premier rang et le rend digne de toute la sollicitude du jury. Cet habile chaudronnier connait bien les besoins d'une fabrication à laquelle il s'est personnellement livré, aussi a-t-il inventé des machines qui rendent les opérations de la chaudronnerie à vapeur plus faciles, plus certaines, plus économiques. Une machine à faire les rivets, une machine à ployer les tôles suivant des mesures variées, des machines à percer les trous, des fours à réverbère composent les appareils auxiliaires de sa fabrication. Tous ces engins empruntent leur action à une machine à vapeur placée au centre de l'usine. Une grue très-puissante exécutée en chaudronnerie atteste tout le parti qu'un esprit inventif peut tirer d'une industrie dont il comprend bien toutes les ressources. Le jury pense que M. Durenne, par le développement qu'il a su donner à son industrie et la réduction du prix de construction des chaudières qui en a été la suite, s'est montré très-digne d'une médaille d'argent.

M. Eugène BOURDON, à Paris, rue du Faubourg-du-Temple, 74.

L'exposition de M. Bourdon est une des plus nombreuses et des plus variées : des machines à vapeur à cylindres oscillants, agissant de haut en bas et de bas en haut, suivant les localités; des machines système Mandslay, avec excentriques de détente d'une disposition particulière imaginée par ce mécanicien; des presses hydrauliques à vermicelle, dont le boisseau est constamment maintenu à une température convenable, par une double enveloppe remplie de vapeur; un modèle de machine de bateau, système oscillant, où le mouvement rétrograde est opéré dans le double appareil par le seul changement de position de la clef d'un seul robinet ; un modèle de machine à vapeur sur la plus petite échelle, fonctionnant expérimentalement par la pression d'un gaz comprimé; des appareils de sûreté à flotteur, à aiguille indicatrice et sifflet avertisseur; une machine locomobile dans laquelle le moteur et la chaudière sont ingénieusement groupés, ne sont pas les seuls produits des ateliers de cet habile constructeur. Les grandes machines qu'il a exécutées, et qui fonctionnent avec plein succès dans les usines où elles ont été placées depuis la dernière exposition, mériteront aussi bien, cette année, à M. Eugène Bourdon une médaille d'argent, que ses intéressants modèles de machines à vapeur à cylindres de verre pour la démonstration lui avaient valu, en 1834, une médaille de bronze.

M. Beslay, à Paris, rue Neuve-Popincourt, 17.

M. Beslay a exposé une chaudière de machine à vapeur placée dans un fourneau vertical pouvant brûler du coke sans cheminée et sans fumée, précieux avantage pour des machines destinées à fonctionner au milieu des villes. L'appareil de M. Beslay est l'œuvre des méditations de plusieurs esprits ingénieux : composés et exécutés d'abord par l'ingénieux M. Frimot, sur le principe, depuis longtemps connu, des chaudières à bouilleurs verticaux, dites à pis de vache, ces appareils ont reçu de très-notables améliorations dans les ateliers de M. Beslay de la part de plusieurs ouvriers, du contre-maître Tulpin, particulièrement. Ce chef des travaux a eu la bonne pensée de construire en cuivre et de rendre mobile et très-facilement remplaçable la partie inférieure des bouilleurs, la plus sujette à une détérioration en cas de suppression d'alimentation ou d'accumulation de sédiments. La chaudière exposée par M. Beslay est munie d'un appareil ingénieux trop peu employé, quoique depuis longtemps décrit pour signaler l'abaissement du niveau de l'eau. L'expérience, plus d'une fois répétée, en présence même de plusieurs membres du jury, a toujours prouvé que l'explosion par défaut d'alimentation était tout à fait sans danger. Sa construction permet à une telle chaudière d'être réparée en quelques heures et de reprendre ainsi ses fonctions après une très-courte suspension de service. Le jury pense qu'un appareil chauffé économiquement avec du coke, muni d'un bon avertisseur de l'abaissement du niveau, qui peut enfin faire explosion dans ce cas le plus fréquent sans danger, mérite bien au propriétaire des ateliers où il est construit la médaille d'argent.

M. DIETZ, à Paris, rue Marbeuf, 11.

M. Dietz est le constructeur qui semble avoir pris le plus à cœur de résoudre le problème de la locomotion à vapeur sur route ordinaire; déjà, à l'exposition de 1834, le jury lui a décerné une médaille d'argent pour récompenser ses efforts; depuis cette époque, des constructions successives de remorqueur modifiées suivant les indications pratiques fournies par l'expérience lui ont permis d'approcher plus près du but si difficile qu'il prétend pouvoir atteindre. Sans partager son espoir, du moins pour une époque prochaine, le jury n'en apprécie pas moins les louables tentatives de cet industriel, qui a construit avec succès plusieurs bateaux à vapeur en fer actuellement en cours de navigation sur l'Oise. Le jury juge M. Dietz digne d'une nouvelle médaille d'argent.

ÉCOLE d'Angers, à Angers.

L'école d'Angers avait obtenu, en 1834, une médaille de bronze; sa rivale, l'école de Châlons, avait été jugée digne d'une récompense plus élevée; cette école, animée, cette année, d'une vive émulation, a voulu sortir de cette espèce d'infériorité où la décision du jury l'avait placée; ce jugement équitable, mais sévère, a porté d'heureux fruits; la meilleure preuve en est bien la variété, le nombre et l'importance des machines qui composent l'envoi fait à l'exposition par l'école d'Angers. Deux machines à vapeur, l'une à haute pression, modèle Saulnier aîné, l'autre à basse pression, modèle Mandslay, ont, par leur bonne exécution, provoqué l'attention du jury; des pompes de presses hydrauliques bien exécutées, mais d'une disposition susceptible d'être critiquée, des modèles sur petite proportion de machines à percer, un tour en l'air, son support et sa contre-pointe tout en fer et fonte, attestent la capacité des élèves pour l'exécution manuelle des travaux mécaniques, but principal d'une école qui ne doit leur fournir qu'avec discrétion les connaissances théoriques qui peuvent en faire, à leur sortie, de bons ouvriers, plus tard des contre-maîtres habiles. Le jury pense que l'école d'Angers s'est bien montrée digne, en 1839, d'une médaille d'argent.

M. RAIMOND, à Paris, rue du Faubourg-du-Temple, 116 et 118.

M. Raimond a exposé une machine à vapeur fort bien exécutée, à mouvement rectiligne sans balancier. La tige de piston de cette machine est maintenue par un parallélogramme ingénieusement combiné; quelle que soit la perfection d'exécution de cette machine, ses dimensions assez restreintes ne sauraient justifier la médaille d'argent que le jury décerne à ce constructeur ; aussi est-ce pour l'ensemble de ses travaux, qui remontent déjà à une époque ancienne, que cette distinction lui est accordée. Le jury se rappelle que M. Raimond est le premier qui ait appliqué en France les roues à l'arrière des bateaux, et il se souvient que le premier service de navigation à vapeur pour marchandises entre Paris et le Havre fut mo..té avec des bateaux à vapeur, dont les roues étaient ainsi installées. Le jury, avant de voter à M. Raimond cette récompense, a pu se convaincre de l'importance de ses constructions actuelles, en visitant dans ses ateliers une double machine à haute pression de la force totale de quatre-vingt-dix chevaux, destinée à la navigation maritime.

M. PELLETAN, à Paris, rue de Verneuil, 27.

M. Pelletan, doué d'un esprit inventif, a soumis à l'examen du jury des appareils divers aussi variés dans leur construction que dans leur application ; les uns sont nouveaux, peu ou point assez expérimentés ; ils doivent, en dehors du mérite de leur nouveauté, recevoir la sanction de l'expérience pratique ; les autres ont déjà, par un service suffisamment prolongé, prouvé les avantages que l'industrie peut en attendre. Du nombre de ces derniers sont ses appareils à faire le vide au moyen d'un jet de vapeur pour la cuite des sucres, et sa machine dite *lévigateur*, pour enlever à la pulpe de betterave toute sa matière sucrée. Ces appareils, employés avec succès à la fabrication du sucre indigène, sont rentrés, pour leur examen, dans les attributions de la commission des arts chimiques ; aussi la commission des grands mécanismes n'en parle-t-elle que pour mémoire. Au nombre des appareils récemment exécutés par ce professeur, mais non suffisamment expérimentés, elle doit citer encore les modifications qu'il vient de faire subir à l'appareil à vapeur entrainant de l'air, inventé et décrit par **Manoury d'Hectot**. Si l'expérience à besoin de consacrer les succès de cette machine, il n'en est pas de même de l'application que M. **Pelletan** a faite de son principe, au tirage des fourneaux des machines à vapeur; une expérience depuis longtemps prolongée sur les bateaux de la haute Seine, celle de tous les jours dans les locomotives, prouvent toute l'énergie, pour activer le tirage, de ce moyen beaucoup plus simple qu'économique.

MÉDAILLES DE BRONZE.

MM. Dewil et Buffet, à Arras (Pas-de-Calais).

MM. Dewil et Buffet, d'Arras, ont envoyé à l'exposition une machine à vapeur, à haute pression, à cylindre fixe, sans balancier, à tige de piston guidée par des directrices verticales, communiquant le mouvement par une bielle à une manivelle placée au-dessus du cylindre.

Un appareil de corps de pompe pour presse hydraulique, monté pour recevoir le mouvement d'un moteur mécanique, figure aussi au nombre des machines exposées par ces fabricants.

Ces deux machines, bien conçues, suffisamment bien exécutées, ont fait penser au jury qu'une médaille de bronze pouvait, avec juste motif, être décernée à MM. Dewil et Buffet d'Arras.

M. Alexandre, à Paris, rue du Faubourg-Saint-Denis, 146.

M. Alexandre est un constructeur qui paraît, pour la première fois, dans l'arène industrielle ; la machine qu'il expose a paru si remarquable au jury, par ses disposi-tions et sa bonne exécution, qu'il n'hésite point à juger M. Alexandre digne d'une médaille de bronze.

La machine exposée est du genre de celles dites à cylindre oscillant. M. Alexandre a su combiner, avec le mouvement oscillatoire, un mécanisme de distribution à tiroir qui emprunte son mouvement à la rotation uniforme de l'arbre du volant ; il est parvenu également à faire entrer dans la composition de sa machine, sans trop de complication, un appareil de *détente variable*. La construction de M. Alexandre présente un aspect monumental, et bien étudié, qui le fait, sans hésitation, juger digne de la récompense précitée.

MM. Cartier et Armengaud, à Paris, rue de Montreuil, 81.

MM. Cartier et Armengaud ont monté des machines spéciales pour tailler les engrenages, soit de bois, soit de fonte. Par les procédés de ces industriels on peut se dispenser de faire venir au moulage les dents des roues, elles sont enlevées mécaniquement dans la masse de la jante. Les machines de MM. Cartier et Armengaud peuvent aussi facilement tailler les roues à dents intérieures ou extérieures. Cette propriété est précieuse dans certains cas, comme, par exemple, pour denter intérieurement les anneaux destinés à réaliser un mouvement rectiligne à l'aide d'une roue tournant dans un cercle d'un diamètre

donble du sien , disposition mécanique ingénieuse inventée et décrite par Withe dans la centurie de ses inventions.

Le jury pense que ces mécaniciens, en offrant aux
constructeurs un moyen nouveau de faire avec perfection
une opération aussi difficile que celle de la division et de
la taille des dents des roues suivant les courbes théoriques,
se sont montrés dignes d'une médaille de bronze.

M. Rouffet fils (Achille), à Paris, rue du Marché-Neuf, 6.

M. Rouffet fils a présenté à l'examen du jury une élégante machine à vapeur, complète, destinée à développer
presque instantanément une force d'environ deux chevaux sur un point quelconque. Cette machine, du genre
de celles dites locomobiles, réunit, sous un très-petit volume, le moteur et son générateur de vapeur. Le cylindre
à vapeur se trouve, par une ingénieuse disposition, plongé
dans le réservoir à vapeur de la chaudière. Un ventilateur
mis en mouvement, à bras d'abord, par la machine elle-
même ensuite, sert à établir et à maintenir, dans le fourneau alimenté avec du coke, une très-vive combustion,
opérée sans fumée. Cette machine, bien groupée, d'une
exécution très-soignée, rendue, cependant, facile par la
forme et la disposition de chacune de ses parties, est encore établie à un prix très modéré.

Le jury ne doute pas que les avantages qu'elle offrira ne
la fassent rechercher par une foule de petites industries qui
ont besoin d'un moteur économique. Sa simplicité la rend
très-propre aux usages agricoles.

Le jury espère qu'une vente nombreuse viendra se
joindre à la médaille de bronze qui lui est décernée comme

récompense des efforts tentés par ce jeune constructeur pour faire bien et à bon marché.

M. Frey, à Paris, impasse Saint-Laurent, 2.

M. Frey a provoqué l'attention du jury par deux machines à vapeur de disposition complétement différente.

L'une est une machine à bielles latérales à arbre, à doubles manivelles, comme dans les machines Maudslay, mais à distribution à tiroir. Cette machine, dont le bâti emprunte ses formes à l'architecture gothique, est surmontée de son régulateur à boules centrifuges; sa disposition générale lui donne un aspect très-satisfaisant.

La seconde machine est à cylindre oscillant, distribuant la vapeur par l'oscillation même, à l'aide d'un mécanisme en forme de robinet à quatre eaux, placé sur le tourillon du cylindre. Cette manière de distribuer est peu conforme aux principes théoriques; car elle ménage à la vapeur, une fois à chaque double battement, une entrée et une sortie plus rapides; cet inconvénient, plus théorique que réel, provient de la solidarité établie entre la distribution et le mouvement du cylindre rendu inégal par suite de la variation des angles formés par la manivelle dans les deux positions extrêmes. Malgré ce léger défaut, ce genre de machine n'en présente pas moins, par son extrême simplicité, des avantages pratiques. La bonne exécution et le mérite d'invention de ces machines font juger M. Frey digne d'une médaille de bronze.

M. Chavepeyre, à Paris, quai Valmy, 103.

M. Chavepeyre est un chaudronnier en chaudières à vapeur des plus intelligents; des premiers il a osé entreprendre la construction d'une chaudière de locomotive, jugée d'une exécution si difficile. Déjà couronné d'une médaille de bronze en 1834, il expose, cette année, une chaudière à foyer intérieure, à nombreux bouilleurs, du genre de ceux dits tuyaux-fumée. Dans cette chaudière, les tuyaux dans lesquels la flamme doit circuler sont coudés de façon à ce que leur dilatation ne puisse pas ébranler leurs joints.

Un pyromètre, composé d'un barreau de zinc, placé dans un tube de tôle, ouvre une soupape qui permet à un jet d'eau d'éteindre le feu toutes les fois que la pression a dépassé une certaine limite; la disposition du mécanisme offre la possibilité de la fixer d'avance, et de la déterminer au point jugé le plus convenable.

Ce chaudronnier est toujours prêt à mettre sa bonne volonté à la disposition des inventeurs pour l'exécution de tous les appareils nouveaux; il mérite par son zèle et par ses travaux une récompense; le jury se montre juste en lui décernant une nouvelle médaille de bronze.

M. Chomeau, à Paris, rue Quincampoix, 63.

M. Chomeau, qui réunit dans ses ateliers plusieurs genres d'industrie, a monté pour le broyage du cacao une machine à vapeur puissante. Travaillant à façon pour un grand nombre de chocolatiers, il a compris les importantes modifications qu'il convenait de faire subir aux machines à broyer le cacao; les besoins de sa fabrication lui ont révélé les perfectionnements qu'il s'est efforcé d'apporter à cette espèce de machine.

Dans la nouvelle broyeuse, exposée par M. Chomeau, les rouleaux reçoivent, d'un mécanisme spécial, un double mouvement. Ils sont, comme à l'ordinaire, entamés circulairement sur le plateau dormant ; ils reçoivent, en outre, un mouvement de rotation sur eux-mêmes, qui leur fait prendre une vitesse de rotation propre plus considérable que le développement de la surface sur laquelle ils ont roulé. Cette combinaison, qui avait pour but d'opérer, en un temps plus court, une trituration plus parfaite et plus abondante, a été couronnée d'un plein succès pratique.

Le jury regarde cette combinaison, qui constitue une véritable invention, digne d'une médaille de bronze.

M. Lemoine, de Rouen.

Lemoine a présenté, à l'exposition, des appareils de condensation destinés aux machines à vapeur. Le principe mis en pratique par M. Lemoine est celui inventé par M. Séguin pour les chaudières de locomotives; seulement, pour en faire un condenseur, le problème est renversé. Au lieu de faire passer l'air incandescent au travers des tubes pour vaporiser l'eau qui les environne, c'est de l'eau froide qui est dirigée dans les tubes pour enlever à la masse de vapeur dans laquelle ils sont plongés le calorique qui la maintient à l'état gazeux.

Les condenseurs construits par M. Lemoine ont surtout de grands avantages dans les fabriques où l'on a besoin d'une grande masse d'eau distillée, comme dans les teintureries. La construction de ces appareils est bien raisonnée, elle permet le nettoyage, et rend les réparations possibles, même faciles.

Le jury juge le constructeur des condenseurs à tuyaux digne d'une médaille de bronze.

MM. Leblanc, Armengaud et Tronquoy, à Paris.

Trois dessinateurs ont exposé, dans la salle des machines,

des dessins et plans d'appareils fort bien relevés et très-habilement lavés. Le grand mérite du dessin mécanique est d'offrir à l'œil un tracé fidèle et facile à comprendre. Le jury a vu avec satisfaction les progrès de ce genre de dessin. Désormais, ces représentations, en perspective de convention, d'un effet si désagréable pour quiconque s'est un peu occupé de machines, seront remplacées par le tracé géométral avec lignes de force pour le côté des ombres. Le dessin géométral lavé et ombré, suivant la méthode de superposition des teintes plates avec plans et coupes, provoque l'attention même des personnes étrangères à l'industrie.

Ce genre de dessin vient offrir aux constructeurs le moyen sûr de consigner fidèlement sur le papier les mécanismes les plus compliqués. Les conceptions mécaniques ainsi fixées deviennent communicables; elles peuvent être échangées et envoyées à grandes distances bien plus commodément qu'au moyen des modèles en relief. La haute importance de ce genre de dessin pour l'industrie mécanique le rend digne de tout l'intérêt du jury; aussi juge-t-il les trois habiles dessinateurs, dont les beaux dessins ont passé sous ses yeux, dignes chacun d'une médaille de bronze.

MENTIONS HONORABLES.

MM. Chaussenot, Sorel et Galy-Cazalat, à Paris.

MM. Chaussenot, Sorel et Galy-Cazalat ont présenté à l'examen du jury une série de moyens de sûreté applicables aux chaudières à vapeur.

Tout en reconnaissant tout ce qu'il y a d'utile, d'ingénieux dans les divers mécanismes de sûreté, inventés et exposés par ces ingénieurs civils, tous les trois si fertiles en conceptions heureuses ; le jury ne peut, quant à présent, que prendre en haute considération leurs intéressants travaux. L'examen attentif, l'essai même des fonctions de ces appareils ne sauraient suffire pour appuyer un jugement sûr et définitif sur le mérite de chacun d'eux. L'expérience assez longtemps prolongée de ces moyens de sûreté, appliqués à de nombreuses chaudières continuant leur service dans les circonstances où on a coutume de les faire fonctionner, pourrait seule fournir les lumières convenables pour éclairer cette grave question. Le jury, manquant des éléments indispensables pour se livrer à leur appréciation, n'a donc pu les juger. Ses regrets diminuent en pensant que bientôt l'omission involontaire à laquelle il a été contraint sera réparée par une commission de l'Académie des sciences, investie, par l'administration, du soin et du devoir de prononcer sur la valeur positive des nombreux moyens proposés pour la solution d'une question d'un si haut intérêt pour l'humanité.

Le jury se borne donc à signaler toute l'utilité du but vers lequel les travaux de MM. Chaussenot, Sorel et Galy-Cazalat ont été dirigés.

M. MAYER, à Mulhausen.

M. Mayer a envoyé, à l'exposition, un modèle de tubulure en fonte applicable aux chaudières à vapeur pour remplacer la pièce dite *trou d'homme*. En réunissant sur son modèle le point de départ de tous les tuyaux, ordinairement tubulés, sur les corps de chaudières, il évite d'affaiblir leurs

parois par des trous nombreux qu'il faut quelquefois re
boucher si la disposition des lieux vient à varier.

Dans son envoi on remarquait encore un régulateur-
compensateur, et des appareils indicateurs de niveau disposés de façon à éviter les sédiments qui se déposent dans
les tubes de verre, et rendent les indications bientôt impossibles à percevoir.

Le jury juge M. Mayer, pour l'ensemble des objets par
lui exposés, digne d'une mention honorable.

M. GALAFENT, à Paris, rue des Amandiers-Popincourt, 7.

M. Galafent est un constructeur anglais qui est venu
exercer son industrie en France. Le jury a saisi avec plaisir une occasion de se montrer tout à la fois juste et bien-
veillant vis-à-vis d'un étranger.

La machine à vapeur exposée par ce constructeur a paru
au jury bien exécutée. Une disposition qui assure la fidélité
des indicateurs des flotteurs dans les chaudières a également mérité son approbation.

M. Galafent est jugé par lui digne d'une mention honorable.

M. GIRAUDON, à Paris, rue de Charonne, 95.

M. Giraudon est à la tête d'une école industrielle; il
expose, comme produit de son école, une machine à vapeur
bien exécutée; ses dispositions ont beaucoup d'analogie
avec celles de la machine exposée par M. Frey.

Le jury, désireux d'encourager l'utile enseignement pro-
essionnel que dirige M. Giraudon, mentionne honorablement la machine par lui exposée.

M. Labbé, à Paris, rue Amelot, 52.

M. Labbé a exposé divers modèles où une méthode de diminution des frottements par l'intercalation de sphères ou rouleaux entre les arcs frottants et les coussinets est mise en pratique. Le jury a pu se convaincre, par lui-même, de l'extrême liberté que conservent, dans leurs mouvements, les organes mécaniques ainsi montés; il regrette que la complication et les difficultés d'exécution de ce genre de mécanisme intermédiaire en rendent l'application rare et dispendieuse.

M. Labbé a soumis encore à l'examen du jury une machine à vapeur à rotation immédiate, pouvant facilement se transformer en machine directe, élévatrice d'eau. Le mérite pratique de cette machine non encore soumise à une expérience suffisamment prolongée n'a pu être reconnu par le jury, qui n'a pu que la comparer aux nombreuses machines à rotation, d'une disposition à peu près analogue, laissées sans emploi.

Le jury pense néanmoins que la bonne exécution de divers appareils exposés par M. Labbé le rend digne d'une mention honorable.

M. Ratisseau, à Paris, rue Traversière, 26.

M. Ratisseau se livre presque exclusivement à la construction des machines à broyer soit les couleurs, soit le chocolat; la spécialité de sa fabrication lui permet de faire bien à des prix assez modérés.

Le jury juge les machines par lui exposées dignes d'une mention honorable.

CITATIONS FAVORABLES.

M. KLEMM, à Paris, rue du Faubourg-du-Temple, 137.

M. Klemm est un contre-maître employé dans un grand atelier; il expose, sous son nom, une petite machine à vapeur, système oscillant. La parfaite exécution de cette machine, d'une puissance très-limitée, atteste l'habileté de main de l'ajusteur qui en a limé et tourné les diverses pièces.

Le jury cite favorablement M. Klemm.

M. MONGINOT, à Paris, rue Neuve-des-Petits-Champs, 5.

M. Monginot a exposé, dans les galeries des machines, les premières livraisons d'un grand ouvrage dont il est l'éditeur; il se propose de publier en France les inventions remarquables brevetées en pays étrangers.

L'utilité d'un pareille publication, qui peut hâter en France la connaissance des inventions utiles, fait juger son éditeur digne d'une citation honorable.

M. FRANCHOT, à Paris, rue Neuve-des-Poirées, 3.

M. Franchot s'est fait inscrire dans le but d'exposer un nouveau moteur d'une disposition particulière, puisé dans la dilatation et la contraction successives d'une même masse d'air. Les succès de ses premiers essais, faits sur un modèle de faible dimension, lui méritent une citation honorable. Sa machine, non encore terminée, n'a pu figurer à l'exposition.

Le jury fait des vœux pour que la construction sur assez grande échelle, à laquelle **M. Franchot** se livre en ce moment, réponde à ce que cet ingénieux novateur en attend.

SECTION IV.

MACHINES ET MÉCANISMES EMPLOYÉS POUR LES CONSTRUCTIONS NAVALES, HYDRAULIQUES ET CIVILES.

M. le baron Charles Dupin, rapporteur.

Considérations générales.

Les arts des travaux publics ont pris leur large part des progrès opérés, depuis plusieurs années, dans la construction des machines, et ces progrès sont immenses.

Il n'y a pas longtemps encore, nous étions dans un véritable état d'infériorité lorsqu'on nous comparait avec l'Angleterre, pour cette branche d'industrie; aujourd'hui nous commençons à soutenir dignement le parallèle.

Il suffit, pour en donner la preuve, de comparer la valeur acquise par les importations et les exportations des machines en France, actuellement et lors des trois dernières expositions des produits de notre industrie : l'accroissement est remarquable.

Exportations et importations des machines.

Années.	Importations.	Exportations.
1823,	842,586 fr.	566,436 fr.
1827,	1,045,293	1,318,303
1834,	1,272,131	1,997,241
1837,	2,275,110	3,297,038

Ainsi, dans un intervalle de quatorze ans, nos acquisitions annuelles de machines étrangères ont *triplé*. Le genre des machines importées n'est pas moins important que le total de leur prix, expression de leur utilité. La valeur de ces machines, tirées en majeure partie de la Grande-Bretagne, appartient, pour les *cinq sixièmes*, aux machines à vapeur, c'est-à-dire aux instruments de la production, dans une foule d'industries qui se développent et s'améliorent par cela même qu'elles accroissent et perfectionnent leurs forces motrices.

Nos exportations de machines sont bien plus importantes et plus progressives encore que nos importations.

En 1823, elles n'étaient que les *deux tiers* des importations; en 1837, au contraire, elles sont de moitié plus fortes que les exportations : *elles ont sextuplé dans un intervalle de quatorze ans.*

Ce qui rend plus assuré notre commerce de machines, c'est qu'il se répartit entre un grand nombre de puissances différentes, toutes moins avancées que nous en industrie, toutes ayant de longs efforts à faire avant d'atteindre au but que déjà nous avons atteint, et que nous aurons incessamment dépassé.

Nous rapporterons un autre fait qui résulte du parallèle de nos résultats commerciaux avec ceux du peuple le plus célèbre à la fois pour son commerce général et pour celui de ses machines. Aujourd'hui, l'exportation des machines a conquis une plus grande part dans notre commerce national qu'elle n'en a conquis dans celui de l'Angleterre. En effet, par milliard de produits exportés, l'exportation des machines compte :

En France, pour. . 6,409,000 francs.

En Angleterre, pour 3,943,000 francs.

Faisons surtout remarquer ce qui fait le plus grand honneur à l'industrie de nos constructeurs de machines ; ils obtiennent leurs succès au milieu des marchés étrangers, malgré tous les désavantages qui peuvent résulter du prix élevé des fontes, des fers, des aciers et du combustible dans nos ateliers. Mais les machines qu'ils fournissent sont la plupart le fruit de leur invention, le talent même d'invention qui fait leur supériorité; or ce talent est, de tous les capitaux, le seul qu'on ne fait pas artificiellement passer d'un peuple à l'autre, par la modification de quelques mesures législatives.

On ne distingue plus seulement par l'invention

une foule de machines françaises , mais aussi par une exécution qui depuis cinq ans a fait les progrès les plus dignes d'éloges.

Beaucoup de nos grands ateliers se sont empressés d'acquérir, en Angleterre, les outils-machines les plus essentiels, qui servent à donner aux pièces mêmes dont la plupart des machines se composent une précision, pour ainsi dire, mathématique. Par ce moyen, plusieurs grands établissements qu'on avait vus tomber dans un rang secondaire ou tertiaire, par l'emploi trop persévérant d'un outillage imparfait et suranné, peuvent maintenant soutenir le parallèle avec les ateliers que nos rivaux ont établis avec le plus de soins et d'intelligence.

§ 1er. CONSTRUCTIONS NAVALES.

Navires et bateaux à vapeur.

Les services publics et l'industrie particulière ont rivalisé d'activité pour la création et l'emploi des mécanismes qu'exige la navigation par la vapeur.

Dès 1838, la marine militaire comptait trentedeux bâtiments à vapeur à flot et dix en construction, d'une force moyenne de 150 chevaux. Elle a construit récemment six navires de 220 chevaux;

elle a le dessein d'en construire qui seront de la force de 300 chevaux.

L'administration des finances a reçu, des constructions de la marine royale, un ensemble de navires à vapeur de la force de 160 chevaux, qui font un service admirable sur la Méditerranée. L'Angleterre, aujourd'hui, transporte ses dépêches pour l'Inde par la correspondance de notre navigation à vapeur. La rapidité des opérations commerciales est triplée sur cette mer ; elle sera bientôt quadruplée. Les Anglais se proposent de faire, pour l'Atlantique, ce que nous avons fait pour la Méditerranée. La France, sans doute, ne restera pas en arrière ; elle établira sa grande ligne officielle de communications par navires à vapeur avec l'Amérique, comme elle a su la créer avec l'Afrique et l'Asie.

En dehors des grands travaux que nous venons de signaler, les entreprises privées ont pris un grand développement pour la navigation des côtes et de l'intérieur : en voici quatre termes de comparaison.

Progrès du commerce français dans l'emploi des bateaux à vapeur.

ANNÉES.	Nombre de bateaux.	Force des moteurs (vapeur).	Passagers transportés.	Tonnage des marchandises transportées.	Total passagers et marchandises, équivalents en tonneaux.
		Chevaux.	Personnes.	Tonneaux.	Tonneaux.
1833 1834	79	2,749	081,489	30,525	108,589
1836 1837	115	4,778	1,719,587	130,427	277,004
1838	160	7,500	»	»	334,570

Ce tableau fait voir que la force motrice, appliquée à la navigation par la vapeur, *triple* presque dans le court intervalle de cinq années ; son effet utile, qui suit une marche plus rapide encore, a fait plus que tripler.

Pour faire apprécier, même sous le point de vue particulier de la construction des machines, l'immense importance de la navigation par la vapeur, il nous suffira de mettre en parallèle la force motrice totale des machines à vapeur de toutes les industries imaginables, et la force particulière des navires à vapeur, pour la dernière année dont les documents officiels soient encore recueïllis.

Forces des machines à vapeur pour toutes les industries, 26,187 chevaux.

Forces des machines de tous les navires et bateaux à vapeur du gouvernement et des particuliers, 12,420 chevaux.

Nous avons à regretter que les grands constructeurs de machines et de navires à vapeur n'aient pas fait figurer à l'exposition au moins les modèles de leurs produits. Il nous suffira de dire qu'en général les anciens établissements se sont agrandis et perfectionnés en même temps qu'il s'en est créé de nouveaux à Paris et dans la plupart de nos ports de commerce importants.

Nous regrettons aussi que M. le marquis de la Roche-Jacquelin n'ait pas rempli la moindre des formalités qui nous eussent permis de récompenser ses efforts, pour établir des bateaux à vapeur plus légers encore et ne tirant que 25 centimètres d'eau. Ces bateaux sont destinés, même en été, à naviguer sur la Loire, le moins profond de nos fleuves. Ce service, dont nous parlons, s'établit entre Nantes, Tours et Nevers. En France, où la plupart de nos rivières et de nos fleuves ont si peu d'eau pendant six mois de l'année, le système imaginé par M. de la Roche-Jacquelin peut rendre d'immenses services : pour les obtenir, il suffit que l'administration prescrive des travaux aussi faciles que peu dispendieux, au moyen d'une création de cantonniers fluviatiles, qui ménageront, même au moment de l'étiage, un courant d'eau de 30 centimètres dans les endroits les plus bas, sur une largeur suffisante, et par là peu considérable.

MÉDAILLE D'OR.

M. Cochot, à Paris, faubourg Saint-Antoine.

M. Cochot obtient la récompense du premier ordre pour le magnifique ensemble de ses travaux. Son mérite est d'autant plus grand qu'il a commencé par être simple ouvrier ; il a créé sa fortune par son amour de l'ordre et du travail, par son talent naturel pour l'invention, et l'heureuse application de ce talent pour imaginer et pour exécuter lui-même une foule de mécanismes ingénieux.

Il a construit de nombreux bateaux à vapeur en fer, au tirant d'eau de 40 centimètres, qui circulent avec le plus grand succès entre Paris, Montereau et les ports intermédiaires de la haute Seine. Ces bateaux sont remarquables pour la rare intelligence de leur construction et pour la répartition ingénieuse des poids du mécanisme sur le fond plat du navire, qui résiste par sa tension même et son élasticité.

M. Cochot construit actuellement un bateau-bassin que l'on pourra conduire sur un point quelconque de la rivière, pour recevoir et mettre à sec celui de ses bateaux à vapeur qui aura besoin d'un radoub, ou qui présentera quelque danger de couler bas.

Dès 1802, M. Cochot avait exécuté des scies de placage qui ont produit des résultats d'un extrême avantage pour l'ébénisterie. Par la délicatesse et la précision des placages que ces scieries ont permis de faire, nos exportations ont pris un développement considérable.

M. Cochot a fait, en 1812, une scierie circulaire portative pour débiter le bois dans les forêts : l'étranger surtout s'en est servi. En 1824, il a construit une machine à cylindre pour scier les bois, de quelque forme qu'ils soient, et produire des surfaces gauches, ou des cintres-dont le rayon est variable à volonté.

C'est encore à M. Cochot qu'on a dû, dès 1810, le ventilateur-séchoir qu'emploie la manufacture des tabacs.

Une lampe mécanique de son invention, dont le brevet remonte à 1814, a fait la fortune de plusieurs exploitants: on lui doit aussi des machines inventées pour tailler les parquets-mosaïques, pour faire des chevilles ou gournables propres à la construction des navires ; enfin son ingénieuse machine à tailler des allumettes, qu'il a généreusement abandonnée, pour ne pas ôter les moyens d'existence aux ouvriers qui s'occupent de cette petite industrie.

Le jury décerne la médaille d'or à M. Cochot.

MÉDAILLES D'ENSEMBLE.

MM. Schneider et cie, au Creuzot (Saône-et-Loire).

Nous rappellerons ici que MM. Schneider et compagnie,

récompensés pour l'ensemble de leurs travaux du Creuzot, construisent des bateaux à vapeur en fer de soixante chevaux, pour naviguer sur la Saône; ils exécutent des bateaux plus grands, qui seront mus par une force de quatre-vingt-dix chevaux (système de haute pression), pour transporter, sur le Rhône, quatre-vingts tonneaux de marchandise, et remonter d'Arles à Lyon en trente-deux heures, avec un tirant d'eau de 33 centimètres. Cette entreprise est d'autant plus remarquable que, pour l'obtenir, MM. Schneider ont dû se contenter des prix auxquels reviendraient les mêmes bâtiments faits en Angleterre, puis introduits francs de droits à l'embouchure du Rhône.

Doublage en bronze des navires.

On a fait aux constructions navales une application que nous ne pouvons récompenser encore, parce que les expériences comparatives n'offrent pas une assez longue durée pour donner au succès une complète certitude.

Il s'agit du doublage des navires en feuilles de bronze laminé propre à remplacer le cuivre rouge. Tout annonce déjà qu'on y trouvera de grands avantages sous le point de vue de la durée, et par conséquent de l'économie.

Afin de démontrer cet avantage, le gouvernement a fait doubler la carène de beaucoup de bâtiments de guerre, un côté en cuivre rouge et l'autre en bronze laminé.

Il est résulté de ce rapprochement une action galvanique contraire au meilleur effet des doublages mis en parallèles. Maintenant on double complétement des navires en bronze laminé; mais on n'a pas encore obtenu, dans ce nouveau genre d'essais, une réussite assez prolongée pour que nous puissions proposer en faveur de M. Francfort, inventeur de ce doublage, la récompense élevée que pourra mériter un succès définitif.

Ponts de bateaux dans les ports à marée, et appareils contre l'incendie dans les arsenaux maritimes.

RAPPEL DE MÉDAILLE D'ARGENT.

M. KERMAREC, à Brest (Finistère).

M. Kermarec a reçu, dès 1827, une médaille d'argent, rappelée en 1834, pour les combinaisons de ses appareils de transport destinés au secours des incendiés ; il présente, cette année, plusieurs améliorations à ces appareils ; il expose un *pont de bateaux* qui s'élève et s'abaisse avec la marée, et qu'on peut jeter et replier avec rapidité, pour porter des secours.

Le jury vote en faveur de M. Kermarec le rappel de la médaille d'argent.

Ridage des cordages à bord des navires.

MÉDAILLE DE BRONZE.

M. PAINCHANT, à Lambezellec (Finistère).

M. Painchant, à force de persévérance, a fait adopter par la marine militaire, et il propage de plus en plus dans la marine du commerce, son appareil à crémaillère pour la tension ou ridage des haubans : cordages latéraux qui rattachent la tête des mâts aux flancs du navire.

Au moyen de cet appareil, on exécute avec promptitude et peu de bras une opération auparavant lente et pénible. Le jury décerne à M. Painchant la médaille de bronze.

Sauvetage des naufragés.

MENTIONS HONORABLES.

M. CASTÉRA, ancien magistrat, à Paris.

L'humanité doit à M. Castéra les plus nobles services rendus par son zèle, pour instituer en France une société de sauvetage des naufragés : société qui consacre ses soins à recueillir de toutes parts les inventions, les précautions, les moyens de secours propres à remplir un si généreux dessein. Il a présenté lui-même des appareils ingénieux qui lui sont propres pour le sauvetage à la mer des naufragés. Le jury décerne à M. Castéra la mention la plus honorable, et pense que le gouvernement trouvera d'autres moyens de récompense envers un ancien magistrat que son rare désintéressement et son amour de ses semblables ont privé de toute fortune.

Machine à mâter.

M. MAZELINE, au Havre.

M. Mazeline mérite la mention honorable pour un beau modèle de machine à mâter, muni d'un système de roues dentées et de cylindres, pour opérer dans un espace assez resserré, avec une force motrice peu considérable.

§ 2. CONSTRUCTIONS ET MACHINES HYDRAULIQUES.

Les machines hydrauliques destinées à transmettre la force motrice sont au rang des inventions les plus précieuses, les plus rares et les plus utiles pour les industries relatives aux travaux publics et particuliers.

Lors de l'exposition de 1834, nous avons décerné la médaille d'or à M. PONCELET pour sa roue hydraulique à augets curvilignes ayant la propriété de transmettre la force motrice de manière à ce que l'eau sortant des augets s'en trouve absolument dépouillée. Depuis cette époque, le nombre des roues à la Poncelet s'est beaucoup multiplié dans les diverses parties de la France : partout elles ont augmenté l'effet utile des eaux employées.

Si M. COMBES, ingénieur des mines, n'était pas membre du jury central, il aurait droit à une récompense d'un ordre élevé pour la roue hydraulique à réaction dont il est inventeur ; mais, pour ce motif, il se trouve hors de concours.

NOUVELLE MÉDAILLE D'OR.

M. FOURNEYRON, à Paris, rue de Trévise, 5.

La turbine, machine hydraulique dont l'idée première et capitale appartient à M. Burdin, jouit, comme on sait, de la propriété de tourner sous l'eau par l'effet d'une chute de ce fluide, et d'animer, comme son nom l'indique, d'une vitesse circulaire extrêmement considérable, un arbre vertical qui transmet en tournant la force primitivement rectiligne.

En partant de cette donnée, M. Fourneyron a su procurer aux turbines les perfectionnements les plus remarquables pour en faciliter le jeu, pour en accroître l'effet utile, pour en rendre les parties d'une conservation plus grande.

La première machine très-importante de ce genre qu'il ait exécutée le fut en 1834, à Inval, près Gisors, dans la manufacture de MM. J.-C. Davillier et compagnie. Les résultats d'un rare avantage qu'elle a présentés sont consignés dans le compte des séances de l'Académie des sciences (1836) ; on y voit que l'effet utile de la machine peut aller sur l'arbre de la turbine jusqu'aux quatre-vingts centièmes, et sur le premier arbre de couche jusqu'aux soixante-quatorze centièmes de la force hydraulique primitivement employée : résultat supérieur à celui de tout autre genre de roues hydrauliques.

Il y a déjà plus de trois ans, la Société d'encouragement a décerné un prix de 6,000 fr. à M. Fourneyron.

Dans la même année où ce très-habile mécanicien avait mis en jeu sa machine de Gisors, il en a construit une autre de cinquante-six chevaux, à Saint-Blaise, dans la forêt Noire : plus tard, il en a fait une nouvelle de soixante chevaux dans la même localité ; enfin il en a construit un grand nombre en divers lieux de la France, et partout avec un succès complet.

Le jury décerne à M. Fourneyron la médaille d'or.

---

§ 3. BARRAGES DES RIVIÈRES.

Les travaux d'art entrepris pour faciliter la navigation

des rivières présentent un beau perfectionnement, qui mérite la récompense du premier ordre.

NOUVELLE MÉDAILLE D'OR.

M. Poirée, ingénieur-directeur des ponts et chaussées, à Paris.

Le barrage mobile que M. Poirée établit sur les rivières est remarquable sous deux points de vue : 1° pour ses résultats, 2° pour sa construction et sa manœuvre.

Une rivière étant donnée : la barrer complétement dans ses basses eaux par une retenue qu'on puisse supprimer avec facilité; resserrer son cours, en ne laissant qu'une passe dont la largeur soit toujours en rapport avec le volume variable du fluide débité; rendre les eaux à leur cours naturel, sans laisser debout aucune partie saillante du barrage, aussitôt que les crues exigent un libre écoulement dans toute la largeur du lit naturel de la rivière : voilà l'ensemble des conditions nécessaires et satisfaites.

Le squelette du barrage est figuré par des travées verticales, équidistantes, mobiles, et dirigées comme les piles d'un pont, dans le sens du fil de l'eau.

Ces travées sont à jour, en fer, et présentent la figure d'un trapèze dont la grande base est en bas et la petite en haut; une diagonale fortifie ce trapèze dans le sens qui résiste à la poussée des eaux. La base inférieure est terminée par deux tourillons; elle forme ainsi l'axe autour duquel tourne et s'abat ce trapèze à plat sur le grillage, appui général du système. Quand on veut relever ces trapèzes en fer, que l'auteur appelle fermettes, on tire chacune d'elles par une chainette, pour l'établir dans sa position verticale.

Alors des greffes ou barres de fer, horizontales, s'accrochent de chaque fermette à la suivante, et les maintiennent par leur base supérieure à la distance requise. A mesure qu'on fixe ces griffes, on jette des planches d'une fermette à l'autre sur les bases supérieures : comme feraient des pontonniers pour un passage de rivière.

Quand le squelette du barrage est complétement dressé, les fermettes sont partout tenues verticalement, les unes rattachées aux autres, et les deux dernières aux épaulements de maçonnerie bâtis sur chaque rivage.

Pour intercepter le passage des eaux, on emploie des aiguilles en bois, jointives comme celles des pertuis de flottage ; elles s'appliquent dans une position verticale : 1° en bas, dans un encastrement du grillage, base du système ; 2° en haut, contre les griffes ou barres transversales qui vont d'une fermette à la suivante.

Si l'on veut ouvrir dans le barrage une passe plus ou moins large, on enlève un nombre suffisant d'aiguilles et de griffes ; on laisse tomber horizontalement chaque fermette, qui se trouve ainsi dégagée.

Pour exécuter toutes les opérations que nous venons de décrire, deux hommes suffisent à la manœuvre : ils barrent un mètre de largeur de la rivière en deux minutes ; ils débarrent un mètre en une minute et demie.

On voit par là comment se produit et s'intercepte avec promptitude une ouverture suffisante au passage des bateaux les plus larges.

On a déjà fait l'épreuve du barrage mobile : en 1834, sur l'Yonne, à Basseville, près de Clamecy ; en 1836, à Decire, sur la Loire ; en 1838, à Épineau, sur l'Yonne. Pour cette dernière rivière, des barrages seront incessamment exécutés, afin d'augmenter la hauteur d'eau des ports de Sens et de Joigny. Enfin, sous peu de mois, un barrage en construction sur la Seine, pour effacer les dangers du passage de la Morue, près Marly, sera livré au service public de la navigation.

Le système que nous venons de décrire offre tour à tour les avantages de la navigation naturelle laissée libre quand les eaux sont suffisantes, et ceux de la navigation artificielle rendue possible même quand les eaux sont très-basses; il permet alors la plus grande économie du fluide, commandée par l'activité du commerce.

Sans doute, les barrages fixes ordinaires procurent les avantages des barrages mobiles quand ils sont dressés; mais, comme les premiers ne peuvent pas disparaître lors des crues d'eau, ils exposent les propriétaires riverains à des inondations que n'occasionnent pas les seconds, puisque ceux-ci disparaissent avant que les eaux deviennent dangereuses.

L'industrie trouvera d'un extrême intérêt la production de chutes artificielles opérées par les barrages mobiles, afin d'obtenir des forces motrices données par des dénivellements d'une hauteur modérée, mais d'un volume considérable.

Le gouvernement a reconnu l'extrême utilité des barrages mobiles appliqués à la navigation naturelle; il a proposé et les chambres ont voté des fonds spéciaux, pour les appliquer à rendre, en tous temps, la Seine et l'Yonne navigables jusqu'à l'origine des canaux du Nivernais et de Bourgogne. Enfin l'administration se propose d'étendre le même système à la plupart des rivières et des fleuves du royaume.

Le jury décerne à M. Poirée une médaille d'or.

MENTIONS HONORABLES.

M. le marquis DE LOUVOIS, pair de France.

M. le marquis de Louvois, par le noble usage qu'il fait de sa grande fortune, pour aider aux progrès de l'industrie nationale, présente un modèle à tous les hommes qui croient qu'aujourd'hui l'héritage du plus beau nom n'est qu'une obligation de faire d'immenses efforts pour en perpétuer la gloire.

Non-seulement dans les vastes établissements métallurgiques d'Arcy-le-Franc M. le marquis de Louvois a suivi tous les progrès de la fabrication du plus utile des métaux, il s'est efforcé, par ses inventions, d'ajouter à nos moyens de tirer parti des cours d'eau pour la navigation et pour le travail des ateliers. Il a présenté les modèles de ses barrages et de ses écluses, que le jury regarde comme très-ingénieux et qui mériteraient une récompense élevée s'ils étaient exécutés en grand sur une rivière d'une largeur suffisante. En attendant cette exécution pour laquelle le jury forme des vœux, il accorde une mention honorable à M. le marquis de Louvois.

----

§ 4. CONSTRUCTIONS CIVILES.

Dans les constructions civiles, ce qui doit le plus attirer notre attention, c'est la combinaison judicieuse de la fonte et du fer, dont l'emploi devient, chaque année, plus commun, avec le bois, qui restera pendant longtemps une de nos plus riches ressources.

***

MÉDAILLE D'ARGENT.

M. ÉMY, à Paris, rue Sainte-Croix-de-la-Bretonnerie, 18.

M. Émy présente un système de charpente mi-parti de fer et de bois, très-judicieusement combiné. Les fermes sont composées de parallélogrammes en fer tirant, avec des diagonales en bois pour résister à la pression. M. Émy, ancien colonel de génie militaire et professeur à l'École de Saint-Cyr, a dirigé de grandes constructions avec un rare succès; on lui doit un ouvrage important sur la charpente, et des recherches ingénieuses sur la puissance des eaux sous-marines contre les matériaux des digues.

Le jury décerne la médaille d'argent à M. Émy.

***

MENTIONS HONORABLES.

M. POLONCEAU (Camille) fils, à Paris.

M. Polonceau fils a présenté le modèle d'une toiture mi-partie de bois et de fer, simple, bien combinée et peu dispendieuse; il mérite une mention honorable.

M. SCHWICKARDI, à Paris.

Le jury décerne à M. Schwickardi une mention honorable pour ses solives en feuilles de fer, qui présentent une grande force, obtenue avec une ingénieuse économie. Ce moyen peut recevoir d'utiles et nombreuses applications.

Grandes opérations mécaniques.

Les grandes opérations mécaniques offrent plusieurs innovations dignes de prendre place dans le tableau du progrès de notre industrie nationale depuis la dernière exposition.

Nous regrettons qu'à défaut de formalités préliminaires nous ne puissions vous proposer d'accorder de récompense pour la belle opération mécanique exécutée à Toulon, afin de remonter sur un plan incliné un vaisseau à trois ponts qui pèse avec son berceau plus de 4,200 tonneaux. Cette opération, qui n'eût pas été possible sans l'usage de câbles en fer et de cabestans à formes particulières pour empêcher l'écrasement des chaînons, s'opère par le travail de six cents hommes judicieusement répartis. Avant cette opération, le plus grand poids qu'on eût élevé sur cale ne surpassait pas 2,500 tonneaux.

Nous regrettons au même titre de ne pas pouvoir vous proposer de récompenser une invention qui peut avoir d'heureuses conséquences; c'est le système de grément et de mâture amovibles établi sur les navires à vapeur; système qui facilite le moyen de parcourir de très-grandes distances avec beaucoup d'économie de combustible, par l'alternative de l'emploi des forces du vent et de la vapeur.

RAPPEL DE MÉDAILLE D'OR.

M. LEBAS, ingénieur des constructions navales, à Paris.

En 1834 le jury central a décerné la médaille d'or à M. Lebas pour l'ingénieux appareil au moyen duquel il avait descendu de sa base l'obélisque de Thèbes.

Peu de temps après l'exposition de cette même année, M. Lebas a fait servir, par une manœuvre contraire, un appareil de même nature pour l'érection de cet obélisque sur la place de la Concorde. Cette opération s'est exécutée avec une précision vraiment géométrique, par un emploi de forces réduites à leurs moindres termes. Le système de M. Lebas est le seul de tous ceux qu'on a employés jusqu'à ce jour qui ait pu ainsi servir aux deux opérations inverses, avec le même avantage et la même économie. Le gouvernement a senti le besoin de conserver la mémoire de cet ingénieux système, il en fait graver la représentation sur la base même de l'obélisque, avec l'inscription la plus honorable pour l'inventeur.

Le jury rappelle à M. Lebas la médaille d'or qu'il a reçue lors de la dernière exposition.

RAPPEL DE MÉDAILLE D'ARGENT.

M. JOURNET, à Paris, chemin de ronde, barrière des Martyrs.

M. Journet fut récompensé en 1834 par la médaille d'argent, pour ses ingénieux systèmes d'échafaudage ; depuis cette époque, il en a multiplié les combinaisons : il expose, cette année, l'appareil d'un plancher mobile sur lequel seront placés les travailleurs chargés de réparer la voûte des arches de ponts ; il présente une combinaison assez compliquée de petits chariots mis en chapelet pour courir sur un plan incliné et procurer, par l'action transmise d'une force agissant circulairement, le déblai continu des terres d'un canal : c'est ce qu'il appelle *omnitolle*.

Le jury pense que M. Journet mérite le rappel de la médaille d'argent.

MENTION HONORABLE.

M. Rouget, à Paris, rue Neuve-Saint-George, 5.

Obtient une mention honorable pour son appareil de sauvetage dans les incendies ; c'est un ensemble de charpente établi sur quatre roues pour être transportable ; il se dresse, au besoin, avec des espèces de tabliers qui s'abattent à la hauteur des croisées de divers étages pour recevoir, de plain-pied, les personnes auxquelles l'incendie aurait intercepté tout moyen de retraite.

---

§ 5. CHEMINS DE FER ET ROUTES ORDINAIRES.

Quoique la construction des chemins de fer soit loin d'avoir pris en France les développements qu'on doit attendre et désirer, le génie inventif de nos concitoyens leur a fait prendre part aux progrès de cet admirable moyen d'accélérer les transports.

Nos grands établissements métallurgiques laminent avec succès les rails.

Nos ateliers commencent à construire des machines locomotives qui peuvent rivaliser avec celles des Anglais.

Les expériences faites par un savant français, M. de Pambour, sur les locomotives du chemin de Liverpool à Manchester, ont offert des résultats précieux pour éclairer la construction des locomotives et fixer les meilleures proportions de leurs parties les plus importantes.

Un problème difficile, dans le tracé des chemins de fer, c'est le changement de direction sous un angle un peu prononcé; changement qu'on ne pouvait opérer qu'en parcourant des arcs de cercle d'un très-grand rayon, afin que la force centrifuge ne jetât pas les convois hors des rails, lorsque la vitesse du transport devait être considérable.

NOUVELLES MÉDAILLES D'ARGENT.

M. Laignel, à Paris, rue Chanoinesse, 12.

M. Laignel s'est occupé des moyens de vaincre ces difficultés avec la persévérance la plus digne d'éloges. Son système est aussi simple qu'ingénieux.

Ses roues ont une bande à deux étages, celle du plus grand diamètre est située du côté du centre du chariot, celle du moindre diamètre est située en dehors.

Dans les parties rectilignes de la route, l'écartement des rails est tel que les roues portent toutes sur la bande du plus grand diamètre.

Lorsqu'on atteint un tournant, les roues du côté extérieur continuent de porter sur la bande du plus grand diamètre; au contraire, les roues du côté rentrant portent sur la bande du moindre diamètre, parce que le rail du côté intérieur s'élève et se rapproche du milieu de la route. Il s'opère alors une espèce de mouvement conique, au moyen duquel des arcs de cercle d'un rayon très-court sont parcourus en toute sécurité par des convois de chariots animés de la plus grande vitesse. Il y a peu de temps que le gouvernement belge a fait faire de nouvelles épreuves du système imaginé par M. Laignel ; les procès-verbaux offrent des résultats très-honorables pour l'auteur.

On doit encore à M. Laignel un instrument aussi simple que bien conçu pour mesurer la flexion très-petite qu'éprouvent les diverses parties des rails dans le passage des locomotives et des chariots ou waggons.

Le jury décerne à M. Laignel une nouvelle médaille d'argent.

M. Arnoux, à Paris.

Le même problème des tournants à court rayon sur les chemins de fer vient d'être résolu d'une manière différente et fort heureuse par M. Arnoux, ancien officier d'artillerie, directeur et créateur des grands ateliers de construction des Messageries générales. Ces ateliers ont pour moteur principal une machine à vapeur de seize chevaux qui distribue sa force aux ateliers de tournage, de forage, de sciage, etc.

Dans ces ateliers, on remarque surtout un moyen de chauffer avec ensemble toutes les parties de la bande des roues des voitures ; on obtient ainsi plus d'égalité dans la force de la bande et dans sa pression autour de la roue.

Pour les roues mêmes, la direction des mortaises pratiquées dans les moyeux est donnée avec une précision mathématique, par une disposition qui ne laisse à l'ouvrier que le soin de tirer et de pousser l'outil tranchant, suivant une direction constante.

M. Arnoux a fait prendre par M. Deville un brevet pour son système de roues à double rang de rais qu'il applique aux locomotives et aux waggons destinés à rouler sur les chemins de fer : ces roues, plus élastiques que les roues en fer, conservent davantage les voitures, les rails et leurs supports; une de ces roues figure à l'exposition.

M. Arnoux a résolu, par des moyens qui lui sont propres, le même problème que M. Laignel, celui de franchir les tournants d'un court rayon sur les chemins de fer, avec une grande vitesse et sans accidents possibles. Il a fait, à Saint-Maur, près Paris, ses expériences sur des tournants dont les rayons ont 150, 100, et 50 mètres; il a de plus présenté deux tournants consécutifs et dirigés en sens contraire, suivant la forme d'un S.

La locomotive est construite dans les ateliers de M. Arnoux : elle offre quatre galets obliques pour contre-tenir le système et résister aux déviations centrifuges dans les tournants. Des chaines sans fin croisées, *indépendantes*, font obliquer les essieux de chaque locomotive ou waggon, pour leur donner successivement une direction normale à la courbe qu'ils ont à parcourir. Cet ingénieux système réussit parfaitement; les courbes sont parcourues sans ressauts, sans impulsions latérales, même avec des vitesses de neuf et dix lieues par heure.

Pour l'ensemble de ses travaux, le jury décerne à M. Arnoux la médaille d'argent.

MENTIONS HONORABLES.

M. SERVEILLÉ aîné, à Paris, rue d'Amboise, 4.

On doit à M. Serveillé une combinaison de rails pour chemins de fer, qui présente des pièces de bois longitudinales sur lesquelles sont clouées des plates-bandes en fer; ce moyen peut être très-économique en des localités où le bois est commun : c'est aussi pour une localité pareille, les landes de Bordeaux, que M. Serveillé a conçu son système.

M. Serveillé s'est, de plus, occupé des moyens de faciliter le passage des locomotives sur les chemins de fer, dans les tournants d'un court rayon.

Le jury donne à M. Serveillé la mention honorable pour l'ensemble de ses travaux, qui seront dignes d'une plus haute récompense, si des expériences prolongées en confirment la bonté.

Ébouage des routes ordinaires.

M. MASQUELEZ, ingénieur en chef des ponts et chaussées, à Rochefort.

La machine imaginée par M. Masquelez est ingénieuse, mais susceptible de perfectionnements indispensables à la conservation des routes et de la machine même dont l'objet devient fort important, depuis l'adoption générale des routes construites suivant le système de Macadam. On sait qu'il faut en ôter la poussière en été, et la boue en hiver, pour en assurer la parfaite conservation.

Le jury décerne à M. Masquelez une mention honorable.

SECTION V.

§ 1ᵉʳ. OUTILS, MACHINES-OUTILS, PETITS MÉCANISMES.

M. Amédée Durand, rapporteur.

Considérations générales.

Le point de départ pour le progrès du plus grand nombre de nos arts mécaniques est dans l'amélioration des outils.

Soit que cette amélioration consiste dans l'invention complète, dans le perfectionnement, ou dans une meilleure fabrication des instruments de travail, il y a toujours un sujet d'une haute importance à traiter; aussi est-ce un devoir pour le jury de donner une attention toute particulière à des travaux que peu de gloire encourage et que peu de profit récompense.

L'exposition de 1839 a vu la fabrication des outils suivre le mouvement général de l'industrie et offrir des progrès notables.

Si tant d'efforts isolés pouvaient être réunis et dirigés avec méthode, ils se prêteraient un appui mutuel et viendraient, avec discernement, au secours de ceux de nos arts qui participent le moins au progrès général.

Cette direction élevée, que tend à exercer, par son concours, la Société d'encouragement pour l'industrie nationale, est un des besoins les plus pressants de l'époque actuelle où tant d'intelligence, d'efforts et de persévérance sont dépensés sans cette unité de vues à laquelle appartiennent les succès importants et rapides.

Ne soyons donc pas étonnés si, en parcourant la série des objets exposés, nous trouvons une grande abondance de travaux et de recherches concentrée sur certains sujets d'une importance secondaire, tandis qu'il existe encore tant de lacunes dans l'état de notre outillage.

Nous passerons successivement en revue les outils que fait agir la main de l'homme, puis les machines-outils qui la suppléent, et enfin les petits mécanismes qui ont pour objet d'effectuer un travail se composant de plusieurs opérations primitivement distinctes.

Le travail des métaux, qui a fait des progrès que signalent, chaque jour, de nouveaux envahissements sur les autres matières, est merveilleusement secondé par la création et le perfectionnement des outils qu'il réclame.

Les limes ont acquis, par les mains de plusieurs fabricants, un degré de résistance et une régularité de taille qui, depuis longues années, étaient la propriété exclusive d'un seul.

Cette glorieuse exception par laquelle uniquement la fabrication française ne connaissait pas de rivale devient enfin le caractère général de ses produits.

Des préjugés, jadis fondés, restent encore à détruire ; mais ils tomberont sans peine quand les consommateurs sauront plus généralement qu'ils sont dupes d'eux-mêmes, et que leurs exigences n'obtiennent, la plupart du temps, que la déférence d'une marque apocryphe.

Faisons des vœux pour que tous nos fabricants, forts maintenant d'un mérite qu'on ne peut plus contester, ne le rattachent pas plus longtemps à d'autres noms que les leurs.

Bien d'autres outils qui concernent les métaux restent à citer ; ne parlant que de ceux que caractérise particulièrement l'invention à différents degrés, on doit citer quatre filières à tarauder nouvelles, des cisailles d'une grande puissance et d'un volume ainsi que d'un prix considérablement réduits.

De nombreuses foreries à main, dont une a offert un emmanchement remarquable par sa nouveauté, sa simplicité, sa précision et sa grande solidité.

Les tours ont paru également dans un état de progrès remarquable ; un tour à portrait a offert des perfectionnements importants unis à une exécution digne de grands éloges.

En outre, beaucoup des outils de première nécessité ont joint à une bonne qualité les progrès d'un grand abaissement de prix ; tels sont les étaux et les enclumes.

Le travail des métaux précieux a eu également sa part dans la fabrication des outils.

La bijouterie s'est enrichie de plusieurs instruments ou procédés, entre lesquels il faut mettre, au premier rang, l'emploi de poinçons en fonte de fer pour obtenir des matrices en acier au moyen du balancier.

Le travail des bois, soit pour la menuiserie, soit pour l'ébénisterie, a vu s'accroître et se perfectionner ses outils ; il en a reçu d'incontestables facilités.

Les marbres ont été attaqués par des moyens nouveaux ; il en résulte des effets entièrement imprévus, aussi bien qu'un abaissement de prix qu'on ne pouvait espérer.

Les machines-outils, celles qui sont plus particulièrement employées dans les grands ateliers, ont été peu nombreuses à l'exposition ; c'est sur ce sujet que se font le plus vivement sentir le besoin de recherches faites dans un esprit méthodique, seul moyen de produire un système complet d'outillage qui n'ait ni lacunes, ni parties faibles.

Parmi celles de ces machines qui ont été exposées, on a remarqué une machine à raboter les métaux, d'une dimension moyenne, mais organisée de manière à répondre à tous les besoins des ateliers;

Une machine d'une grande puissance destinée à former les rainures qui reçoivent les clefs dans les canons des roues;

Une machine à façonner des capsules en étain pour boucher les bouteilles;

Une machine à tailler extérieurement les écrous à pans;

Quatre machines à fabriquer les clous d'épingle;

Une machine à tailler les limes;

Et quelques autres encore.

Parmi ceux des petits mécanismes exposés dans la salle des machines, on en a rencontré qui ont été justement admirés.

Au premier rang ont figuré: la machine à faire les perles en verre, qui produit, avec régularité, précision et rapidité, tous les effets que peut obtenir un excellent souffleur de verre;

Puis une petite machine à faire les pastilles, qui, par la bonne entente de ses dispositions et l'exactitude de ses fonctions, s'est montrée digne d'une destination plus importante.

Un encliquetage qui divise la ligne droite et le cercle par quantités arbitraires et sans erreur sensible.

Beaucoup d'autres mécanismes ont été, à différents degrés, l'objet de l'attention publique.

En général, cette partie de l'exposition s'est montrée, comme toujours, riche d'idées nouvelles, ingénieuses, de celles qui assurent à notre avenir industriel le développement le plus fécond.

MÉDAILLE D'ENSEMBLE.

M. PIHET, avenue Parmentier, 3. Machine à rainures.

M. Pihet a exposé une machine construite dans ses ateliers, et destinée au service des arsenaux de la marine royale; elle a pour objet de faire les rainures qui reçoivent les clefs dans les canons des roues. Cette machine, ordinairement et improprement appelée machine à mortaises, a reçu des modifications et des améliorations en passant par des mains aussi habiles. Son exécution est en tout digne du puissant atelier qui l'a exécutée, et elle se trouve mentionnée à l'article des outils uniquement pour mémoire, puisque des titres plus importants ont été développés dans le rapport sur les machines à filer, et que ce rapport conclut à la délivrance de la médaille d'or.

MÉDAILLES D'ARGENT.

M. DAVID, avenue de Saint-Cloud, 35. Tonnellerie.

La fabrication de tonneaux établie par M. David, d'après un système pour lequel il est breveté, est une des bonnes opérations mécaniques qu'on ait développées dans le département de la Seine. La condition essentielle du bois fendu sur maille est obtenue par le sciage à scie circulaire sans plus de déchet que par les procédés manuels; et ce fait est fort remarquable. C'est encore la scie circulaire, très-habilement combinée, qui façonne, avec une précision parfaite, les rives des-douves suivant l'angle et la courbure qui leur conviennent. Les autres opérations de la tonnellerie s'exécutent par des procédés simples et rapides; le cerclage seul est fait manuellement.

L'ensemble de cette fabrication a paru au jury être conduit avec l'intelligence qui constitue le mécanicien habile, possédant à fond la connaissance de la matière sur laquelle il opère, et toutes les ressources qu'offre la mécanique pour répondre à ses exigences.

La médaille d'argent est méritée par M. David.

M. DUTARTRE, à Paris, avenue de Saxe, 24.
Machine typographique d'une fort bonne exécution.

La belle machine à imprimer qu'a exposée M. Dutartre signale très-avantageusement le début de ce jeune constructeur. Les avantages particuliers qu'il a réunis dans cette machine sont :

1° Réduction de l'espace que parcourait ordinairement la feuille de papier abandonnée à elle-même pour arriver sous le cylindre presseur;

2° Suppression du contre-poids appliqué au retour de l'appareil à marger, et qui produisait un choc à chaque feuille imprimée;

3° Facilité de varier les pointures suivant les formats;

4° Possibilité, pour les ouvrages courants, de marger sans pointure ;

5° Moyens variés de remédier au jeu produit par usure dans tous les points où ce jeu préjudicierait aux fonctions de la machine ;

6° Pression uniforme et dépendante du poids du premier rouleau sur la table à encrer, par l'effet d'un temps perdu, ménagé dans la fourchette qui lui donne le mouvement.

Les détails et l'ensemble de cette machine, qui est d'une très-belle exécution, ainsi que la qualité des épreuves qu'elle donne, décident le jury à accorder à M. Dutartre la médaille d'argent.

M. Dupré, rue des Trois-Bornes, 31. Machine pour faire les capsules à boucher les bouteilles.

M. Dupré a exposé, d'une part, des capsules en étain pour servir d'enveloppe aux bouchons des bouteilles contenant des liquides gazeux ; et de l'autre, la machine qui confectionne ces capsules. Il y a invention, et dans le produit, et dans les moyens de produire. Les capsules, en elles-mêmes, ont prouvé leur utilité par le grand emploi qui en est fait. Quant à la machine qui les confectionne, elle est fort remarquable par la multiplicité des conditions auxquelles elle satisfait, par la facilité de son jeu, par la simplicité et par la rapidité de ses opérations. Cette machine pourrait trouver à s'appliquer à d'autres opérations, et c'est là ce qui lui donne une importance particulière ; mue par un moteur quelconque, elle ne réclame que la présence d'une femme ou d'un enfant qui n'a d'autre travail à faire que de placer, dans une petite case verticale, un disque en étain mince. Dès ce moment, la machine s'empare de la matière, et la transportant successivement devant treize pistons, chargés chacun de lui donner un emboutissage progressif, finit par la déposer à l'état de capsules parfaites, c'est-à-dire formées, rognées et empilées.

Le jury éprouve une grande satisfaction en accordant à M. Dupré une médaille d'argent.

M. LENSEIGNE, à Paris, rue Guillaume, 9. Outils divers.

Les produits de M. Lenseigne sont nombreux et variés, tous portant un caractère d'invention fort remarquable ; ils vont être énumérés sommairement :

1° Un modèle, bien conçu, d'un déchargeoir à neige, applicable aux parapets et trottoirs de Paris ;

2° Un niveau rapporteur très-utile dans les constructions de bâtiment ;

3° Des râpes ou limes d'une taille particulière et très-résistantes ;

4° Un moule à balle coupant le jet ;

5° Des mesures linéaires avec des signes nouveaux de numération qui peuvent être lus facilement sous tous les aspects ;

6° Un système de tarauds satisfaisant à des conditions particulières, d'une grande importance dans certains cas qui se présentent dans la constructiom des machines.

D'autres outils, recommandables sous plusieurs rapports, composent encore l'exposition de M. Lenseigne, déjà récompensé, en 1834, par une médaille de bronze.

Le jury, appréciant l'intelligence et la persévérance dont il a fait preuve, lui accorde la médaille d'argent.

MÉDAILLES DE BRONZE.

M. VILLEROI, à Paris, rue Mazarine, passage Dauphine. Presse lithographique à cylindre en pierre.

L'idée de construire une presse lithographique dans laquelle le dessin serait tracé sur une pierre cylindrique animée d'un mouvement de rotation continue est une idée essentiellement mécanique. Un cylindre encreur, appuyant constamment sur le cylindre de pierre, qui serait accompagné, de son côté, d'un moyen quelconque de l'humecter d'eau, constituerait l'agencement de presse lithographique le plus rationnel. C'est ce qu'a exécuté, depuis plusieurs années, M. Villeroi. Mais les conditions auxquelles s'obtiennent les épreuves lithographiques sont d'une telle délicatesse, et de telles éventualités s'y attachent, que le procédé Villeroi, si simple et si rapide, n'a pu encore être appliqué qu'au tirage de l'écriture.

Cette considération détermine le jury à accorder simplement à l'auteur une médaille de bronze pour l'état actuel des applications de sa presse lithographique. Il conserve l'espoir qu'une récompense plus élevée sera méritée par un emploi plus étendu de cet instrument, dont le principe est éminemment rationnel.

M. LATTE, à Château-Renard (Loire),

A exposé un appareil destiné à remplacer les poulies folles dans les embrayages. Les accidents graves qui résultent du mode actuel, surtout quand il s'agit de gouverner des machines qui exercent une action violente, telles que des loups à ouvrir les matières filamenteuses, des laminoirs et autres, ont déterminé M. Latte filateur de laine, à chercher un remède à cet état de choses.

Il a été conduit à construire un appareil des plus simples, moins dispendieux que ce qui existe, et qui ne présente aucun danger.

Ces avantages réalisés valent à M. Latte la médaille de bronze.

M. LESAGE, à Paris, rue Ménilmontant, 10. Tours, filières à tarauder d'une bonne exécution.

Les filières de M. Lesage peuvent être citées comme des modèles d'exécution. Parmi celles qu'il a exposées, et qui sont, pour la plupart, du modèle le plus généralement employé, on en rencontre une à trois coussinets disposés suivant les rayons d'un cercle, et qui a particulièrement attiré l'attention du jury. Cet outil a toute la légèreté désirable unie à la plus grande résistance. Cela résulte de la répartition judicieuse que l'auteur a faite de la matière. Deux équerres, d'une précision remarquable, ont été également remarquées.

Le jury se plaît à accorder une nouvelle médaille de bronze à M. Lesage déjà, honoré de cette récompense en 1834.

M. POIRIER, à Paris, rue du Faubourg-Saint-Martin, 35. Presses à copier les lettres, à timbre sec, à cacheter, etc.

Les presses à copier les lettres, ainsi que celles à timbre

sec, exposées par M. Poirier, se sont placées au nombre des appareils les mieux exécutés de l'exposition. Ce mérite d'une exécution habile ne saurait être trop encouragé ; il fait trop souvent faute à la réalisation des idées les plus heureuses, pour que le jury ne récompense pas le bon exemple donné par M. Poirier, en lui accordant la médaille de bronze.

M. Nicole BERTHELOT, à Paris, rue de Cléry, 9.

Lit mécanique.

Ce qui prouve le mérite des lits du docteur Nicole Ber-thelot, c'est le succès qu'ils ont eu depuis deux ans que la Société d'encouragement a décerné une de ses récompenses à leur auteur. Ces lits sont d'une grande simplicité, d'une réparation très-facile ; la manœuvre en est commode et ils satisfont à la condition de placer le malade dans toutes les positions désirables.

M. Nicole Berthelot, par les services qu'il a rendus, et par ceux qu'il s'est mis en état de rendre en modifiant et perfectionnant nouvellement ses appareils, s'est rendu digne de la médaille de bronze.

M. QUINET, à Paris, rue Croix-des-Petits-Champs, 4 et 14.

Presse lithographique.

La presse de M. Quinet simplifie considérablement les opérations qu'exige l'emploi des anciennes. Dans son système le sommier portant le râteau est fixe. Le contact de la pierre avec ce râteau et la pression résultent de la présence d'un cylindre de fort diamètre dont l'arête supérieure est un peu plus élevée que les bandes sur lesquelles glisse le train de la presse. La difficulté de faire adopter les machines, qui changent les habitudes prises, est l'obstacle évident qui a dû restreindre l'emploi de presses de ce genre. Celles de M. Quinet sont employées dans plusieurs imprimeries, et leur utilité sera récompensée par la médaille de bronze.

M. Stolz fils, à Paris, rue Coquenard, 2,

A exposé une machine d'une très-bonne exécution, destinée à fabriquer les clous d'épingle. Dans cette machine les organes qui opèrent la façon du clou sont bien proportionnés et faciles à démonter ainsi qu'à entretenir. La tête du clou s'y fait par pression, disposition généralement adoptée aujourd'hui, et qui est la meilleure.

Le jury accorde à M. Stolz fils la médaille de bronze.

M. Carpentier, à Paris, rue Saint-Maur, 70. Cheval modèle, armures diverses.

L'industrie à laquelle se livre M. Carpentier appartient, quant à son but, aux beaux-arts, et quant à ses moyens, à la mécanique. Les armures qu'il fabrique résultent du procédé de l'estampage employé avec une intelligence particulière. Les articulations, au moyen desquelles il obtient tous les mouvements de la nature animée, sont très-bien combinées, et ont une perfection d'exécution des plus remarquables.

Ce genre de fabrication a déjà reçu, dans les mains habiles qui l'ont créé et qui le dirigent, un grand développement. Les représentations théâtrales ont reçu de ses grandes armures une perfection de mise en scène qui a été un grand progrès. Les études artistiques ont reçu de ses armures réduites et de ses petits mannequins métalliques d'hommes et de chevaux de puissants secours. Nuls modèles inanimés n'avaient encore approché de la souplesse et de la vérité de mouvement qu'on trouve dans ces petites figures au moyen desquelles l'artiste peut instantanément réaliser tous les aperçus de son imagination, et les examiner ensuite à loisir sous tous leurs différents aspects.

Une médaille de bronze est méritée par M. Carpentier.

M. Beaudat, à Paris, rue de Charonne, 23. Machine à scier l'ivoire et le placage d'épaisseur.

La bonne réputation dont jouit M. Beaudat, comme constructeur de scieries, est justifiée par les deux machines qu'il a exposées. L'une, destinée au bois de placage, porte sa scie dans une position horizontale, le bois s'élevant verticalement. Le bâti de la machine est en fonte, et le tout est d'une bonne et solide exécution.

La machine à scier l'ivoire est entièrement construite en fer poli; l'exécution en est soignée.

Le jury accorde à M. Beaudat une médaille de bronze.

M. Contamin, à Paris, rue Montmorency, 40. Mécaniques de tout genre, dont un tour à portrait fort bien exécuté.

Le tour à portrait exposé par M. Contamin s'est fait remarquer par son excellente exécution; il se recommande, de plus, par la simplicité de son agencement mis en rapport avec les conditions auxquelles il satisfait. Ce qu'on y remarque surtout, c'est la possibilité de changer une médaille de profil sans aucune altération dans la forme : avantages que le mécanicien a obtenus en changeant le point de rotation du porte-outil sans changer celui autour duquel se meut la touche.

C'est par une exécution recommandable, jointe à un dispositif fort bien entendu, que M. Contamin, qui figure pour la première fois dans nos expositions, se rend digne de la médaille de bronze.

M. Benoist, à Rouen.

Au moyen de la machine exposée par M. Benoist, les mèches de coton destinées aux chandelles sont dévidées des bobines, pliées, doublées, enfilées sur les baguettes, puis coupées à la longueur voulue, et enfin roulées et légèrement tordues. Vingt-quatre mèches sont ainsi faites rapidement et à la fois, avec une régularité et une perfection qu'on ne peut attendre du travail à la main. La machine de M. Benoist est des plus simples, presque entièrement construite en bois ; elle a néanmoins dans ses effets toute la précision désirable. Il est à regretter qu'on ne puisse décrire ici les moyens ingénieux qu'a inventés l'auteur en présence des différents problèmes que lui présentait à résoudre l'exercice de son industrie.

Le jury, considérant que la machine à façonner les mèches de chandelles doit abréger cette opération de trois quarts au moins, en même temps qu'elle lui donne un degré de perfection nouveau, que cette réduction dans les frais de façon doit, en définitive, se faire sentir dans le prix final de vente, et constituer ainsi un avantage pour les nombreux consommateurs de ce luminaire, accorde à M. Benoist, de Rouen, la médaille de bronze.

MENTIONS HONORABLES.

M. GUENIN, à Paris, rue du Mont-Thabor, 9.
Machine à faire les pastilles.

Une machine simple, bien raisonnée, naïvement exécutée, d'un effet entièrement satisfaisant, a été exposée par M. Guenin.

Son objet est de faire les pastilles en matière sucrée ; elles sont chacune le résultat de gouttes de cette matière déposées régulièrement sur des feuilles de fer-blanc qui se succèdent sans interruption.

La machine exécutée en bois prend ces feuilles, les transporte sous un appareil, qui verse par intervalles égaux la matière, et va ensuite les empiler, ainsi chargées de pastilles, à l'extrémité de la petite machine.

Le jury a vu avec un grand intérêt cette intéressante machine, qui n'a reçu de la pratique des arts industriels que tout juste la quantité de travail nécessaire pour réaliser une idée bien conçue ; il se plait à mentionner, de la manière la plus honorable, l'œuvre si simple et si bien entendue de M. Guenin.

M. Champion, à Paris, quai de Béthume, 28.

Fossets pour futailles.

Les fossets pour futailles, exécutés mécaniquement par M. Champion, ne laissent rien à désirer. Ce sont de petits cônes en bois de noisetier, dont la forme est parfaitement régulière. Les fossets employés jusqu'ici sont généralement dus au travail des vieillards retirés dans les hospices, et l'emploi de machines pour suppléer à ce travail ne présenterait pas un grand intérêt, s'il ne s'agissait que d'un abaissement de prix. Mais l'usage et même la nécessité où l'on est de placer dans la bouche le fosset, pendant qu'on perce le trou destiné à le recevoir, imposent à cette fabrication des conditions particulières. Ceux de M. Champion sont exécutés de telle façon, que la main du consommateur est la première qui les touche.

Cette circonstance attache un intérêt particulier à cette fabrication, que le jury se plaît à mentionner honorablement.

M. Agueray, à Rouen,

A exposé une machine à cintrer les bandages de roues, construite d'après les modèles généralement employés. La bonne exécution d'une machine qui apporte une économie notable, jointe à une précision très-satisfaisante dans des travaux aussi multipliés, est un mérite que le jury récompense par une mention honorable.

M. Brisset, à Paris, rue des Martyrs, 12.

Presse cylindrique.

M. Brisset a exposé une presse lithographique du système

le plus ancien et le plus usité; s'il n'y a pas mérite d'invention, il y a mérite d'une exécution parfaite, et digne de la réputation méritée, dont jouit M. Brisset, comme bon constructeur.

La mention honorable lui est accordée.

M. Larauza, à Paris, rue de Trévise, 9. Machine à clous d'épingle et à soulier.

La machine à clous d'épingle exposée par M. Larauza fabrique deux clous à la fois; les têtes sont obtenues au moyen d'un choc. Cette machine tient peu de place pour les quantités de produits qu'elle donne.

Le jury croit devoir la mentionner honorablement en vue de cette particularité.

M. Coad, à Paris, rue du Faubourg-du-Temple, 18. Machine à clous.

La machine de M. Coad, pour la fabrication des clous, a une disposition générale très-bonne; quelques détails pourraient avec avantage en être écartés : les produits qu'elle donne sont de bonne qualité.

Le jury accorde une mention honorable à M. Coad.

M. Coquillard, serrurier, à Châlons-sur-Marne. Machine à boucher les bouteilles.

La machine à boucher les bouteilles qu'a exposée M. Coquillard remplit parfaitement son but, et le jury lui accorde une mention honorable.

M. Débatiste, rue du Long-Pont, 4. Trois foreries.

Des trois foreries qu'a exposées M. Debatiste, la plus simple est celle que le jury a vue avec le plus de satisfaction. L'emploi d'un levier agissant sur un rochet est une bonne disposition.

La mention honorable est accordée à M. Debatiste.

M. Dufeu, à Paris, passage Basfour, 15. Machine à décrotter les bottes.

Le tachymètre, nom donné par l'auteur à son appareil, est une machine qui se compose d'un arbre horizontal garni de brosses circulaires de différents profils. Une roue mue par une pédale fait tourner cet arbre avec vitesse. Le tour est disposé comme la machine du rémouleur. Ces brosses, destinées à nettoyer et lustrer des objets quelconques, ont des fonctions analogues à celles qu'on leur donne chez les polisseurs d'acier.

Une mention honorable est accordée à M. Dufeu.

M. Gruas, rue de la Huchette, 6,

A exposé des instruments d'horlogerie, et une machine à tailler les limes fines.

Ses efforts pour l'amélioration des outils trouvera une juste récompense dans la mention honorable dont le jury le trouve digne.

CITATIONS FAVORABLES.

M. LEFAUCHEUX (Casimir), au Pont-de-Gennes (Sarthe).
Nouveau système d'enrayage pour les voitures.

Le système d'enrayage exposé par M. Lefaucheux ne repose pas sur une idée nouvelle. Avant lui on a proposé d'employer à faire mouvoir l'enrayage d'une charrette, l'action du cheval appuyant sur son avaloire; ce moyen, qui peut être fort utile quand le cheval n'a à résister qu'à la charge d'un ou deux chevaux, devient, pour des charges plus fortes, inférieur au système dans lequel l'enrayage est gouverné à main d'homme. Dans le premier cas, l'attitude que prend forcément le cheval pour faire agir l'enrayage lui ôte une partie de ses moyens pour supporter la charge énorme qui pèse sur son dos par l'action de ce même enrayage.

M. PRUGNEAUX, à Paris, rue du Faubourg-Saint-Martin, 136.
Chevalet mécanique.

Le chevalet de M. Prugneaux mérite d'être cité pour ses dispositions bien entendues.

M. VISNEUX, à Aubilly (Marne). Cric à vis non tournante.

Le cric qu'a exposé M. Visneux est, quant à son principe, un vérin. Une boîte en bois, formant la base de l'appareil, reçoit une vis en fer qui forme l'axe de cette boîte, et en sort par le mouvement de son écrou sur lequel agit la main de la personne qui emploie l'outil.

Cet instrument peut rendre des services, et le jury lui accorde une citation favorable.

M. Trupel, à Brest (Finistère),
Treuil manœuvré par un levier.

L'idée première du treuil exposé par M. Trupel appartient à Lagarousse, qui l'a exécuté de différentes manières ; la construction qu'en a faite M. Trupel est forte, bien entendue, et mérite d'être citée favorablement.

M. Serre (Franç.), à Saint-Mihiel (Meuse).

A exposé un cric à double noix, dont la bonne exécution mérite d'être citée favorablement.

M. Vigoureux, à Paris, rue Grange-Batelière, 18.
Cric à vis.

Le cric à vis exposé par M. Vigoureux est un vérin construit suivant des dispositions qui le rendent propre au service des voitures.

Ce mérite sera récompensé par une citation favorable.

M. Pongeois, à Paris, rue Saint-Sauveur, 30.
Cadrans indicateurs pour voitures de transport en commun.

Ces cadrans sont une simple combinaison de compteurs que l'auteur a très-bien appliqués dans cette circonstance ; c'est un mérite que le jury récompense en lui accordant une citation favorable.

§ 2. OUTILS.

RAPPEL DE MÉDAILLE D'ARGENT.

M. PAULIN DÉSORMEAUX, à Paris, rue des Maçons-Sorbonne, 3.

M. Paulin Désormeaux, si connu par ses œuvres industrielles, qui se recommandent, les unes par un mérite didactique, d'autres par une réalisation matérielle, a, depuis la dernière exposition, ajouté à ce double titre par des services nouveaux.

C'est ainsi qu'il a publié les traités sur l'art du treillageur et celui du serrurier, et qu'il a rédigé plusieurs articles du dictionnaire de l'industrie.

C'est ainsi encore qu'il a produit, à l'exposition, une série d'outils de menuisier, de son invention, dans lesquels on trouve des dispositions qui, prises en elles-mêmes, sont le résultat de très-bonnes combinaisons.

Le jury rappelle en faveur de M. Paulin Désormeaux la médaille d'argent dont il fut honoré en 1834.

MÉDAILLE D'ARGENT NOUVELLE.

M. BABONNEAU, à Nantes.

Cent vingt ouvriers sont employés par M. Babonneau à une fabrication variée qu'anime un désir constant d'améliorer.

Cet établissement, qui réunit maintenant des fonderies

de fer et de cuivre, avait primitivement pour objet de répondre aux besoins de la marine ; aussi, à la suite de séries très-étendues d'instruments pour la grande pêche, M. Babonneau a-t-il entrepris la fabrication des câbles-chaînes, ainsi que celle des ancres ; on voit un de ses instruments, d'une belle exécution, sous l'indication du poids de 773 kil. et du prix de 100 fr. les 100 kil.

La prospérité de cet établissement est un des exemples les plus parfaits pour mettre en honneur l'esprit d'ordre et de conduite uni à l'activité et à l'intelligence qui sont l'âme des entreprises industrielles.

Par suite de cette marche progressive, l'usine de M. Babonneau est arrivée à construire des machines à vapeur, et le jury forme le vœu de la voir figurer à la première exposition parmi les établissements qui se sont mis en position de traiter ces grands appareils.

Le jury est heureux d'avoir à accorder à M. Babonneau une nouvelle médaille d'argent.

RAPPELS DE MÉDAILLES DE BRONZE.

M. Camus, à Paris, rue Oblin, 7.

Les outils de M. Camus, pour le piquage des meules, sont employés dans beaucoup d'établissements de meunerie ; les soins qu'il donne à sa fabrication, qui comprend d'autres outils, tels que gouges, becs-d'âne, etc., lui valent le rappel de la médaille de bronze qu'il obtint en 1834.

M. Rouffet, à Paris, rue de Perpignan, 8.

Les outils que construit M. Rouffet ont toujours

un cachet particulier que leur imprime la pensée juste et active de leur auteur.

Ce que M. Rouffet présente d'instruments neufs à cette exposition est une filière à tarauder qui a pour organes tranchants quatre pignons mus par un système d'excentriques commandés par un même pignon, il y a de la simplicité et de l'unité dans cette conception.

L'agencement des pièces est heureux, et le jury se félicite d'avoir une pareille occasion de rappeler la médaille de bronze dont M. Rouffet s'est rendu encore plus digne par cette nouvelle production.

MÉDAILLES DE BRONZE.

M. Fanz-Voll, à Paris, rue des Marais-du-Temple. Moulures en bois de sapin faites par machines.

Les moulures en bois de sapin du Nord qu'a exposées M. Fanz-Voll sont d'une bonne exécution; le bois est franchement coupé, quelles que soient les difficultés que présentent ses fibres dans la rencontre des nœuds; le dégauchissement est parfait, et dans les parties larges le bois présente une surface uniforme qu'il n'a jamais quand il a été dressé par l'action répétée de la varlope à la main.

M. Fanz-Voll a pour moteur une machine à vapeur de la force de huit chevaux.

Son bois en grumes et en madrier est refendu par des scies alternatives ou rotatives suivant le besoin, et soumis ensuite a des outils recevant un mouvement alternatif très-rapide.

L'exécution est telle, qu'en présence du jury, 17 mètres de moulure ayant de large 7 centimètres, ont été produits en trois minutes, y compris le temps de placer et d'enlever le bois.

Le jury accorde à M. Fanz-Voll une médaille de bronze.

M. BELEURGEY, à Troyes (Aube).

Outils divers.

Personne n'a fait preuve d'un esprit plus actif et n'a exposé un plus grand nombre d'objets que M. Beleurgey.

Outre un tour qui, lui seul, renferme beaucoup d'idées neuves s'appliquant à chacune de ses parties, il a exposé un fusil de chasse de combinaison nouvelle, une coiffure militaire, une bride de cavalerie, des lunettes de tour, une poire à poudre, un volutrace, deux traîneaux à glace, et enfin un étau en fonte de fer à tiges parallèles.

Cet outil, d'une très-bonne disposition, joint à l'avantage d'une grande ouverture celui d'une grande solidité.

Sur la boîte de la vis de cet étau est fixée une forerie dont la tête est tournante et peut être citée comme un modèle de bon et solide emmanchement.

Le jury accorde à M. Beleurgey la médaille de bronze.

M. RIBOU, à Paris, rue Basse-des-Ursins, 21. Support de tour d'une grande perfection.

Le genre de travail auquel se livre M. Ribou ne saurait être trop encouragé; c'est la précision la plus exacte qui ait été appliquée à la construction des outils.

Le support à chariot qu'il a exposé offre les qualités

réunies de beaucoup d'études dans ses combinaisons de détail et du fini le plus digne d'être cité comme modèle.

Sous la simple dénomination de *trusquin*, M. Ribou a encore exposé un outil de précision destiné à déterminer le parallélisme entre deux plans ; là se rencontre encore le même mérite de combinaison et de précision porté au plus haut degré.

Le jury accorde une médaille de bronze à M. Ribou en le félicitant particulièrement de l'excellent exemple qu'il donne dans la confection des outils.

M. MARGOZ, à Paris, rue Ménilmontant, 21. Tours en tout genre.

M. Margoz a exposé un fort tour en l'air, muni de son porte-outil et monté sur un banc en fonte de fer.

Cet outil, mis en mouvement par des engrenages auxquels est joint un volant, est destiné à tourner de très-grands clichés.

Ce tour, d'une bonne disposition, est particulièrement remarquable en ce que les engrenages qui en font partie ont été taillés dans la masse au moyen d'une fraise.

Le jury accorde à M. Margoz la médaille de bronze.

M. VALDEK, à Paris, rue du Faubourg-Saint-Denis, 171. Filières et tarauds.

La filière de M. Valdek se distingue par la propriété de couper la matière avec netteté et de ne la refouler aucunement.

Elle doit cet avantage à la manière heureuse dont l'auteur a disposé deux burins dont l'idée, déjà ancienne, n'a cependant reçu que de lui une exécution qui puisse en assurer l'emploi par la facilité qu'il a su donner à la manœuvre de l'instrument.

Cet outil, qui a remporté un prix à la Société d'encouragement, est devenu l'objet de commandes importantes de la part de la marine, qui en a admis l'emploi dans ses arsenaux.

Le jury accorde à M. Valdek une médaille de bronze.

M. CLIQUOT, rue Beaubourg, 5o, à Paris. Outils à l'usage des bijoutiers.

M. Cliquot a exposé plusieurs cylindres en acier couverts de dessins obtenus par le moletage ; ces cylindres, destinés à reproduire une foule d'ornements employés dans la bijouterie, présentent des creux et des reliefs bien prononcés et d'une grande netteté.

M. Cliquot est en possession de fournir aux bijoutiers les outils les plus soignés que leurs travaux exigent; plusieurs de ces outils sont de véritables petites machines, et tous sont exécutés avec un soin et une précision remarquables.

Le jury se plaît à récompenser M. Cliquot en lui accordant une médaille de bronze.

M. PIAT, à Paris, quai Pelletier, 22. Engrenages, tours, outils, pièces détachées pour les filatures.

Cette maison, connue depuis longues années par ses assortiments de pièces détachées pour filature et mécanismes de toute espèce, vient de recevoir de son propriétaire actuel, M. Piat fils, de grands développements ; la série de ses modèles acquiert, chaque jour, plus de précision par sa transformation en cuivre ou en fonte de fer. La taille par machine, des engrenages, dans cette dernière matière, est un pas nouveau qu'elle vient de faire et qui la met à même de soutenir toute concurrence.

L'empressement qu'elle met à propager les instruments nouveaux ou perfectionnés n'est pas son moindre titre à la médaille de bronze que lui accorde le jury.

M. ERHEMBERG, fabricant d'affûtage pour le travail des bois, à Paris, rue de Charonne, 24.

Les outils que fabrique M. Erhemberg jouissent d'une très-bonne réputation fondée sur les soins qu'il apporte dans leur fabrication, sur leur variété ainsi que sur leur bonne qualité.

Le jury, considérant l'utilité dont a été l'atelier de M. Erhemberg pour tous les ateliers où se travaille le bois et voulant le récompenser pour l'ensemble de ses travaux, lui accorde la médaille de bronze.

M. RENARD, à Paris, rue des Gravilliers, 28. Outils et instrumens pour tous les genres gravures.

La réputation de M. Renard, pour la confection des outils de graveurs, est établie depuis longtemps.

Ses outils à buriner les planches de cuivre et d'acier pour la manière noire sont fort estimés.

Les soins soutenus qu'il donne à la fabrication de ses burins et de ses échoppes ne sauraient être trop loués.

Le jury lui accorde une médaille de bronze.

M. BUIGNIER, à Paris, rue Salle-au-Comte, 14. Poinçon en fonte trempée.

Il n'y a pas encore six ans que le seul moyen d'obtenir,

en acier fondu, par l'action du balancier, une matrice
en état de frapper des médailles, était de faire d'abord un
poinçon en acier fondu dont la trempe était accompagnée
de grands soins.

Aujourd'hui une nouvelle voie s'ouvre aux artistes
graveurs, et, il est permis de l'espérer, à beaucoup d'industriels qui auront à obtenir des résultats analogues.

La description sommaire des objets exposés par M. Buignier suffira pour donner l'idée de ce moyen nouveau.

Ces objets sont le résultat d'opérations courantes, exécutées par l'auteur et auxquelles s'attache la notoriété
publique.

Les produits exposés sont des poinçons en fonte de fer
ordinaire qui, par un procédé que l'auteur ne communique pas, sont devenus assez durs pour être enfoncés au
balancier, sans aucune altération de forme, dans des
masses en acier devenues dès lors des matrices.

Dans le même cadre, étaient exposés d'abord un modèle en plâtre d'un ornement de bijouterie à haut relief,
puis ce même modèle transformé en fonte par les procédés
ordinaires, ensuite cette épreuve en fonte, retouchée à
l'égal de l'acier gravé, et durcie par le procédé Buignier;
enfin une matrice en acier prête à reproduire, en métal,
par l'action du balancier, le même ornement dont le moule
en plâtre est le point de départ.

Le jury voit, dans le procédé de M. Buignier, un
moyen nouveau, quant à la mise en pratique, d'obtenir,
avec des dépenses considérablement réduites, les matrices
dont l'emploi s'étend, chaque jour, dans l'industrie.

Il voit, en outre, dans son succès, la possibilité d'u-
tiliser, comme ornement et par simple voie de moulage,
une infinité de modèles de tous les genres et de toutes les

époques, à l'égard desquels le mérite de la beauté est entièrement et universellement reconnu.

Le jury, voulant récompenser le service que M. Buignier a rendu à l'industrie, lui accorde la médaille de bronze.

M. Bainée, à Paris, rue des Boulangers-Saint-Victor, 22. Cisailles et lits en fer.

Depuis la dernière exposition, où M. Bainée fut l'objet d'une mention honorable pour sa fabrication de lits en fer et de cisailles à diviser les métaux, il a donné un plus grand développement à ces deux spécialités.

Ses cisailles avaient peu de perfectionnements à attendre, et elles ont, de tout point, confirmé la bonne réputation dont elles jouissaient dès cette époque.

La fabrication de ses lits en fer s'est développée en s'enrichissant d'une grande variété de modèles.

Dans la prospérité de l'établissement de M. Bainée, le jury voit avec intérêt un succès conquis par les courageux efforts d'un simple ouvrier et l'admission parmi les notables de la cité de l'un de ses travailleurs les plus actifs.

Une médaille de bronze lui est accordée.

M. Lemarchand, à Paris, rue des Gravilliers, 27.

Les outils de tour et les tours eux-mêmes que construit M. Lemarchand sont d'une bonne exécution ; les services qu'il rend à l'industrie sont proportionnés au débit que ses produits trouvent dans le commerce, et ce débit est en progression constante ; la juste réputation dont jouit ce fabricant sera récompensée par une médaille de bronze.

MM. BERNARD et BOISME, à la Chapelle-Saint-Denis. Machines nouvelles pour diviser et tailler les écrous.

MM. Bernard et Boisme ont formé un établissement qui a pour objet principal la construction des outils pour les grands ateliers de machines ; on ne saurait trop encourager une pareille entreprise ; c'est des machines-outils bien conçues et bien exécutées que dépendent la prospérité de nos ateliers et leur triomphe dans la lutte que leur fait soutenir la concurrence étrangère.

La première machine-outil que présentent ces constructeurs est destinée à tailler les pans des écrous, et se trouve bien appropriée à cette destination.

Douée d'une très-grande force dans toutes ses parties, elle satisfait aux conditions de ce travail, qui consiste à opérer sur tous les diamètres et suivant plusieurs divisions.

La machine à tailler les écrous, de MM. Bernard et Boisme, est un bon outil d'atelier.

Le jury se félicite d'avoir à récompenser un mécanisme de ce genre, et accorde la médaille de bronze à ces messieurs.

MENTIONS HONORABLES.

Mademoiselle TAILLEPIED DE LA VARENNE, rue du Bac, 102. Outil pour polir les marbres.

Les instruments exposés par mademoiselle Taillepied de la Varenne sont destinés à opérer une action définitive soit sur les parquets pour cirer, soit sur les pierres pour les dresser et les polir.

Dans le premier cas, l'outil employé est un disque en fonte, évidé et garni de brosses.

Dans le second, ce même disque est garni de morceaux de grès et de pierre ponce ; un mouvement de rotation lui est imprimé par une tige que tient à la main celui qui opère et qui, lui donnant un mouvement rectiligne alternatif, transmet, comme par une bielle, un mouvement circulaire au disque.

Le jury a vu, dans cette disposition, un moyen facile d'animer, à bras d'homme, d'une vitesse rotative très-grande, un rodoir ou polissoir quelconque, et il a décidé qu'une mention honorable serait accordée à mademoiselle Taillepied de la Varenne.

M. ROTTÉE, rue Popincourt, 3o. Machine à diviser.

La plate-forme à diviser et tailler les dents d'engrenage qu'a exposée M. Rottée est propre à recevoir des roues de grande dimension.

Le porte-outil et les autres pièces sont bien en rapport avec cette destination.

Le jury accorde une mention honorable à M. Rottée.

M. CROUST, à Paris, rue Saint-Denis, 345. Emporte-pièce et gaufroir pour fleurs artificielles.

Les gaufroirs qu'a exposés M. Croust et qui font partie des outils du fleuriste sont d'une excellente exécution.

Découpés et grav dans de l'acier, ils présentent la vacriété de formes et la liberté de mouvement sans lesquelles les imitations de fleurs manqueraient de vérité.

Le jury accorde à M. Croust la mention honorable.

MM. Desouches et Fayard, quai d'Austerlitz, 7. Scie circulaire et appareil pour empiler le bois à brûler.

M. Desouches, comme M. Fayard, a qui il a succédé, s'est occupé avec succès d'améliorer l'exploitation du commerce du bois à brûler. Il a exposé une scie circulaire qu'il a fait construire pour tronçonner le bois suivant les besoins de la consommation ; à côté de cet appareil, on voit figurer une chaîne sans fin garnie de crochets en fer, qui, montée sur un bâti en charpente légère, sert à empiler les bûches à toutes les hauteurs, service qui est habituellement exécuté à dos d'homme.

Le jury accorde à cette invention une mention honorable.

MM. Hubert et Gérard, à Paris, rue Saint-Antoine, 195. Outils pour la menuiserie, l'ébénisterie, et les facteurs de pianos.

Ces fabricants d'outils se sont présentés avec avantage à l'exposition ; le jury a remarqué l'activité de leurs recherches pour perfectionner les instruments propres au travail des bois et la variété qu'ils ont introduite en particulier dans les différentes combinaisons de leurs bouvets.

L'emploi bien entendu de parties métalliques mobiles ou fixes assure à ces outils plus de commodité, de précision et de durée.

Le jury accorde à ces fabricants la mention honorable.

M. Parot (J.-A.), à Saint-Germain (Seine-et-Oise). Sécateurs, grattoirs, outils de graveurs.

Le mérite de beaucoup d'outils n'est pas seulement dans leur résistance, mais aussi dans leur forme et le fini de leur exécution ; tels sont, par exemple, ceux qui sont destinés à des travaux délicats.

Les outils de taillanderie fine, et qui se composent de sécateurs, de grattoirs et autres instruments pour la sculpture sur bois, exposés par M. Parot, répondent parfaitement à ce besoin : c'est en travaillant avec ce soin qu'on se rend de plus en plus utile à l'industrie.

Le jury accorde une mention honorable à M. Parot.

M. Charrut (Hippolyte), à Grenoble (Isère). Ciseaux excentriques destinés à la coupe des feuilles de mûrier.

Sous cette dénomination de ciseaux, le jury a trouvé une petite machine que la force d'un enfant suffit à faire mouvoir et qui a pour objet de couper les feuilles de mûrier destinées à la nourriture des vers à soie dans leur bas âge.

Le rapport du jury départemental est très-satisfaisant sur les services rendus par la machine de M. Charrut.

Elle se compose, quant à ses principaux éléments, de deux cylindres formés chacun de disques tranchants, écartés d'un centimètre environ.

Ces deux cylindres sont parallèles entre eux, et leurs disques se rencontrent comme dans les cisailles ordinaires.

Ils sont placés dans la trémie qui contient les feuilles et opèrent ainsi leur division.

Une mention honorable est accordée à M. Charrut.

M. Cretenaut, à Paris, barrière Monceaux, rue des Dames, 118. Tuyères en fer, à vapeur, pour forges, etc.

M. Cretenaut a exposé des boites de roues en fer dans lesquelles la languette n'est nullement altérée par la soudure, et qui portent des réservoirs à graisse bien ménagés.

Sa tuyère pour feu de forge est disposée de manière à recevoir une circulation d'eau.

Le jury lui accorde une mention honorable.

M. Coullier, à Paris, rue Saint-Denis, 217. Système complet d'outillage pour placer les œillets métalliques et pour ferrer les lacets.

L'emploi considérable basé sur la grande utilité qu'on retire des œillets métalliques placés dans des tissus de toute espèce et même dans le cuir, pour recevoir des lacets, a donné lieu à une nouvelle industrie qui n'est pas sans importance.

Les petites presses au moyen desquelles on rive ces œillets se débitent en telle quantité que deux maisons de Paris consomment, à elles seules, par an, 12,000 kil. de fonte de fer employés à cet objet.

M. Coullier a exposé un système complet de petites machines convenablement exécutées, qui ont pour objet la pose des œillets, ainsi que la confection des ferrets qui arment l'extrémité des lacets.

La combinaison et la succession de fonctions de ces petits appareils sont fort bien entendues.

Leur série comprend les gros œillets et tout ce qui complète leur pose, puis une cisaille, une étampe à levier, et une presse également à levier pour façonner les ferrets; ces derniers reçoivent d'une fraise un dernier degré d'achèvement qui consiste à appointer le ferret de manière à ce qu'il puisse percer une feuille de papier comme pourrait le faire un poinçon de bureau.

Cette dernière propriété a donné lieu à une fabrication importante de bouts de cordonnets armés, à chacune de leurs extrémités, d'un ferret et qui facilitent beaucoup le classement des papiers.

Le jury accorde à M. Coullier une mention honorable pour ses outils-machines.

M. Fontaine, à Paris, rue Saint-Séverin, 2.
Tours et outils, machines.

Un fort joli tour, d'une très-bonne exécution, a été exposé par M. Fontaine, qui a montré, par cette œuvre, qu'il est un digne élève de M. Collas, dont le nom occupe une place si distinguée parmi les praticiens habiles et les inventeurs les plus heureux.

Quelques outils à guillocher sont joints à ce tour; ils confirment la bonne opinion que le tour avait donnée de son constructeur.

Une mention honorable est accordée à M. Fontaine.

M. Morizot, rue de l'Égout, 16, à Paris.
Moulures en tout genre.

Les moulures en bois exposées par M. Morizot sont d'une bonne exécution; elles sont faites à la main, au moyen de gabaris qui permettent de n'employer que des hommes sans industrie. Ce qu'il y a de travail mécanique est restreint à l'emploi d'une scie mue par une manivelle à bras.

Cette combinaison, donnant des profits à l'entrepreneur et fournissant de bons produits, est récompensée par une mention honorable.

M. Sautreuil fils, à Fécamp (Seine-Inférieure). Bois façonné à la mécanique.

. Les moulures qu'a exposées M. Sautreuil fils, de Fécamp, sont d'une exécution suffisante pour l'emploi donné à ces produits ; on peut regretter cependant que leur surface présente, dans quelques parties, des ondulations résultant du mode d'action donné à l'outil.

Le prix très-modéré auquel on peut donner ces produits ajoute à leur importance.

Le jury accorde à M. Sautreuil fils une mention honorable.

M. Noel, à Paris, ancien marché Saint-Martin, 11. Tour en l'air disposé pour tourner les billes de billard.

Le tour en l'air que M. Noël a disposé pour tourner les billes de billard, avec le secours d'un porte-outil, est bien conçu.

Les défauts qui peuvent se rencontrer dans l'ivoire sont facilement rachetés, au moyen de la faculté donnée au mandrin, monté sur le nez du tour, de prendre des positions variées.

Le porte-outil, décrivant un demi-cercle, est guidé par

une vis tangente, et la main la moins expérimentée peut facilement tourner une sphère quelconque.

C'est un bon outil de plus pour l'industrie, et le jury, reconnaissant le mérite de M. Noël, lui accorde une mention honorable.

M. LEVASSEUR, à Paris, rue du Milieu-des-Ursins, 7. Outils d'affûtage, presses, établis, etc.

Les outils appropriés au travail des bois, qu'a présentés ce fabricant, sont d'une bonne exécution ; ses bouvets, dont la semelle est garnie en fer, sont des outils d'une grande résistance.

Le moyen qu'il a appliqué aux rabots et varlopes, pour en rétrécir la lumière, renferme une bonne idée et donne de bons résultats.

Son établi de menuisier, qui se transforme en banc de tour, contient des combinaisons ingénieuses qui le rendront utile aux personnes qui travaillent en dehors des grands ateliers.

Le jury lui décerne la mention honorable.

M. CAHOUET, à Paris, Halle-aux-Veaux, 4. Moules à chandelles et à bougies.

Les moules à chandelles, à bougies et à cierges qu'a exposés M. Cahouet donnent les plus beaux produits qu'on ait encore vus.

Les fabriques de bougies stéariques, en particulier, lui doivent en partie le bel aspect de leurs produits.

Ces moules, composés en étain et d'une seule pièce, et qui remplacent ceux en fer-blanc soudé, sont un objet d'exportation assez important pour une industrie de ce genre, puisqu'elle s'élève à 80,000 fr. par an. C'est en Italie, en Portugal, en Allemagne, en Russie et en Angleterre que s'écoulent ces produits.

Le jury accorde à M. Cahouet une mention honorable.

M. Chauffriat, à Saint-Étienne (Loire).

M. Chauffriat a exposé deux belles enclumes : l'une, limée et trempée, a sa table un peu tendre ; l'autre est restée telle que le marteau l'a formée : elle est d'une bonne exécution.

Ces produits méritent une mention honorable.

M. Claudet, à Paris, rue Chabannais, 3. Machines à couper et à dresser les cylindres en verre.

La machine qu'a construite M. Claudet, pour couper la base des cylindres ou tubes de verre, est des plus simples, et a, pour cela même, un mérite particulier.

L'opération, ordinairement difficile, délicate et très-longue, est faite avec précision et certitude, en un instant, et par les mains les moins exercées.

La pointe de diamant, qui demande à être tenue avec une certaine adresse, est dirigée par un petit chariot, qui, lui-même, n'est guidé que par la forme du verre à couper.

L'utilité de ce petit appareil est telle, que le propriétaire d'un seul établissement de vente pour les tubes en verre évalue à 3,000 fr. par an l'économie qu'il retire de son emploi, par la certitude de l'opération et la réduction considérable dans les accidents de casse.

Le jury regrette que l'intelligence dont a fait preuve

M. Claudet ne soit pas appliquée à une opération plus important; dans cette position, il lui accorde une mention honorable.

M. Gouhet, aux Thermes, 17, près Paris. Cisailles et filières à tarauder.

Depuis plusieurs années, M. Gouhet a construit des cisailles puissantes, dont le corps est en fonte et les parties tranchantes seulement en acier. Il a su réunir, par des dispositions bien étudiées, une grande force, une grande réduction de dépense et une diminution notable dans la place que réclamaient les machines du même genre.

Elles sont disposées de telle manière que la pièce à couper y est maintenue avec force et fixité, et que la section est exactement perpendiculaire à la surface de la matière.

Ces cisailles ont reçu la sanction de l'expérience et l'approbation de la pratique.

Elles sont employées dans les ateliers, ainsi que dans le commerce de la quincaillerie, en nombre suffisant pour que leur bon service ait été suffisamment constaté.

M. Gouhet a, en outre, exposé une filière à tarauder, heureusement conçue et très-bien exécutée.

Le jury accorde à M. Gouhet une mention honorable.

CITATIONS FAVORABLES.

M. Aubry, à Saint-Étienne (Loire). Un étau complet.

L'étau complet exposé par M. Aubry est de ceux qui servent à forger ; il est d'une bonne exécution.

Les jumelles en sont bien ajustées, et les deux points d'appui qui lui sont donnés sur le sol, dans le prolongement de chacune des branches, lui assurent une grande résistance à l'action du marteau, pendant que celui-ci en reçoit une plus grande efficacité.

A cet étau est joint une forerie qui se monte sur sa boîte en dehors de la mordache fixe.

Cette adjonction, sur un étau destiné à la forge, n'a pas paru au jury être le produit d'une idée suffisamment étudiée; aussi est-ce pour son étau seulement qu'il cite favorablement **M. Aubry.**

M. DAURIGNAC, à Paris, rue Saint-Jacques, 231. Filières à tarauder portant trois coussinets.

On a essayé, dans ces derniers temps, de construire des filières à tarauder de bien des manières différentes.

M. Daurignac vient, à son tour, augmenter notre richesse en ce genre.

Sa filière, d'une disposition neuve, conserve, dans son mode d'action, le même principe que celle qu'a exécutée depuis longtemps **M. Houot.**

Un coussinet est fixe, et en face de lui deux autres coussinets ou peignes, ayant une direction peu différente de celle des rayons correspondants de la tige à tarauder, s'avancent successivement.

Par cette succession dans leur progression, l'un se trouve couper en montant, et l'autre en descendant.

Cette disposition donne de bons résultats, et le jury accorde une citation favorable à **M. Daurignac.**

M. Langlassé, à Paris, rue Saint-Maur, 4. Allésoir, ou équarrissoir mobile à l'usage des carrossiers.

Il a exposé un allésoir pour les boîtes de roues.

Cet outil, bien exécuté et d'un prix que le jury a trouvé modéré, vaut à ce fabricant une citation favorable.

M. Bodeau, à Paris, rue du Temple, 10. Scie circulaire pour le bois à brûler.

Une scie circulaire, placée au milieu d'un établi incliné, est destinée à scier le bois de chauffage.

Cette machine, bien construite, mérite d'être citée favorablement.

M. Bignon, à Montrouge, rue du Champ-d'Asile, 4o. Outils à l'usage des bottiers et cordonniers.

Les outils qu'a exposés M. Bignon, et qui servent dans l'industrie du cordonnier, sont d'une très-bonne exécution.

Le jury accorde à ce fabricant une citation favorable.

M. Touza, à Saint-Étienne (Loire). Fleurets à boutons à vis.

Les fleurets qu'a exposés M. Touza ont cela de particulier, que les boutons se montent à vis, ce qui permet de leur donner la forme qu'on juge la plus convenable.

L'emploi étendu qu'ont ces fleurets rend leur auteur digne d'une citation favorable.

M. Armand-Clerc, à Paris, rue du Buisson-Saint-Louis, 16. Barattes, coupe-légumes, presse-purée, râpes à sucre, etc.

Il a exposé plusieurs petits appareils, parmi lesquels le jury a distingué une baratte cylindrique en fer contenant un agitateur, commandé par des engrenages bien disposés. Il lui est accordé une citation favorable.

---

§ 3. CARROSSERIE.

L'exposition de 1839 est la première qui ait vu figurer les produits de la carrosserie.

Cette industrie, indépendamment de son importance commerciale et manufacturière, a toute celle que le mérite des combinaisons et de l'exécution peut donner. Perfectionnée aujourd'hui à l'égal de tous les autres arts, une place distinguée doit lui être réservée dans nos expositions à venir. La carrosserie, par une exception toute particulière, se trouve, à elle seule, mettre en œuvre presque toutes les matières que se partagent, suivant des spécialités distinctes, presque toutes les autres industries; ainsi le bois, le fer, l'acier, le cuivre, le drap, la passementerie, le cuir, le verre et d'autres matières, sont employés par elle en donnant de l'occupation à un nombre considérable de bras.

Travaillant sans cesse entre les conditions rigoureuses de la plus grande résistance, du moindre poids et du plus petit volume, cette industrie est parvenue, tantôt par tâtonnement, tantôt par calcul, à des résultats qui causent de l'étonnement et souvent sont dignes d'admiration.

Le train d'une voiture légère, ses roues exposées à des chocs incessants, sont des constructions qui n'ont de durée qu'à la condition d'un choix parfait de matériaux et d'une grande perfection dans le travail. On pourrait même ajouter qu'il n'existe aucune machine qui soit attaquée par autant de causes de destruction et qui sache y résister avec des moyens plus restreints. Aussi nul travail du bois, soit en charpente, soit en menuiserie, n'est exécuté avec autant de précision et de franchise que le charronnage des voitures de luxe. Dans aucune industrie il n'existe de forgerons supérieurs à ceux qui corroient, soudent et contournent ces pièces de fer si compliquées et si résistantes, qui sont une partie souvent la plus importante d'un train. Quand à un mérite d'exécution aussi incontestable vient se joindre le mérite de répondre à l'un de nos premiers besoins, celui d'un transport sûr et commode, l'industrie dans laquelle se rencontrent ces mérites a droit de réclamer sa place dans nos expositions, et son inscription dans nos concours.

Espérons qu'au prochain retour de ces expositions les constructeurs de voitures publiques, dont les produits sont au nombre des machines devenues chaque jour plus indispensables, viendront solliciter la confiance du public en le mettant à même d'étudier les avantages nouveaux que leurs constantes recherches les mettront à même de lui offrir.

Cette année, l'exposition n'a possédé que des voitures dites *de luxe*, et que l'aisance, devenue plus générale, permet maintenant de considérer comme des objets d'utilité générale; le nombre en a été restreint, mais l'accueil favorable que la justice du jury leur réserve servira d'encouragement pour l'avenir.

Différents essais ont été faits pour perfectionner quelques parties des voitures. Les ressorts, ainsi qu'on le verra, ont été l'objet d'une tentative originale que le succès a couronnée.

Trois essais ont été faits pour diminuer le frottement qui existe entre la fusée des essieux et le moyeu des roues. Malheureusement aucun d'eux n'a pu être jugé digne de figurer dans le rapport.

En outre, une nouvelle construction d'essieux, entreprise en vue de diminuer les chances de rupture, a été exposée. L'expérience n'a pas mis à même de prononcer à son sujet; elle ne pourra recevoir qu'une simple mention.

MÉDAILLES DE BRONZE.

M. FIMBEL, à Paris, rue Neuve-des-Mathurins, 3. Voiture dite Wourms.

La voiture exposée par M. Fimbel a été l'objet de l'attention la plus flatteuse de la part des connaisseurs; son aspect gracieux, le fini de son exécution, qui peut être cité comme un modèle, ont assuré à cette œuvre de carrosserie le rang le plus distingué.

Les dispositions essentielles qu'elle renferme sont, 1° celles des ressorts mixtes, qui réunissent la souplesse des ressorts en C à la facilité d'assemblage que présentent ceux à pincette; 2° une disposition d'avant-train par suite de laquelle l'essieu se trouve de 20 c. plus rapproché de la caisse que la cheville ouvrière, ce qui raccourcit d'autant la longueur du train général en facilitant l'introduction des petites roues entre les deux banquettes d'intérieur et d'extérieur de la caisse; 3° un marchepied qui se développe par le mouvement d'ouverture de la portière.

Le travail du fer, des ressorts et du bois a paru au jury avoir marqué le plus haut point de perfection auquel la carrosserie soit encore arrivée.

Cette œuvre vaut à M. Fimbel la médaille de bronze.

MM. DALDRINGHEN et MATHEY, à Paris, rue du Colisée, 12.

La voiture de cérémonie exposée par MM. Daldringhen et Mathey atteste la puissance de leur atelier, puisqu'elle a été exécutée en 35 jours.

Un si court espace de temps a pu suffire à étaler la magnificence d'un grand luxe, mais une exécution si précipitée n'a pu admettre ces recherches de perfection, dans l'ensemble et les détails, dont la maison Daldringhen est en possession de donner l'exemple.

Le jury accorde à MM. Daldringhen et Mathey une médaille de bronze.

M. RAULIN, rue Grange-aux-Belles, 3, à Paris.

M. Raulin a exposé une voiture à deux roues dite *tilbury*, qui se fait remarquer par un genre de ressorts d'une nature toute nouvelle, et qui, sans emploi jusqu'à ce jour dans la mécanique, ne peut rencontrer d'analogue que dans les coussins à air comprimé que nous devons à l'emploi des tissus rendus imperméables par le caoutchouc.

Le véhicule élastique employé par M. Raulin est également de l'air, et dans ces ressorts l'enveloppe seule a une valeur ; aussi sa composition a-t-elle une grande importance. Rien n'est plus simple ni plus facile que la manière dont l'auteur l'obtient. Deux disques minces en laiton ou même en zinc, et rendus concaves, sont rapprochés de manière à former une lentille creuse ; les bords sont agrafés et soudés suivant la méthode des ferblantiers. Quand cette opération est terminée, le ressort est obtenu. Ces lentilles, superposées au nombre de douze à quinze, forment, sous la charge d'une caisse de tilbury, une hauteur de 20 centimètres environ ; leur élasticité est suffisante pour constituer une bonne suspension de voiture. Quelques soins particuliers, comme de ne laisser, pour l'introduction de l'air, qu'une petite ouverture qui se refermerait sans soudure et à une basse température, augmenterait l'élasticité de ces ressorts ; quoi qu'il en soit, et tels qu'ils sont exposés, l'air n'est jamais assez condensé dans ces lentilles pour que les parois viennent à se toucher et produire ainsi un choc.

Le jury, pour récompenser l'idée nouvelle, ingénieuse et féconde que renferment les ressorts à air de M. Raulin, lui accorde une médaille de bronze.

MENTIONS HONORABLES.

M. Dietz, à Paris, rue Marbeuf, 11. Voiture à six roues.

Ce qui distingue particulièrement cette voiture, indépendamment de la particularité d'être portée sur six roues de petit diamètre, c'est d'avoir les essieux d'avant-train et d'arrière-train liés par des tiges articulées qui forcent ces essieux à converger quand la voiture décrit une courbe.

Cette disposition est telle qu'un train de six de ces voitures, attachées l'une derrière l'autre, se trouve suivre toujours une même ligne, quelque sinuosité que décrive la direction donnée à la première voiture.

Comme on manque encore d'expérience prolongée, sans laquelle les différentes propriétés de ces voitures ne peuvent être justement appréciées, le jury se bornera à récompenser les travaux de l'auteur par une mention honorable.

M. BRISSOT-THIVARS, à Paris, place du Louvre, 4. Tonneau d'arrosement perfectionné.

Les tonneaux d'arrosement, dans leur disposition actuelle, ont pour inconvénients :

1° De ne pouvoir évacuer toute l'eau qu'ils contiennent, le robinet étant placé en un point trop élevé, et de transporter sans profit cette eau, qui n'est jamais utilisée : cette perte est évaluée, pour Paris, à une somme annuelle de 12,000 fr.;

2° De ne permettre au conducteur d'ouvrir le robinet qu'après avoir abandonné la direction de son cheval, inconvénient grave dans les lieux fréquentés.

M. Brissot-Thivars, pour remédier à ces mauvaises dispositions, a fait construire douze tonneaux qui fonctionnent depuis six mois, et dans lesquels il a placé le robinet en un point perpendiculaire à l'ouverture par laquelle on introduit l'eau.

En outre, il a fait établir des tiges de renvoi au moyen

desquelles le conducteur peut, tout en dirigeant son cheval, ouvrir et fermer le robinet suivant tous les besoins du service.

Enfin, au lieu de ne distribuer l'eau qu'à l'arrière de la voiture et par un seul tuyau horizontal percé de petits trous, M. Brissot-Thivars a établi un second tuyau semblable qui verse l'eau immédiatement derrière le cheval. Cette disposition a pour objet d'assurer une répartition plus égale de l'eau, et ce but est parfaitement atteint.

Le jury accorde à M. Brissot-Thivars une mention honorable.

M. Duglade-Ricord, à Paris, rue de Ponthieu, 28. Essieu à âme, en fer doux, soudée seulement par ses extrémités.

L'idée sur laquelle repose la construction de cet essieu est neuve non-seulement en carrosserie, mais encore dans la construction de toute espèce de pièce de métal.

Elle consiste à comprendre, dans le corps de l'essieu, une barre de fer indépendante de son enveloppe, assujettie à ses deux extrémités, par lesquelles elle est soudée avec les fusées.

L'entreprise de M. Ricord n'a pas encore reçu de développement qui puisse mettre le jury à même d'en apprécier les avantages et la portée ; mais quelques expériences ayant montré que des essieux, construits d'après ce système, avaient opposé une résistance plus qu'ordinaire à une rupture complète, une mention honorable doit être accordée à M. Ricord.

CITATIONS FAVORABLES.

M. Musser, à Paris, rue Richer, 15. Voiture.

M. Musser a exposé une voiture à flèche dans laquelle tous les matériaux sont apparents et permettent ainsi de juger de leur bonne exécution, mérite que le jury se plaît à reconnaître en accordant à M. Musser une citation favorable.

M. Delacour, rue Saint-Honoré, 22. Voiture inversable, à fusée tournante.

Une calèche à flèche mobile, c'est-à-dire s'assemblant avec les trains d'avant et d'arrière, comme s'assemble, à chacune de ses extrémités, un essieu avec ses roues, a été exposée par M. Delacour.

Les voitures ont donné lieu à tant de combinaisons, presque toujours réalisées en vue d'une utilité quelconque et aussitôt anéanties par le despotisme de la mode, qu'il n'y a rien d'étonnant qu'il ait existé déjà, et à plusieurs reprises, des voitures de ce genre; c'est, en effet, ce qui a eu lieu. L'avantage incontestable de cette disposition est qu'une seule des roues peut s'élever à une hauteur considérable, telle que $0^m,90$, la base étant $1^m,60$, sans que la voiture verse; aussi cette propriété a-t-elle porté M. Delacour à donner à sa voiture la qualification d'inversable.

Le jury décerne à M. Delacour une citation favorable.

M. Fusz, à Paris, rue des Deux-Portes-Saint-André-des-Arcs, 4. Ressorts à double pincette.

Les ressorts qu'il appelle *à double pincette* ont incontestablement l'avantage de diminuer la quantité de frottement qui se développe entre les feuilles superposées qui composent les ressorts ordinaires; ce résultat est dû à ce que l'auteur a divisé chacun de ses ressorts en deux faisceaux de lames, égaux à la moitié des lames nécessaires pour former un ressort ordinaire; il en résulte ainsi la combinaison de deux ressorts à pincette, dont l'un plus petit ou inséré dans l'autre.

Les efforts de l'auteur méritent d'être cités favorablement.

---

§ 4. SERRURERIE.

RAPPEL DE MÉDAILLE D'ARGENT.

M. HURET, à Paris, boulevard des Italiens, 2. Lits en fer.

Les lits en fer de M. Huret sont composés de fer et de fonte; ils jouissent de différents avantages qui sont de se replier facilement sur eux-mêmes, de s'allonger ou s'accourcir au besoin, et d'être dans les conditions qui leur permettent, au moyen de peintures imitant les différents bois, de figurer convenablement dans les ameublements ordinaires.

Cette fabrication est jointe à celle de la serrurerie de

précision pour laquelle le jury a accordé à **M. Huret** le rappel de la médaille d'argent précédemment obtenue par cet habile constructeur.

MÉDAILLES DE BRONZE.

M. Melzessard, à Paris, rue Mondétour, 3.

Les volets en fer pour les devantures de boutiques, combinés et construits par **M. Melzessard**, constituent une invention qui, employée avec discernement, pourra rendre de grands services.

Si les points d'attache ne sont pas trop éloignés les uns des autres, si ces points sont pourvus de toute la solidité désirable, et non pas pris sur les petits bois du vitrage, on pourra se croire suffisamment défendu par l'emploi de ces volets.

Les avantages qu'ils présentent en économie de temps, en facilité de manœuvre, sont appréciés par le jury, qui se plaît à accorder une médaille de bronze à **M. Melzessard**.

M. Heslin, à Paris, rue Basse-du-Rempart, 33. Lits en fer.

M. Heslin a exposé des lits en fer qui se plient et se développent suivant différents moyens.

Dans un appareil contenant deux lits superposés et qu'il a appelés lits d'amiral et de matelot, il a appliqué le mode de suspension utile dans les navires, pour les boussoles.

D'autres dispositions se trouvent dans le lit supérieur, qui procèdent de celles que l'auteur a développées avec.

abondance dans son fauteuil de malade, dont nous allons parler.

Ce fauteuil, entièrement construit en fer, jouit de la propriété de se transformer progressivement en lit, uniquement par le mouvement que l'on fait pour prendre la position couchée.

Rien n'est plus simple que cette manœuvre, qui semble se faire d'elle-même, tant on s'aperçoit peu de la quantité de force employée pour l'obtenir.

M. Heslin est digne d'une médaille de bronze.

MENTIONS HONORABLES.

M. JACQUEMART-LAGARD, à Charleville (Ardennes).

L'atelier de M. Jacquemart-Lagard, qui entretient de quatre-vingts à cent ouvriers, a offert une ressource bien précieuse à ceux qu'employait la fabrique d'armes de Charleville avant sa suppression.

Indépendamment des ferrures perfectionnées qui sortent de cet atelier, d'autres produits lui sont dus, qui rentrent dans le genre de la quincaillerie. La bonne exécution de ces objets sera récompensée par la mention honorable.

M. BOUTTÉ, à Paris, rue Saint-Honoré, 274 et 276. Serrurerie et quincaillerie.

Parmi les établissements en voie de progrès, on doit citer celui de M. Boutté. Les serrures qu'il a exposées se recommandent par leur bonne exécution. Celles qui se trouvent couvertes d'ornements en cuivre étampé, d'un bon effet, deviennent des objets d'ornement, et complètent la décoration des appartements dans une partie qui, sous ce rapport, laissait beaucoup à désirer.

Le jury, après avoir donné de justes éloges à cette fabrication, décide qu'une mention honorable sera accordée à **M. Boutté.**

M. AUGER, à Paris, quai de la Mégisserie, 72. Serrurerie.

La serrurerie exposée par M. Auger est d'une bonne exécution, et mérite d'être mentionnée honorablement.

Madame veuve FLEURET et fils, à Paris, passage Saulnier, 4, faubourg Montmartre. Serrurerie en bâtiments, mécanique, lits en fer forgé.

La fabrication de lits en fer de madame Fleuret continue à occuper un rang très-distingué dans cette industrie qui a pris un si grand développement. Ses lits articulés et formant un faisceau propre à être mis dans un sac ont particulièrement été trouvés d'une exécution très-soignée, et tout à fait dignes d'une nouvelle mention honorable.

M. HERBINOT, à Dugny (Seine).

Les serrures qu'a exposées M. Herbinot renferment des dispositions heureuses. Son bec de canne, qui se retourne pour s'accorder avec toutes les portes, donne une grande facilité pour leur pose sans le secours d'un serrurier. Il a, en outre, exposé une cage en fer d'un seul morceau, formant la charpente d'un coffre-fort. Ce morceau de forge, d'une exécution difficile, fait honneur à son habileté.

Il sera récompensé par une mention honorable.

M. MUSSET, à Rouen. Serrures de sûreté et autres.

Ces serrures se cachent dans l'épaisseur de la porte. Leurs dispositions sont analogues à cette application, qui ne pourrait être faite sans inconvénient pour la solidité des bois, si, par des ferrures auxiliaires, on n'arrivait à lui rendre ce qu'il lui faut enlever de force pour loger la serrure. Le résultat est un ferrage on ne peut plus agréable à la vue, et commode pour le service habituel.

Le jury accorde à M. Musset une mention honorable.

M. BOURNET, serrurier, à Fontainebleau.

M. Bournet a eu la singulière idée de disposer un bouton de bec de canne de telle façon, que, bien qu'on poussât devant soi, qu'on tirât à droite ou à gauche, ou même à soi, on eût toujours pour résultat l'ouverture de la porte. Cette idée, il l'a réalisée d'une manière fort heureuse, et le petit mécanisme qui en est le résultat est des plus simples. Il serait employé fort utilement à toutes les portes banales, et livrerait aussi passage avec facilité dans quelque sens qu'on fît jouer le bouton d'un bec de canne.

Le jury accorde à M. Bournet une mention honorable.

M. MORIZE, à Melun, maison centrale de détention (Seine-et-Marne).

Ses produits méritent d'être mentionnés honorablement.

CITATIONS FAVORABLES.

M. LEMAIRE, à Compiègne (Oise). Serrures de sûreté.

Les serrures exposées par M. Lemaire ont été, quant à leur exécution, jugées dignes d'être citées favorablement au rapport.

M. DORÉ, à Paris, rue Saint-Denis, 289. Coffre-fort.

M. Doré a exposé un coffre-fort dont le mérite consiste dans sa grande résistance aux moyens que peuvent, le plus généralement, employer les voleurs pour en perforer les parois ; à cet effet, il en a composé les panneaux de feuilles de tôle double, entre lesquelles il insère une table en fonte blanche. Il résulte de cette disposition que, cette dernière matière étant très-difficilement attaquable par l'acier le plus dur, l'inviolabilité du coffre est assurée contre ce genre d'attaque.

Une citation favorable est accordée à M. Doré.

M. VERSTAEN, à Paris, rue Beaujolais-du-Temple, 6 et 7. Coffres-forts, serrurerie.

Indépendamment des chances de vol contre lesquelles les constructeurs de coffres-forts ont dirigé leurs combinaisons, quelques-uns ont pensé à celles d'incendies qui pourraient détruire des papiers précieux. M. Verstaen est de ce nombre; il a construit un coffre dont les panneaux, formés de deux fortes tôles distantes l'une de l'autre, li-

vreraient passage à un courant d'air qu'établirait l'élévation de température de l'enveloppe extérieure. Si à cette
combinaison il joignait la précaution d'établir à l'intérieur
de son coffre une boîte à papiers dont les parois fussent
en matière très-peu conductible, il pourrait souvent préserver d'une destruction complète les papiers qu'il a entrepris de protéger.

L'idée de M. Verstaen mérite d'être citée favorablement.

M. LEGRAND, à Saint-Nicolas-d'Aliermont (Seine-Inférieure). Serrures en fer poli et autres.

Serrurerie bonne et soignée.
Les serrures en fer poli de M. Legrand méritent d'être
citées pour leur bonne confection.

MM. LÉGUILLETTE et TEISSIER, Paris, rue du Faubourg-Saint-Antoine, 5o.

Serrurerie courante d'une bonne exécution, digne d'une
citation favorable.

M. DEMAY, à Paris, rue Notre-Dame-de-Lorette, 1. Lits en fer.

Les soins apportés dans le travail des fers qui composent
ces lits méritent d'être cités favorablement.

§ 5. SERRURERIE DE PRÉCISION.

La serrurerie de précision, celle qui place sous la protection de combinaisons savantes la conservation des valeurs précieuses contre les tentatives des voleurs, a fait de notables progrès depuis la dernière exposition. Ce fut à cette époque que la confiance accordée jusque-là aux serrures à combinaisons fut entièrement détruite, et que la facilité avec laquelle il fut démontré qu'on pouvait les ouvrir imposa l'obligation à nos constructeurs de se livrer à de nouvelles recherches. Ce sont les fruits de ces travaux qui ont enrichi l'exposition de 1839, et à laquelle nulle autre ne peut être comparée par ce genre de production.

Une circonstance particulière la rendra encore remarquable; c'est que le même constructeur qui, en 1834, avait démontré, par des expériences publiques, la possibilité d'ouvrir les serrures à combinaisons alors existantes, et en avait exposé une nouvelle que le jury récompensa par une médaille d'argent, est encore celui qui, cette année, a obtenu la récompense la plus élevée. Il a exposé une nouvelle serrure qui réhabilite l'ancienne serrure à clef en lui donnant la variabilité qui semblait ne pouvoir appartenir qu'à la serrure à combinaisons et délivre la mémoire des obligations que lui imposait celle-ci.

Concurremment avec ce fait remarquable se sont produits des travaux que recommande une très-belle et très-fine exécution, appliquée à des combinaisons très-ingénieuses. Les vieilles réputations se sont soutenues par de nouveaux progrès, des positions honorablement conquises ont été dignement consolidées, nulle partie de notre industrie, si active, si féconde en ressources, n'a été ni plus active, ni plus féconde que la serrurerie de précision.

RAPPEL DE MÉDAILLE D'ARGENT.

M. Huret, à Paris, boulevart des Italiens, 2.

La serrure à combinaisons de M. Huret est dominée par une serrure à la Bramah, qui est chargée de supporter le va-et-vient, pendant qu'on ajuste le mot nécessaire à l'ouverture. Quand l'arrangement de ce mot est parfait, le va-et-vient change de position par la seule action de son poids, et permet à la clef d'accomplir deux révolutions par lesquelles est effectué le dégagement du pêne.

La composition de cette serrure est d'une grande simplicité; les organes en sont bien groupés, sans être trop serrés. La place y est bien ménagée, les fonctions s'accomplissent avec facilité; elle est à l'abri de toute atteinte par le tact; les parties extérieures se réduisent à quatre petits boutons dont la perte ou le bris ne porterait aucun préjudice à la serrure. Cette circonstance est particulière que la serrure de M. Huret soit irréprochable sous le rapport de l'exécution ainsi que du choix des matériaux, et ce sera une œuvre de premier mérite.

Le jury est heureux d'avoir à déclarer que M. Huret s'est montré de plus en plus digne de la médaille d'argent, constamment rappelée, sur de nouveaux titres, depuis plusieurs expositions.

MÉDAILLE D'ARGENT.

M. ROBIN, à Paris, rue Grange-Batelière, 1.

Ce fut M. Robin qui, en 1834, tira le public de la confiance dans laquelle il vivait à l'égard des serrures à combinaisons. Il démontre par le fait que toutes étaient ouvrables d'après les indications fournies par un tact exercé. En signalant le mal, il en présenta le remède. Une médaille d'argent lui fut décernée pour une serrure à combinaisons dans laquelle aucune indication ne fut jugée perceptible d'après le jeu des pièces. Cette production fut le fait capital en serrurerie de l'exposition de 1834. Ce sera encore à M. Robin que l'exposition de 1839 devra une de ces œuvres qui sont des époques pour l'histoire d'un art. Abandonnant la serrure à combinaisons, portée par lui au plus haut point de perfection qu'elle eût encore acquis, il a pris en main la serrure de Chubb, en se gardant bien de rien changer à sa belle construction. Maître d'une de ces idées qui changent toute une industrie, il s'est mis à l'œuvre; il a fait une clef variable à l'infini, composée de pièces détachées; elle est changée de forme et de dimension en un instant, sans difficulté, et même sans outil. A chaque clef ainsi renouvelée, il fallait une serrure nouvelle, et c'est là le nœud de l'invention. A une clef changeante, il a donné une serrure se changeant plus facilement encore. Aujourd'hui la serrure de Chubb se peut arranger d'elle-même sur la clef improvisée qu'on lui présente. Ainsi, autant de clefs nouvelles, autant de serrures nouvelles, et cela peut se renouveler chaque vingt secondes qui entrent dans la composition d'une journée.

Tel est le service que M. Robin a rendu à la serrurerie de précision, et plus justement encore à la sécurité de tous ceux qui possèdent, service pour lequel le jury lui accorde avec empressement la médaille d'argent.

RAPPEL DE MÉDAILLE DE BRONZE.

M. FICHET, à Paris, rue de Richelieu, 77.

Le jury de 1834 avait accordé à M. Fichet une médaille de bronze pour de la serrurerie bien exécutée. Les produits qu'il a fait figurer, cette année, dans les salles d'exposition ont attiré l'attention de beaucoup de personnes toujours avides de voir ce qui est extraordinaire.

M. Fichet, en obtenant précédemment une médaille de bronze pour des produits d'une exécution recommandable, avait donné l'espoir qu'une nouvelle récompense pourrait lui être accordée, cette année, pour des travaux sérieux.

Ce qui a signalé particulièrement son exposition n'étant pas de cette nature, le jury se contentera de rappeler en sa faveur la médaille de bronze qu'il lui avait accordée en 1834.

MÉDAILLES DE BRONZE NOUVELLES.

M. GRANGOIR, à Paris, boulevard Poissonnière, 6.

Les serrures de M. Grangoir, qui se recommandent dès l'abord par l'exécution générale la plus satisfaisante, et par une étude et un fini consciencieux de chaque pièce, ont reçu, depuis la dernière exposition, des additions d'une haute importance. Il s'agissait de détruire les indications qu'un tact exercé pouvait percevoir sur la position relative des pièces dont dépend l'ouverture de la serrure.

M. Grangoir a imaginé, dès 1831, des supports à charnière qui se trouvent placés d'une manière intermédiaire entre les rondelles, dont une entaille livre l'ouverture de la serrure, et la pièce dite va-et-vient, qui se meut au moyen de cette entaille, et, en outre, cette pièce qui était autrefois commandée par l'action de la main, lui est entièrement soustraite, et si elle agit sur les supports à charnière, ce n'est que sous l'influence de la pesanteur ou d'un ressort, deux forces indépendantes de la volonté de celui qui tenterait illicitement d'ouvrir la serrure. Telle est la combinaison qui, en 1835, valut à M. Grangoir la médaille d'argent de la Société d'encouragement.

Le jury, qui voit avec le plus grand intérêt la marche progressive et si honorablement soutenue que suit l'atelier de M. Grangoir, lui accorde, pour ses nouveaux travaux, une nouvelle médaille de bronze.

M. LEPAUL, à Paris, rue de la Paix, 2.

On remarque dans ses produits non-seulement de la variété, mais encore de l'invention. Ses serrures Bramah à pênes tournants, qui s'accrochent dans la gâche, réalisent une bonne idée. D'autres serrures à pênes jumeaux ont le mérite d'une solidité très-grande et d'une exécution facile, comme tout ce qui se façonne sur le tour.

M. Lepaul confectionne une grande quantité de serrures Bramah, et son outillage pour cette spécialité suffirait pour attester qu'il possède les qualités qui constituent le méca nicien habile.

Le jury, appréciant les efforts et les progrès qu'a faits M. Lepaul, le déclare digne d'une nouvelle médaille de bronze.

MÉDAILLES DE BRONZE.

MM. Tissier et Bengé, à Paris, rue des Vieux-Augustins, 62.

La serrure de MM. Tissier et Bengé est de forme et de dispositions nouvelles, sans cesser de réunir les conditions qui constituent la serrure à combinaisons. Les indications y sont intérieures, et rien ne paraît en dehors de la porte qu'un fort bouton en olive. Ce bouton communique, par l'intérieur, au moyen d'une dent de rochet, avec un système de rondelles indicatrices de lettres placées circulairement. La grande question de la perception, par le fait de l'état intérieur de la serrure, paraît avoir reçu ici une solution complète. Toutes les rondelles répondent à un centre commun, et on n'aperçoit pas le moyen de distinguer l'état particulier de chacune. La bonne exécution, qui est une condition essentielle du succès, ne fait pas faute ici, et la serrure de MM. Tissier et Bengé peut prendre une place très-honorable parmi ce qu'il y a eu de plus parfait en ce genre dans l'exposition.

Le jury proclame ces habiles mécaniciens dignes de la médaille de bronze.

M. Lebihan, à Paris, rue du Plâtre-Saint-Jacques, 11. Petites serrures de luxe en cuivre pour portefeuille.

M. Lebihan a exposé une série de cadenas circulaires et

de systèmes variés dont l'exécution et le bon marché sont dignes des plus grands éloges.

Le jury se plaît à récompenser ce mérite par une médaille de bronze.

MENTIONS HONORABLES.

M. Paublau, à Paris, rue Saint-Honoré, 366.

A exposé une serrure à combinaisons, dans laquelle il a tenté avec bonheur de se préserver du danger du tact. Il est parvenu à atténuer tellement les indications fournies par la résistance du pêne ou du va-et-vient, qu'il est permis d'espérer que ce nouveau moyen sera une ressource de plus dont pourra s'enrichir l'art du serrurier.

M. Paublau s'est rendu digne de la mention honorable que le jury ne considère que comme un encouragement, espérant que sa serrure, ayant reçu des dispositions définitives et un emploi étendu, le rendra digne d'une récompense plus élevée.

M. Soisson, à Paris, rue de Lille, 20.

Une serrure du système Bramab, munie d'un cache-entrée, à soupapes qui ferment entièrement le passage destiné à la clef; cette clef, elle-même organisée avec des pannetons mobiles, et se développant à l'intérieur de la serrure; tels sont les produits qu'a exposés M. Soisson.

La bonne exécution qui les distingue, le mérite des recherches qu'ils renferment, et les bons effets qui en résultent, rendent leur auteur digne d'être mentionné honorablement.

M. Chapon, à Paris, quai de la Gare d'Ivry, 6.

Des serrures du système de Chubb très-bien exécutées forment l'exposition de cette fabrique, qui se range au nombre des ateliers que le jury se plaît à mentionner honorablement.

M. Motheau, à Paris, rue Royale-Saint-Honoré, 12.

La serrure qu'a exposée ce fabricant se recommande par une exécution soignée. Ses serrures, système Bramah, sont du nombre de celles dont le panneton est mis en rapport avec des garnitures mobiles, qui présentent une difficulté de plus à l'ouverture qui pourrait être tentée illicitement.

Une mention honorable est accordée à M. Motheau.

CITATION FAVORABLE.

M. Letestu, à Paris, rue des Vieilles-Audriettes, 4.

Les serrures de M. Letestu peuvent paraître, par leur forme, leurs agencements et leur fonction, étrangères à tout ce qui existe. Cependant quelques coïncidences entre certains arrêts et certaines échancrures du pêne fournissent des souvenirs du système Bramah; puis des conditions opposées au libre passage de la clef les rattachent aux serrures communes. Enfin le mouvement circulaire du pêne a déjà été employé par MM. Japy.

La construction de cette serrure ne paraît pas avoir encore de marche assurée; on ne peut que citer favorablement cette nouvelle tentative.

SECTION V.

INSTRUMENTS ARATOIRES.

M. le vicomte Héricart de Thury, rapporteur.

---

§ 1. ÉTABLISSEMENTS OU ATELIERS DE CONSTRUCTION D'INSTRUMENTS ARATOIRES ET CHARRUES EXTIRPATEURS, HERSES, ETC.

La charrue, le premier, le plus utile de tous les instruments, la condition essentielle et obligée de toute bonne culture, a pour but de retourner la terre à une profondeur déterminée par sa nature et celle de son sol, mais le plus souvent à une profondeur donnée par la pratique, et plus ou trop souvent encore donnée uniquement par la routine.

De cette profondeur du labour dérivent toutes les améliorations ou les prétendues améliorations faites dans chaque pays, souvent annoncées avec emphase et couronnées par de nombreux comices, trop prodigues de prix, de médailles et de récompenses, mais dont la pratique des plus simples laboureurs fait promptement une justice éclatante.

Il y a bien des siècles que Pline, en décrivant l'araire, qu'il considérait comme la première et la plus parfaite de toutes les charrues, mettait en doute les perfectionnements proposés de son temps et les regardait comme de mauvaises innovations.

Depuis Pline, et malgré son respect pour l'araire des Égyptiens, des Grecs, des Étrusques et des Romains, la charrue a été cependant plus ou moins modifiée ou améliorée ; mais, en fait d'améliorations, il n'en est peut-être pas de plus remarquables que celle qui fut faite en Amérique par le célèbre Jefferson, président des États-Unis, à notre vieille charrue européenne, que déjà, cependant, Duhamel du Monceau, Pictet, Sommerville, Arbuthnott, Thaër, Cook, Adams, Tweed, Arthur Young, Molard, etc., avaient successivement perfectionnée et améliorée en diverses parties.

Dans le rapport sur l'exposition de 1834, M. le baron Dupin, pour faire sentir l'importance et la nécessité des perfectionnements à apporter à la construction de la charrue, disait que nous lui devons annuellement pour plus de deux milliards de francs de productions céréales ; aussi, et pénétré de ce principe de la nécessité du perfectionnement de la charrue, le jury central donna-t-il, 1° à Grangé une médaille d'or pour son heureuse invention du levier régulateur élastique, dont les avantages, suivant le rapport fait à l'Institut, sont de rendre moins pénible du quart au sixième le tirage des animaux, de régulariser le travail du soc, de neutraliser les mouvements brusques, enfin de rendre la conduite de la charrue si facile, que, sans apprentissage, on peut la conduire avec une force musculaire médiocre et ouvrir un sillon parfaitement droit ; 2° A M. Mathieu de Dombasle une médaille d'or pour la belle collection d'instruments aratoires perfectionnés des ateliers de Roville, ateliers qui ont depuis servi de modèles aux grands établissements qui se sont successivement formés dans divers départements pour la construction des instruments aratoires. Aucun, en effet, ne réunissait plus de titres à la médaille d'or que M. Mathieu de Dombasle, l'auteur du *Mémoire sur la charrue, considérée principalement sous le rapport de la présence et de l'absence de l'avant-train*, mémoire qui remporta le grand prix du concours ouvert par la Société royale et centrale d'agriculture pour le perfectionnement de la charrue, et dans lequel, après avoir analysé tous les effets produits par la charrue, il les a rattachés à diverses propositions de dynamique, afin d'établir quelques principes sur la construction de cet instrument antique, dit-il, si simple en apparence, qu'on rencontre à chaque pas, à l'entrée de nos villes, comme dans nos campagnes les plus reculées, qui serait probablement mieux connu s'il était une invention de nos jours, qu'on aurait alors jugé digne d'entrer dans le domaine de la science, et dont enfin quelque habile mécanicien se serait promptement emparé pour déterminer l'action de chacune de ses parties, et la forme la plus convenable à leur donner.

Si l'exposition de 1839 n'a pas présenté, dans la construction des charrues, d'améliorations du premier ordre, cependant le jury a eu la satisfaction d'en constater plusieurs dont quelques-unes sont réelles et même d'une certaine importance, en même temps qu'il a constaté les témoignages d'intérêt général avec lequel chacun a vu et reconnu la charrue de son pays dans cette nombreuse réunion d'instruments aratoires envoyés à ce grand et solennel concours de tant de départements, qui semblaient s'entendre et rivaliser entre eux pour élever, avec leurs charrues, à notre industrie agricole, un trophée digne de sa haute importance.

MÉDAILLES D'ARGENT.

M. DE RAFFIN, fonderie de Lapique, près Nevers,

Propriétaire de la fonderie de Lapique, près Nevers, a élevé, dans ce pays, un établissement de construction de machines aratoires qui prend de jour en jour le plus grand accroissement.

M. de Raffin s'occupe avec succès de cette spécialité, et le prix modéré de ses appareils a rendu plus facile et plus général l'usage des bonnes charrues, entre autres celles de Rosé, qui deviennent très-communes dans le département de la Nièvre.

M. de Raffin a exposé plusieurs charrues en fer et en bois, un défonceur et divers instruments et outils très-remarquables par la bonne exécution du travail. Le jury de la Nièvre, considérant l'établissement de Lapique comme d'une haute importance pour la prospérité de l'industrie agricole du département, l'a particulièrement recommandé au jury central.

Distingué à l'exposition de 1834, M. de Raffin y reçut une médaille d'argent concurremment avec M. Rosé, qui était alors son associé.

Le jury, considérant l'ensemble des travaux de M. de Raffin, la perfection de ses instruments aratoires et tous les services qu'il a rendus à la culture du département de la Nièvre, lui accorde une médaille d'argent.

M. André-Jean, demeurant à Périgny, arrrondissement de la Rochelle (Charente-Inférieure),

A exposé une charrue dont l'axe est fixé sur l'avant-train de manière à rester fixe : cet axe est carré au lieu d'être rond. Il résulte de cette fixité que le soc ne sort pas de la raie tracée et que le conducteur n'a à s'occuper que de ses chevaux. C'est une innovation fort remarquable et très-importante, puisque tous les ouvriers peuvent faire manœuvrer cette charrue, le prix n'en est pas trop élevé.

À sa charrue M. André-Jean a adopté un semoir qui parait réunir de bonnes conditions.

D'après les expériences faites dans le domaine royal de Neuilly de la charrue de M. André-Jean et de son semoir, et les succès obtenus dans des terrains de nature différente et difficile ; le jury le juge digne d'une médaille d'argent. Il avait obtenu la médaille de bronze à l'exposition de 1834.

RAPPELS DE MÉDAILLES D'ARGENT.

M. Cambray, rue Saint-Maur, 47,

Dirige ne manufacture d'instruments aratoires qui s'accroît chaque année, et il emploie de soixante à quatre-vingts ouvriers dans ses ateliers.

Il a exposé une série de machines relatives à l'agri ..ture, et déjà, en 1834, il avait obtenu une médaille d'argent.

Le jury le juge digne du rappel de cette médaille.

M. Rosé, rue Feydeau, 19,

Ancien associé de M. de Raffin, a exposé une charrue, une machine à battre le grain, et un appareil pour le gaz portatif. Il s'occupe particulièrement, dans ses ateliers, de la construction des instruments aratoires, et la charrue qui porte son nom a obtenu beaucoup de succès auprès des cultivateurs. A la dernière exposition, il obtint une médaille d'argent qui lui fut décernée concurremment avec M. de Raffin dont il était l'associé ; le jury lui rappelle cette médaille.

MÉDAILLES DE BRONZE.

M. Llanta, de Perpignan (Pyrénées-Orientales),

A soumis à l'examen du jury une charrue qui n'est qu'une modification de celle de M. de Dombasle. Par cette modification, l'axe en bois est divisé en deux par le moyen d'une crémaillère fixée par deux écrous ; il pivote sur la partie antérieure, et ce mouvement du bas en haut est réglé par une vis en fer placée à la partie postérieure du corps de la charrue. Au moyen d'une manivelle qui couronne la vis, le laboureur peut abaisser ou relever le timon sans arrêter la marche de la charrue ; enfin le versoir est, dans la partie inférieure, parallèle au sep, afin de diminuer la résistance et de faciliter le renversement de la tranche de terre.

Cette charrue, qui est d'un usage facile, se répand de

plus en plus dans le département des Pyrénées-Orientales, et M. Llanta peut la céder au prix de 80 fr.

Le jury lui accorde une médaille de bronze.

M. Dumérin, à Aigurande (Indre),

A exposé une charrue à double régulateur qui présente l'avantage très-grand de pouvoir abandonner la charrue à elle-même et de ne s'occuper que des chevaux. Ce régulateur consiste en deux roues de diamètres différents et roulant sur des axes indépendants l'un de l'autre. Chacune de ces roues peut se mouvoir verticalement et horizontalement, et quand on a déterminé, au moyen d'une vis de pression, leur hauteur et leur distance pour avoir un sillon plus ou moins large, la charrue fonctionne sans qu'il soit besoin de s'en occuper.

C'est une amélioration remarquable que M. Dumérin a introduite dans la construction des charrues ; ses prix de vente sont d'ailleurs modérés, et le jury le juge digne d'une médaille de bronze.

MM. Jaulin-Dusentre, à Corme-Royal (Charente-Inférieure),

Ont soumis à l'examen du jury plusieurs instruments d'agriculture, entre autres une charrue à avant-train avec versoir en fer battu, étançon en fer forgé, et un nouveau système de jaugeage appliqué à cet étançon. On peut se servir de cette charrue soit en faisant usage des mancherons, en la rendant libre sur son avant-train, soit en la fixant, et alors il est inutile de se servir des mancherons. Le prix de cette machine est de 150 fr. MM. Jaulin-Dusentre ont, en outre, présenté un semoir qui s'adapte très-bien à leur charrue.

Le jury, espérant que **MM.** Jaulin-Dusentre parviendront à perfectionner leur charrue et leur emoir et à en diminuer le prix , leur accorde une médaille de bronze.

M. Ducros, à Garchizy (Nièvre),

A exposé une charrue à la Dombasle perfectionnée , c'est-à-dire qu'il a substitué une vis à la tringle d'attelage. Cette vis doit servir à régler la profondeur du sillon.

Cette charrue est adoptée par un grand nombre de cultivateurs du département. Son auteur, simple ouvrier forgeron, est parvenu à monter un atelier dans lequel il emploie douze ouvriers.

Quoique la vis ne semble pas une amélioration réelle à cause de la rouille qui peut aisément en entraver l'action, cependant, comme le jury de la Nièvre recommande vivement **M.** Ducros et qu'il convient d'encourager l'industrie parmi les simples ouvriers qui s'élèvent au-dessus de leurs compagnons, le jury central accorde une médaille de bronze à **M.** Ducros.

M. Allier, directeur de la ferme-modèle de Gap (Hautes-Alpes),

A exposé une charrue à versoir mobile qui paraît devoir être fort utile dans son département, où les pentes sont fréquentes et où le sol présente de grandes aspérités. Ce n'est pas une invention, mais un perfectionnement, une appropriation du système de Small à un pays où l'agriculture a de grands progrès à faire, pour se mettre au niveau des contrées voisines.

Le jury accorde à **M.** Allier une médaille de bronze, comme récompense des louables efforts qu'il a faits pour améliorer la culture dans le département des Hautes-Alpes.

M. Guislain-Dupont, d'Estaves et Bocquiaux (Aisne),

A exposé une charrue de son invention, forme de Brabant, et pour laquelle il a obtenu un brevet. Cette charrue va et vient dans le même sillon; elle a obtenu un grand succès dans le pays; son usage s'est même assez rapidement répandu pour que son auteur ait été obligé d'établir des ateliers de construction dans lesquels il emploie un assez grand nombre d'ouvriers.

Le jury, appréciant les titres de M. Guislain-Dupont et voulant encourager ses travaux, lui accorde une médaille de bronze.

MENTIONS HONORABLES.

M. Piret, à Neauphle-le-Château (Seine-et-Oise),

Soumet à l'examen du jury une charrue à un cheval; elle est utilement employée dans les terres légères, et son prix ne dépasse pas 50 fr.; en conséquence, le jury lui accorde la mention honorable.

M. Quenard, à Courtenay (Loiret),

Soumet au jury une charrue qu'il a perfectionnée. Il supprime le sep, la perche sur l'avant-train et rapproche l'attelage. Il introduit en même temps un régulateur mobile du tirage résultant de la brisure faite dans la flèche au moyen du boulon. Cette charrue, qui ne coûte que de 90 à 110 fr., a été essayée, et les résultats semblent être favorables.

Le jury accorde, en conséquence, à M. Quénard une mention honorable.

M. Dacheux, à Boiscault (Somme),

A exposé un instrument aratoire servant à butter les pommes de terre en extirpant les herbes qui peuvent se trouver entre les lignes. Cette machine peut devenir fort utile dans les pays où la culture de la pomme de terre est répandue, et son prix modéré, qui est de 10 à 15 fr., lui donne un mérite de plus.

Le jury juge M. Dacheux digne d'une mention honorable.

M. Paris, à Tavaux (Aisne),

A présenté une charrue à quatre fers, dite Brabant. Simple ouvrier mécanicien, M. Paris s'est beaucoup occupé des instruments aratoires, et il en a fait adopter dans son département un grand nombre qu'il a perfectionné. L'ouvrage exposé par M. Paris est bien, et le jury a pensé qu'il était utile et juste de lui accorder une mention honorable.

M. Lépinois, à Neuville (Ardennes),

A exposé une charrue munie d'un engrenage au moyen duquel on peut entamer la terre plus ou moins profondément ; on peut aussi y adapter un système à versoir fixe ou un système à versoir mobile. Le prix de cet instrument est de 120 fr.

Le jury décerne à M. Lépinois une mention honorable.

M. Buisson, à Illiers (Eure-et-Loir),

A exposé une charrue faite à l'imitation de celle de M. de Dombasle ; elle est très en usage dans le département à cause de sa légèreté, qui permet de n'atteler qu'un seul cheval, lorsque la charrue du pays en exige deux, de sa bonne confection et de la modicité du prix, qui ne dépasse pas 50 fr. Ces avantages réunis décident le jury à accorder à M. Buisson une mention honorable.

M. Oubriot, mécanicien à Revigny (Meuse),

A exposé une charrue dont toutes les parties sont soignées.

Le jury, reconnaissant que ce travail mérite d'être distingué, accorde à M. Oubriot une mention honorable.

M. Colas, à Charroux (Allier),

A exposé une charrue à la Bourbonnaise et portant son nom, et une autre charrue à butter avec son extirpateur.

Le jury lui accorde une mention honorable.

M. Meuret, à Hary (Aisne),

A présenté à l'exposition une charrue dont il se sert depuis fort longtemps pour exploiter les terres fort difficiles de la Thiérache. Au moyen d'une roue très-petite placée sous les mancherons, et qu'il peut lever ou baisser à volonté avec une vis, selon la nature du terrain, il supprime une grande partie du tirage. C'est un véritable perfectionnement à la charrue picarde ; aussi le jury accorde à M. Meuret une mention honorable.

M. Nillus, au Havre (Seine-Inférieure),

A exposé plusieurs outils pour l'agriculture et la marine. Ces instruments ont paru d'une bonne confection, et le jury propose une mention honorable pour M. Nillus, qui déjà a obtenu une médaille pour son moulin à sucre.

M. Morin-Jolly, à Bourges (Indre),

A exposé une charrue qui porte son nom et qui est une combinaison intelligente de la charrue de M. de Dombasle et de celle de John Wilkie. M. Morin-Jolly, simple ouvrier charron d'abord, est parvenu, par son intelligence, à être mis à la tête d'une manufacture d'instruments aratoires, et la charrue qu'il a perfectionnée se répand depuis 1836 de manière à devenir d'un usage presque général dans le pays. Elle est, du reste, simple et solide, son prix peu élevé.

Le jury accorde une mention honorable à M. Morin.

M. Bataille, à Paris, rue Saint-Marc-Popincourt, 17 *bis*. Instruments d'agriculture.

M. Bataille est auteur d'une herse à train et à roues qui a obtenu le plus grand succès dans les départements de Seine-et-Oise, de Seine-et-Marne et de l'Aisne, d'autant que sur le même train l'on peut à volonté adapter, 1° un extirpateur pour les terres déjà en guéret ; 2° un train pour la culture des prairies naturelles ; 3° des râteaux mobiles pour les prairies et les champs ; et 4° un rayonneur pour la culture des plantes en lignes.

Le jury décerne à M. Bataille une mention honorable.

M. Lestournière, à Pithiviers (Loiret),

A exposé une herse-râteau avec deux roues et des dents mobiles. Il paraît, d'après les certificats des cultivateurs qui ont acquis cet instrument et s'en sont servis, qu'il fonctionne facilement dans tous les terrains et nettoie ou façonne, avec un seul cheval et un homme, de 18 à 20 hectares de terre par jour. M. Lestournière a fait une invention utile, et le jury lui accorde une mention honorable.

CITATIONS FAVORABLES.

M. Thévenin, à Dijon (Côte-d'Or),

Soumet une charrue qui n'est qu'une combinaison de la charrue Grangé et de celle du pays. Elle semble présenter des avantages importants, mais le prix en est fixé à 400 fr. Le jury eût accordé une médaille à M. Thévenin, si elle eût été d'un prix modéré; au taux où il l'a fixée, il ne peut lui donner qu'une simple citation.

M. Durand, à Rouceux (Vosges),

A exposé une charrue perfectionnée qui reproduit le système de la charrue Grangé; mais elle est plus simple et n'exige pour toutes les terres qu'une force de deux chevaux.

Le jury accorde à M. Durand une citation favorable.

M. Leroy, à Paris, rue du Faubourg-Saint-Denis,

A exposé un nouveau système d'araire dans lequel le

mancheron repose sur une roue. La fabrication de cet instrument a lieu chez M. Lerbiez, rue de Crussol, 25, et un petit nombre d'ouvriers est employé. Il manque à cette machine la sanction de l'expérience; mais, pour encourager son inventeur, le jury a cru convenable de lui accorder une citation favorable.

M. Meugniot, cultivateur à Maison-Neuve (Côte-d'Or),

A soumis à l'examen du jury une charrue-bascule de son invention et un versoir en fer estampé. Cette charrue, dont il fait usage, peut fonctionner sans avant-train et au moyen d'une vis on lui donne plus ou moins de terre. Cet instrument, qui annonce une intelligente étude de l'agriculture, paraît au jury mériter une citation favorable.

M. Rabourdin, cultivateur à Villacoublay, commune de Velizy (Seine-et-Oise),

A imaginé et expérimenté depuis trois ans une charrue à bascule dont il paraît retirer des avan... ... le rapport de la conduite facile de cet instrur... ... de la pénétration dans la terre. Cette charrue vaut .30 fr.

Le jury, pour encourager M. Rabourdin, dont les efforts méritent cette marque d'attention, lui accorde une citation favorable.

MM. Guéret et Hervis, à Roissy (Seine-et-Oise),

Ont présenté deux herses tricycles et une pièce de rechange pour l'une de ces herses. Les cultivateurs de ce département et des départements voisins apprécient l'utilité et l'importance de ces instruments, qui commencent à se répandre.

En conséquence, le jury décerne à MM. Guéret et Hervis une citation favorable.

M. REVERCHON, à Saint-Genis-Laval (Rhône),

A exposé une charrue qui permet le labourage des sillons de retour. Pour cela faire, elle se compose de deux charrues en fer superposées que l'on renverse après chaque sillon. Ce système doit être lourd et difficile à manœuvrer; cependant le jury pense que cet instrument, qui peut être perfectionné, mérite une citation favorable.

M. BUISSON, à Angerville (Eure),

A exposé dix instruments aratoires dont la confection a engagé le jury à lui accorder une citation favorable.

M. LEROY, à Saint-Aubin-sur-Gaillon (Eure),

A présenté une charrue à un cheval. La légèreté de cet instrument engage le jury à accorder à M. Leroy une citation favorable.

M. DESMONT, à Millon-Fosse (Nord),

A exposé une charrue perfectionnée en fer, légère, et du prix de 50 fr. Ces qualités semblent au jury mériter à M. Desmont une citation favorable.

M. MOLHER, à Paris, rue Jarente, 9. Collection de modèles d'instruments d'agriculture.

Ces modèles, qui sont d'une parfaite exécution, sont

destinés à faire partie de la collection du conservatoire des arts et métiers.

Ces modèles sont exécutés au cinquième.

La collection se compose de diverses sortes de charrues, herses, rouleaux, rayonneurs, extirpateurs, norias, etc.

Le jury accorde à M. Molher une citation favorable.

---

§ 2. DES SEMOIRS.

A la dernière exposition, en parlant des semoirs et des semailles faites à la main, mode qu'aucun semoir mécanique n'a encore pu remplacer d'une manière complète et satisfaisante, quoiqu'il ait le grave inconvénient de la perte du quart ou quelquefois même du tiers de la semence, et que souvent même encore il compromet le succès des récoltes, le jury, tout en décernant des médailles, exprima le vœu que les exposants qui avaient présenté des semoirs mécaniques continuassent leurs essais et que leurs résultats fussent constants, certains et bien constatés par l'expérience.

Divers semoirs ont été présentés à cette exposition, et dans le nombre, il en est deux qui ont particulièrement fixé l'attention du jury.

NOUVELLE MÉDAILLE D'ARGENT.

M. Hugues, à Bordeaux (Gironde).

M. Hugues, à Bordeaux, a exposé deux semoirs et deux

sarcloirs. A la dernière exposition, M. Hugues obtint une médaille d'argent pour les semoirs de son invention, qu'il avait introduits, depuis deux ans, dans plusieurs départements.

En 1838, M. Hugues, confiant dans l'utilité des avantages de ses semoirs, a publié un recueil périodique pour la propagation de la culture en lignes, et, par suite des demandes qui lui ont été faites, il a établi des ateliers de construction de semoirs dans lesquels il entretient plus de cent ouvriers.

Le jury, après avoir examiné les nouveaux semoirs de M. Hugues, reconnaissant que, depuis 1834, il y a fait divers perfectionnements avantageux qui permettent d'espérer qu'ils pourront bientôt remplir toutes les conditions que doivent présenter de bons semoirs mécaniques;

Le jury, en raison de la persévérance de M. Hugues et des améliorations qu'il est déjà parvenu à introduire dans ses semoirs, lui décerne une nouvelle médaille d'argent.

POUR MÉMOIRE.

M. André-Jean, à Périgny (Charente-Inférieure),

A exposé une charrue légère à un soc avec semoir et une autre charrue à deux socs avec semoir et herse. Le prix de la première est de 140 fr., celui de la seconde de 220 fr. Ces ouvrages sont faits avec soin et intelligence. Le jury, en parlant de la charrue de M. André-Jean, lui a décerné une médaille d'argent, pour l'ensemble des instruments d'agriculture qu'il a soumis à son examen.

MM. Jaulin-Dusentre, à Corme-Royal (Charente-Inférieure),

Ont exposé divers instruments d'agriculture parmi lesquels se trouve un semoir-brouette dont le prix ne s'élève pas au-dessus de 36 fr.

Le jury, après avoir examiné leurs instruments, leur accorda une médaille de bronze pour l'ensemble de leurs machines.

CITATION FAVORABLE.

M. Hareng, à Bléré (Indre-et-Loire),

A présenté une charrue-semoir qui a paru au jury mériter à son auteur une citation favorable.

---

§ 3. DES FAUX ET FAUCILLES.

Longtemps la France fut tributaire de l'Allemagne pour ses faux. Suivant les relevés et documents de statistique agricole, sa consommation annuelle a varié de douze à quinze cent mille faux, dont la Styrie eut, pendant plusieurs siècles, le monopole exclusif.

La fabrication de ce précieux instrument, l'une des premières nécessités de notre industrie agricole, commença à s'introduire en France après la conquête des provinces illyriennes, mais ce ne fut qu'au retour de nos armées qu'elle y fut réellement établie.

La fabrication des faux se fait ou suivant le mode allemand ou suivant le mode anglais.

D'après le mode allemand, la faux, comme celle de Styrie, est composée d'une seule pièce, soit d'acier naturel, fer et acier corroyé, soit d'acier fondu, la lame, le dos et le talon étant forgés ensemble, et ne formant qu'un seul corps.

D'après le mode anglais, les faux sont de pièces rapportées, la lame en acier fondu laminé, et le dos, ainsi que le talon, en fer forgé ou laminé, et rapporté avec des rivets.

D'après l'état de la fabrication française, nous croyons pouvoir déclarer que cette industrie est aujourd'hui parvenue au même degré de perfection que celle d'Allemagne et d'Angleterre, et que les faux exposées nous donnent la certitude que bientôt la France n'en tirera plus de l'étranger.

Sept exposants ont présenté des faux; toutes sont remarquables par leur bonne qualité, leur forme, leurs dimensions, leurs prix généralement très-modérés ; enfin toutes sont faites de manière à répondre, à satisfaire aux besoins des consommateurs, aux convenances, usages et exigences des localités.

RAPPELS DE MÉDAILLES D'OR.

MM. TALABOT (Léon) et cie, à Toulouse (Haute-Garonne). Faux.

M. Léon Talabot, qui avait obtenu, en 1834, une médaille d'or pour les produits de sa fabrique de faux, limes et aciers du Basach de Toulouse; la première, la plus considérable, et une des plus anciennes fabriques de toutes celles de France, a, depuis la dernière exposition, établi, à Saint-Juéry, au Sault-du-Tarn, une nouvelle usine qu'il a spécialement affectée à la fabrication des faux.

Dans cette intention, M. Talabot a d'abord fait une étude particulière des meilleures faux de Styrie, et, après des recherches suivies et approfondies, il a reconnu que la forme des faux, celle de leurs diverses parties, leur courbure intérieure et extérieure, leur nervure, les dimensions du dos, l'épaisseur de la lame, celle du talon, sa courbure et son angle avec celle de la lame, etc., etc., étaient autant de conditions assujetties à des règles particulières, que M. Talabot est parvenu à constater avec précision et exactitude. Fort de cette observation, dont il sut apprécier promptement les conséquences, M. Talabot, sans tenir aucun compte de sa première fabrique de Toulouse, faisant abstraction des procédés qui y sont suivis, sans rien prendre, sans rien emprunter nulle part, se faisant le premier ouvrier de son usine, afin de former lui-même ses ouvriers suivant la spécialité ou la branche de travail de chacun, établissant ensuite son système de fabrication sur une division de travail plus que triple de celle qui est adoptée partout ailleurs, et s'appuyant sur des moyens mécaniques plus étendus que dans toute autre fabrique, M. Talabot a créé de toutes pièces sa nouvelle usine du Sault-du-Tarn, qui, depuis plusieurs années en pleine activité, marche aujourd'hui sur le pied de 150,000 faux par an, et en produira, avant peu, plus de 200,000.

A la dernière exposition, les faux de la première fabrique de M. Talabot avaient été distinguées pour leur bonne confection et leur bonne qualité. M. le baron Dupin dit même à leur égard, dans son rapport, que les difficultés à vaincre, et l'excellence de la fabrication *en une seule pièce*, les mettent bien au-dessus des faux de même espèce *à dos rapporté*. Pour nous, nous dirons que les faux présentées, cette année, par M. Talabot sont bien supérieures à celles de la dernière exposition, qu'il est impossible de les distinguer de celles de Styrie, et que, d'après les lois de précision auxquelles la fabrication est astreinte, ces faux peuvent soutenir avantageusement la concurrence avec les meilleures faux de ce pays, et que, sous plusieurs points, elles leur sont même supérieures.

Marquées au nom de Léon Talabot, ces faux forment une série de vingt-quatre numéros, dont le prix varie suivant le travail, la forme, les dimensions, le poids et la qualité de l'acier fondu ou de l'acier corroyé, de 2 f. 05 c. à 4 fr. 50 cent.

La commission des instruments aratoires se joint à celle des métaux pour rappeler la médaille d'or que M. Talabot a obtenue à la dernière exposition.

MM. Coulaux aîné et cie, à Molsheim (Bas-Rhin). Faux.

La fabrique de faux, outils, instruments et grosse quincaillerie d'acier fondu de M. Coulaux est depuis longtemps connue par la supériorité de ses produits. Ils lui ont mérité, en 1819, la médaille d'or qui lui fut rappelée en 1823, 1827 et 1834.

Les faux de M. Coulaux et compagnie sont composées de deux pièces distinctes et séparées, à l'instar des faux anglaises. La lame est d'acier fondu laminé, le dos et son talon sont en fer. La lame, étant entièrement d'acier fondu, présente une homogénéité de matière qu'on ne trouve point dans les faux de Styrie.

Quoique plus chères que celles-ci, les faux de M. Coulaux obtiennent un très-grand succès, à raison de leur bonne qualité et de l'égalité de la trempe. Elles se vendent suivant le rs dimensions, et qu'elles soient ou non brasées, de 5 fr. 10 c. à 6 fr. 95 c.

Le jury s'empresse de rappeler la médaille d'or à M. Coulaux.

RAPPEL DE MÉDAILLE D'ARGENT.

MM. Goldenberg et cie, à Zornhoff (Bas-Rhin). Faux.

La fabrique de MM. Goldenberg et compagnie, de Zornhoff, anciennement de Guaita et compagnie, après avoir été mentionnée honorablement en 1823 et 1827, obtint une médaille d'argent, en 1834, pour la bonne qualité de sa grosse quincaillerie, dans laquelle le jury distingua les faux en acier fondu laminé, à dos rapporté, à l'instar des faux anglaises.

Ces faux, d'après leur confection, sont nécessairement d'un prix un peu plus élevé que les faux d'une seule pièce, façon de Styrie ; mais la différence de prix est compensée par la qualité identique de l'acier dans toute l'étendue de la lame, et conséquemment par le bon usage qu'elle fait.

La fabrication des faux Goldenberg comporte trente-neuf numéros suivant les dimensions et le degré de cambrure.

Le jury juge que MM. Goldenberg et compagnie sont toujours dignes de la médaille d'argent.

RAPPELS DE MÉDAILLES DE BRONZE.

M. Nicod (François-Constant), à la Grand-combe-de-Morteau, maison Dubois (Doubs). Faux.

La fabrique de faux de la Grandcombe (Doubs) soutien t la réputation qu'elle s'est faite dès son origine. Ses produits sont aujourd'hui recherchés en Suisse, en Savoie et dans les départements voisins. La fabrication s'élève à plus de 20,000 faux annuellement, dont le prix varie de 2 fr. 25 c. à 3 fr.

Le jury lui accorde le rappel de la médaille de bronze.

M. Bobilier (Célestin), à la Grandcombe (Doubs). Faux.

Les faux de M. Bobilier (Célestin), de bonne fabrication, distinguées par le jury central de 1827, lui méritèrent la médaille de bronze.

Elles se vendent en France, Suisse et Savoie, suivant leurs dimensions, de 2 fr. 25 c. à 3 fr. 30 c.

M. Bobilier a continué sa fabrication avec un succès soutenu.

Le jury lui rappelle la médaille de bronze.

———————

MENTION HONORABLE.

M. Marvéjoule (Frédéric), à Touille (Haute-Garonne). Faux.

Fabrique de faux et acier à deux corroyages, provenant des fers de l'Ariége.

Faux bien fabriquées, de bonne qualité, et qui obtiennent un très-grand succès.

Le jury juge digne de la mention honorable M. Marvéjoule.

CITATION FAVORABLE.

M. Bobilier (Jean-Claude), à la Grand-combe (Doubs). Faux.

Les faux de M. Bobilier (Jean-Claude), bien fabriquées et de bonne qualité, méritent une citation favorable.

---

§ 4. MACHINES A BATTRE.

RAPPELS DE MÉDAILLES D'ARGENT.

MM. Mothes frères, à Bordeaux (Gironde),

Ont exposé une machine à battre, un hache-paille et un coupe-racines. Déjà, en 1834, le jury central leur a accordé une médaille d'argent après avoir reconnu que leur invention répondait aux conditions exigées des batteurs mécaniques. Depuis cette époque, des demandes assez nombreuses leur ont été adressées, et il paraît résulter des expériences faites par les cultivateurs et les agronomes qui s'en servent qu'il y a économie de temps, et que le grain ne se perd pas comme dans la méthode ordinaire. Le hache-paille de MM. Mothes paraît réunir toutes les conditions désirées.

Le jury rappelle la médaille d'argent déjà obtenue à la dernière exposition.

M. Rosé, rue Feydeau, 19,

En même temps qu'il produisait la charrue qui porte son nom, a exposé une machine à battre le blé. Déjà, depuis longtemps, cet habile mécanicien s'est occupé des instruments d'agriculture, et il a obtenu une médaille d'argent en 1834.

Le jury accorde le rappel de cette médaille pour l'ensemble de ses appareils.

MÉDAILLE DE BRONZE.

M. Fontenelle, à Avon (Seine-et-Marne),

A exposé une machine propre à battre le blé avec deux tiroirs et cribles métalliques. Le principal mérite de cet instrument est de séparer le blé noir du froment, et, par conséquent, de donner à ce grain une valeur plus grande; c'est un résultat que constatent quelques agriculteurs qui ont mis en œuvre le cribleur de M. Fontenelle ; le prix en est modéré, puisqu'il ne s'élève qu'à 100 fr., et le jury, après l'avoir vu fonctionner, accorde à son auteur une médaille de bronze.

MENTIONS HONORABLES.

M. Léonard, à Courcelles-Chaussy (Moselle),

A exposé une machine à battre le trèfle et les gerbes avec manége en bois et bâtisse pour ce manége. Ce mécanicien intelligent, et désintéressé en même temps, a vu, sans envie, sa machine montée dans beaucoup de fermes par des confrères qui profitaient de son travail, pour lequel il n'a demandé aucun brevet, et le jury, appréciant l'utilité de son instrument, lui accorde une mention honorable.

M. Loriot, à Meaux (Seine-et-Marne),

A exposé une machine à battre les céréales, qui a paru au jury mériter à son auteur une mention honorable.

M. Pons, rue Cassette, 20,

A exposé une machine à battre le blé, d'une dimension de 6 pieds sur 5. Cette machine, bien conditionnée, a engagé le jury à décerner à son auteur une mention honorable.

CITATION FAVORABLE.

M. Bienbar, rue de Bondy, 24,

A exposé un appareil destiné à triturer et froisser les graines oléagineuses, pour lequel il a demandé un brevet d'invention. Cette machine, construite par MM. Sanford et Varelle, a paru au jury digne d'une citation favorable.

----

§ 5. DES TARARES, MOULINS-CRIBLEURS, GRENIERS MOBILES ET APPAREILS DE CONSERVATION DES GRAINS.

Le tarare, l'un des plus précieux instruments de notre économie rurale, était, depuis longtemps, employé avec succès pour purger les grains des pelures, des pailles, de la terre, des cailloux et autres corps étrangers qui gâtent la farine et même les meules; mais nous n'avions encore aucun moyen, aucun appareil mécanique sûr et bien efficace pour chasser des grains ces myriades d'insectes, et particulièrement celles des charançons, qui se propagent se multiplient si rapidement dans nos greniers, et détruisent, en peu de temps, les plus belles réserves. Les divers moyens proposés étaient tous insuffisants, ou pouvaient avoir des conséquences fâcheuses sur la qualité des grains, et souvent les altérer. Dans les plus grands établissements, on est réduit au pelletage, travail manuel, moyen le plus simple, le meilleur, le plus actif, mais aussi, et bien souvent, le plus inégal, comme le plus dispendieux.

Trouver, construire des greniers ou appareils qui réunissent à la fois les diverses conditions était une extrême difficulté ; c'était un problème d'une haute importance, qui intéressait essentiellement les cultivateurs, les fariniers, les meuniers, les propriétaires et l'administration pour la la conservation de ses réserves. Plusieurs savants mécaniciens s'étaient occupés de la solution de ce problème, mais leurs recherches avaient été vaines, leurs greniers, leurs appareils avaient été regardés comme insuffisants ; ils ne remplissaient qu'une partie des conditions exigées. Cette année, enfin, un habile mécanicien a présenté, à l'exposition, un appareil qui réunit non-seulement la sanction des Académies et des Sociétés savantes, sous le rapport du mécanisme et de la théorie, mais celle, bien plus puissante et plus convaincante encore, de la pratique, sous le rapport de l'efficacité et de la complète exécution de toutes les conditions exigées.

MÉDAILLE D'OR D'ENSEMBLE.

M. VALLERY, à Paris, quai Jemmapes, 166.

M. Vallery a exposé un grenier mobile destiné à conserver indéfiniment les grains. Cet appareil, soumis à l'examen de l'Académie des sciences et des Sociétés royales et centrales d'agriculture et d'encouragement, a obtenu les rapports les plus favorables et les prix ou médailles de ces Sociétés. Ainsi M. Vallery se présente avec les recommandations de la science et du commerce. Les avantages de son grenier mobile pour l'emmagasinage et la conservation des grains ont, en effet, été si bien appréciés par les cultivateurs, les commerçants en grains et les meuniers, que déjà un grand nombre de ces appareils sont vendus, que de grands établissements d'emmagasinage public sont déjà formés pour le commerce de Paris, et que d'autres se créent dans les ports de mer où s'effectuent les plus grandes opérations en céréales.

L'entrepôt d'octroi de la ville de Paris possède, depuis le mois d'octobre 1838, un grenier mobile de la plus grande dimension (1250 à 1300 hectolitres), et vient d'en commander dix de la même contenance.

La Société formée pour l'organisation des magasins publics, destinés au commerce des grains de Paris, vient d'acheter un vaste terrain, situé à la Villette, sur les bords du canal, pour y utiliser un grand nombre de ces greniers.

Depuis près de deux ans, un de ces greniers mobiles est monté dans les moulins des hospices de la ville de Paris, à Corbeil, et il vient d'en être demandé un autre de la plus grande dimension.

Plusieurs de ces appareils sont placés dans les départements de l'Eure, de la Seine-Inférieure, de Seine-et-Oise, de la Seine, etc., etc.

Beaucoup de cultivateurs et propriétaires de l'est et du centre de la France en ayant également demandé, les uns ont été adressés à M. Sellière, qui s'est chargé d'organiser des ateliers de construction pour fournir des appareils aux départements de l'Est; les autres à M. de Raffin de Nevers, chargé d'en construire pour tout le littoral de la Loire.

Afin que l'usage de ces greniers se répande le plus promptement possible dans toute la France, M. Vallery a

pris des mesures pour que les propriétaires et les cultivateurs, qui sont généralement peu versés dans l'art de construire les machines, n'éprouvent jamais d'embarras, soit
pour la confection des machines qu'ils voudraient établir
chez eux, soit pour la réparation de celles qu'ils posséde-
raient déjà, dans le cas où quelques pièces viendraient à
manquer par suite d'accident.

Ainsi toutes les pièces qui exigeaient de la main-d'œuvre, et qui primitivement étaient exécutées en bois, ont
été remplacées par des pièces en fonte. Ces pièces sont
fondues et préparées dans les fonderies du Creuzot, de
Francourt, de Nevers, etc., et de ces établissements expé-
diées sur tous les points de la France, de sorte que les
menuisiers, charpentiers et charrons de la campagne pourront exécuter, avec la plus grande facilité, ces sortes de
machines, leur travail se trouvant réduit à un simple re-
fendage de tringles et de planches.

Les modèles de chaque pièce qui entre dans la confection de ces machines portent, suivant la capacité de l'appareil, un numéro de série, et sont de plus marqués de
lettres alphabétiques, de manière que tout charron, menuisier, charpentier, chargé de construire un appareil, n'a
qu'à consulter ces instructions imprimées pour voir que
les pièces dont il a besoin sont de la série, n°......, et s'a-
dresse de suite, soit à un établissement central de fonderie
pour se procurer ces pièces, soit au marchand de fer du
bourg le plus voisin.

D'après tous les avantages que présentent les greniers
mobiles de M. Vallery pour la conservation des grains, et
les soins qu'il apporte dans leur construction,

Le jury, considérant que la commission des produits

chimiques présente M. Vallery en première ligne pour le procédé par lequel il obtient les principes colorants des bois de teinture ;

Que la commission des tissus a distingué son mode de teinture qui a l'avantage de ne point laisser d'esquilles dans les laines teintes ou colorées ;

Et que la commission des machines le signale pour sa manière de couper en bout les bois de teinture, à l'effet de diviser les utricules, et d'en obtenir la totalité de la matière colorante,

S'empresse de décerner à M. Vallery, qui avait obtenu la médaille d'argent en 1834, la médaille d'or que ses travaux lui ont si bien méritée.

MÉDAILLE D'ARGENT.

M. Corrége, à Paris, rue de l'Ouest, 40,

A exposé un tarare vertical à force centrifuge. Le blé, versé dans une trémie, est introduit ensuite sur un crible qui dégage les matières étrangères, et tombe dans un ventilateur à force centrifuge qui chasse la paille et les graines plus légères. M. Corrége est, depuis longtemps, connu par ses travaux en mécanique de tout genre. On lui doit un grand nombre de moulins perfectionnés d'après le système américain. Il emploie un grand nombre d'ouvriers dans ses ateliers ; il fait usage d'une machine à vapeur.

Le jury accorde une médaille d'argent pour l'ensemble de ses travaux.

MÉDAILLE DE BRONZE.

M. KOENIG, à Meaux (Seine-et-Marne),

A exposé un tarare propre à cribler toute espèce de grains, et un coupe-racines perfectionné. De ces deux machines, la seconde est celle qui mérite davantage de fixer l'attention. Elle évite les accidents, dont les autres coupe-racines sont susceptibles, et son prix est de 90 francs.

Le jury accorde à M. Kœnig une médaille de bronze.

MENTIONS HONORABLES.

M. CALLA fils, rue du Faubourg-Poissonnière, 92,

A exposé un batteur pour nettoyer le blé, une machine pour comprimer le blé avant la mouture, et deux métiers pour tisser, l'un la soie et l'autre la toile. L'importance des travaux de M. Calla est telle qu'il emploie cent trente ouvriers dans ses ateliers.

Le jury, reconnaissant les titres de ce mécanicien, lui accorde une mention honorable pour son batteur à nettoyer le blé.

M. VILCOCQ, à Brie-Comte-Robert (Seine-et-Marne),

A exposé un tarare avec deux tiroirs servant à cribler

toute espèce de grains. Après avoir fait fonctionner cette machine, le jury a reconnu que les grains sortaient parfaitement nettoyés. Il est à regretter seulement que le prix en soit un peu élevé. Le moins cher reviendrait encore à 230 francs.

Le jury accorde à M. Vilcocq une mention honorable.

———

CITATION FAVORABLE.

M. Marchon, à Etampes (Seine-et-Oise),

A exposé deux machines, l'une servant à battre le beurre, et l'autre, plus importante, à épurer le grain. Cette dernière, déjà en usage depuis plusieurs mois, semble appelée à rendre des services réels à l'agriculture. Son prix en est un peu élevé, puisqu'elle coûte 1,000 francs.

Le jury accorde à l'inventeur une citation favorable.

———

§ 6. moulins, machines a broyer, écraser, pulvériser, couper, etc.

POUR MÉMOIRE.

M. Corrége, mécanicien breveté, à Paris, rue de l'Ouest, 40, près le Luxembourg.

M. Corrége a présenté, à l'exposition, un beffroi de

meunerie qu'il a exécuté dans différents moulins, à la grande satisfaction des propriétaires. M. Corrége est un habile mécanicien avantageusement connu pour la construction des moulins à blé, des roues hydrauliques, des cylindres à force centrifuge pour le nettoyage du blé, les bluteries à la française, etc., etc.

Le jury a accordé à M. Corrége une médaille d'argent d'ensemble. Voyez page 199.

MÉDAILLES DE BRONZE.

M. Houyau, à Angers (Maine-et-Loire),

A exposé une paire de meules destinées à moudre le blé, et qui sont d'une épaisseur de 18 à 20 centimètres. La meule courante est recouverte d'une chemise en fonte pour lui donner de la pesanteur, lorsqu'elle est trop mince, et elle s'appuie sur quatre ressorts, au moyen desquels on maintient l'équilibre et le parallélisme. La cuvette, disposée dans le milieu de l'œillard, est concave au lieu d'être convexe, forme qui se prête mieux à la chute incessante du blé dans l'œillard. La forme concave doit arrêter la chute du grain, qui perd une partie de sa pesanteur spécifique. La pierre gisante est également renfermée dans un boîtard en fonte. Cette disposition de l'appareil permet de renouveler la pierre, et d'utiliser encore la boîte en fonte qui n'est pas usée.

Le travail de M. Houyau a obtenu du jury une médaille de bronze.

M. Eck, ingénieur civil, architecte, rue de Grenelle-Saint-Germain, 48.

M. Eck a exposé un beffroi à récipient mobile, modèle du grand beffroi en pierre et fer qu'il a fait construire dans le moulin modèle de M. Champgarnier, à Duvy, près de Crespy, département de l'Oise. Le beffroi qui a été adopté par un grand nombre d'usiniers, à raison des avantages qu'il présente, est d'une haute importance pour la meunerie, dans les moulins dont les meules sont placées au premier étage.

M. Eck ayant, en outre, présenté un modèle de scierie mécanique, qui a été recommandé par la commission des machines, le jury lui décerne une médaille de bronze.

MENTIONS HONORABLES.

M. Reinhart, à Strasbourg (Bas-Rhin).

A exposé des moulins à cylindre, et deux petites meules en pierre. Ces machines se distinguent des autres machines de ce genre par quelques perfectionnements, dont le principal consiste dans un mouvement de va-et-vient imprimé à la meule cylindrique. Il en résulte que les points de contact avec la meule gisante changent continuellement, et, par suite, les pierres meulières résistent plus longtemps, et sont plus rarement retouchées. Déjà quelques personnes ont adopté le système de M. Reinhart, qui, du reste, a obtenu un brevet pour quinze ans, et il paraît qu'elles ont été satisfaites des résultats obtenus.

En conséquence, le jury accorde à M. Reinhart une mention honorable.

MM. Mothes frères, à Bordeaux (Gironde).

MM. Mothes, qui ont obtenu le rappel de la médaille d'argent, qui leur avait été décernée, en 1834, pour leur machine à battre, ont présenté un hache-paille et un coupe-racines, qui ont fixé l'attention du jury. Le hache paille paraît réunir toutes les conditions désirables, et le jury en fait une mention honorable toute spéciale.

CITATION FAVORABLE.

M. Mullier, coutelier, au Mans (Sarthe),

A présenté, à l'exposition, un coupe-paille et un coupe-racines. Ces deux instruments solides, simples et ingénieux remplissent bien le but pour lequel ils sont confectionnés, et ont rarement besoin de réparation. Leur prix est, du reste, peu élevé, puisque le premier coûte 60 francs et le second 45 francs.

Le jury accorde à M. Mullier une citation favorable.

---

§ 7. PRESSOIRS ; MACHINES A EXPRIMER LE JUS, LES HUILES, ETC.

RAPPEL DE MÉDAILLE D'ARGENT.

M. RÉVILLON, à Mâcon (Saône-et-Loire),

A présenté, en 1823 et 1827, un pressoir à percussion qui lui valut d'abord une médaille de bronze, ensuite une médaille d'argent. Cet instrument affectait la forme carrée et avait un volant à percussion coûteux et difficile à ajuster. Depuis cette époque, M. Révillon a modifié son pressoir; il a adopté la forme cylindrique et se sert d'un levier plus ou moins long au lieu du volant. Il en est résulté une économie de temps pour presser la vendange, de construction, puisque le prix varie de 250 fr. à 700 fr., et d'emplacement, car il ne demande que 6 à 12 pieds de longueur pour l'établir. Ces avantages réels annoncent, dans M. Révillon, une louable persévérance que le jury reconnaît en rappelant la médaille d'argent qu'il a obtenue en 1827.

MÉDAILLE D'ARGENT.

M. BENOIT, à Troyes (Aube),

A exposé un pressoir à vin , et un petit pressoir pour les pharmaciens. Déjà, en 1834, le jury, appréciant les avantages de cette machine, avait accordé une médaille de bronze. Depuis cette époque, l'usage s'en est répandu dans les départements vignobles, et l'expérience a confirmé le jugement porté. Aujourd'hui le jury s'empresse d'accorder à M. Benoît une médaille d'argent.

CITATION FAVORABLE.

M. Gourdin, à Mayet (Sarthe),

A exposé le modèle d'un pressoir dont le principal mérite consiste dans l'emploi d'une vis sans fin au moyen de laquelle on peut exercer une très-forte pression. Cette machine offre des avantages pour extraire l'huile et le jus de la betterave, et son prix est de 800 fr. environ. Le jury accorde à M. Gourdin une citation favorable.

§ 8. INDUSTRIE SÉRICICOLE.

Appareils de magnanerie.

MÉDAILLES DE BRONZE.

MM. Jules BOURCIER et G. MOREL, à Lyon (Rhône).

MM. Jules Bourcier et G. Morel, de Lyon, ont présenté un métier mécanique pour le filage de la soie réduit à la proportion de moitié de la grandeur.

Ce métier, outre l'économie qu'il présente sur la promptitude de l'exécution de la croisure mécanique, la diminution dans le tirage des cocons et la plus-value des soies, obtenue à l'aide du croiseur mécanique, présente plus de facilité pour l'éducation des jeunes fileuses, une croisure déterminée par le fileur et invariable pour la fileuse, une surveillance mécanique pour la régularité, même netteté, même rondeur, même nerf pour les soies d'une même filature, enfin invariabilité dans la force des deux brins.

Le jury décerne à MM. Jules Bourcier et G. Morel une médaille de bronze.

M. ALLYVE-BOUBON, à Chatte (Isère).

M. Allyve-Boubon, filateur et moulineur de soie, présente un nouveau système de dévidage destiné à supprimer l'opération du retirage par les purgeoirs, par lesquels on débarrasse la soie de toutes les impuretés qui avaient passé au dévidage. Les aciers les mieux trempés n'ayant pu répondre aux essais de M. Farconnet, il a employé le verre avec le plus grand succès : la soie, sortant de la tavelle, passe sur une baguette de verre et dans un barbier mobile en verre qui règle le roquet et arrête les bouchons ou impuretés; les plus petits nœuds de soie ne sauraient passer, aussi la soie est-elle parfaitement purgée et passe de suite au moulin d'apprêt, n'ayant subi que deux frottements sur verre qui n'altèrent en rien sa qualité.

Le jury accorde une médaille de bronze à **M. Allyve-Boubon.**

M. Farconnet Régis, à Saint-Bonnet-de-Chavannes (Isère).

M. Farconnet, élève de M. Camille-Beauvais, a présenté des appareils de magnanerie mobiles qui ont fonctionné avec succès chez M. Vasseur, et qui ont été depuis adoptés dans plusieurs magnaneries. La position horizontale que donne M. Farconnet à ses appareils permet de faire le service des tables à leurs deux extrémités, et même entre les deux axes du mouvement. Les accidents sont moins funestes que dans la position verticale ; enfin ces appareils sont d'un établissement prompt et facile.

Le jury décerne à M. Farconnet une médaille de bronze.

M. Clair, rue du Cherche-Midi, 93, à Paris.

M. Clair, constructeur de modèles, a présenté :

1° Un modèle de magnanerie et le système d'appareil de M. Vasseur pour les tables mobiles ;

2° Un modèle de tour à filer la soie ;

3° Un modèle de l'appareil de M. d'Arcet pour sécher les feuilles de mûrier ;

4° Un modèle de pont biais ;

Et 5° un modèle de machine à vapeur.

Les modèles de M. Clair sont faits avec soin et avec goût; ils sont d'un prix très-modéré.

M. Clair, par ses constructions de modèles d'appareils à l'usage des magnaneries, a rendu un très-grand service à l'industrie de la soie.

Le jury décerne à M. Clair une médaille de bronze.

MENTIONS HONORABLES.

M. CHARRUT (Hippolyte), à Grenoble (Isère).

M. Charrut a présenté une machine propre à couper la feuille des mûriers, et qu'il nomme *ciseaux excentriques.* Cet instrument, aussi simple qu'ingénieux, a déjà été mentionné dans le rapport sur les outils. (Voy. page 137 de ce volume.)

M. D'AVRIL, à Paris, rue Meslay, 65. Système d'étagère pour les magnaneries.

Les étagères de M. d'Avril paraissent réunir de très-grands avantages pour la libre et active circulation de l'air sur les deux surfaces des litières, la répartition facile et régulière des repas, le transport plus aisé d'un rayon à l'autre, la simultanéité des vers de chaque claie avec les échelles des coconières à cases triangulaires à jour, etc.

Le jury accorde à M. d'Avril une mention honorable.

§ 9. RUCHES D'ABEILLES.

MENTION HONORABLE.

M. DESORMES, à Paris, rue Cloche-Perche, 16,

S'occupe depuis très-longtemps de tout ce qui concerne les abeilles, leur éducation et les moyens d'obtenir le miel. Il a exposé constamment des modèles de ruches, et, cette année encore, plusieurs de ces appareils ont fixé l'attention du jury, qui, voulant encourager et récompenser les efforts de M. Désormes, propose de lui accorder une mention honorable.

SECTION IV.

INDUSTRIES AGRICOLES.

FÉCULERIES, AMIDONNERIES, DISTILLATION DES VINS, DES ESSENCES ET DES EAUX AROMATIQUES, CLARIFICATION DES VINS, BLUTERIES, FARINES, PÉTRINS MÉCANIQUES, MACHINES A FABRIQUER LES PATES.

M. Payen, rapporteur.

———

Considérations générales.

Si l'on ajoute aux objets compris dans ce chapitre les engrais, la conservation des grains, les sucres, la dextrine, la panification, les ustensiles aratoires, et les substances textiles qui font partie des autres sections, on reconnaîtra que les industries les plus directement inhérentes à l'agriculture occupaient une large place dans l'exposition de 1839; elles puisent leurs principaux moyens d'action chez un grand nombre de nos meilleurs mécaniciens.

§ 1ᵉʳ. FÉCULERIES.

Au nombre des industries rurales qui tiennent le premier rang par l'influence qu'elles exercent sur la culture des terres, par leur stabilité acquise, leur grand avenir et les améliorations diverses qu'elles offrent à d'autres produits, on doit placer l'extraction du principe immédiat le plus abondant des pommes de terre et ses transformations.

En effet, réduisant ainsi de 0,83 le poids de la récolte brute, par des moyens faciles et prompts ; augmentant sa valeur dans une proportion plus forte encore, de toute la main-d'œuvre utilisée, cette industrie locale permet d'expédier, à des distances quintuples, les produits obtenus ; elle assure et étend ainsi les bienfaits de l'introduction d'une plante sarclée dans les assolements.

Mais ce n'est pas seulement par l'importance agricole des tubercules qui la recèlent, ce n'est pas seulement en raison de l'abondante matière première offerte par elle à diverses industries, que la fécule se recommande à l'attention publique, c'est encore et surtout parce que les faciles et considérables approvisionnements auxquels donnent lieu ses applications réalisent les principales conditions des réserves, qu'enfin l'accroissement de sa production doit nous garantir du danger des disettes.

Les ustensiles qui ont présenté le plus de difficulté et ont donné lieu aux plus nombreuses modifications dans l'extraction de la fécule, furent les tamis, lorsqu'il s'est agi de les faire fonctionner mécaniquement.

Un appareil cylindrique à double ou triple effet, de l'invention de M. Saint-Étienne, offrit les premiers résultats heureux ; il s'introduisit rapidement dans presque toutes les féculeries.

Bientôt après une tout autre disposition, due à **M.** Lainé, réalisa les plus favorables conditions dépendantes de la continuité ; elle évitait l'engorgement des toiles, enlevait parfaitement toute la fécule mise en liberté, et s'appliquait aisément aux plus grandes exploitations ; prenant la pulpe sous la râpe, elle la montait sur un plan incliné long de 14 mètres, garni de toiles métalliques, et rejetait la pulpe bien épuisée dans les voitures prêtes à l'emporter.

Cet ingénieux ustensile est encore l'un des meilleurs et des plus employés ; son auteur est mort sans l'avoir vu apprécier dans des concours publics, où il eût figuré au premier rang.

Peu de temps après, un autre système de tamis mécanique, construit par **M.** Vernier, vint rivaliser avec le précédent ; il continue de lui disputer le pas.

Enfin deux autres appareils plus récents sont dus à **M.** Stoltz et à **M.** Saint-Étienne.

POUR MÉMOIRE.

M. Cambray, mécanicien, à Paris, rue Saint-Maur, 45.

Cet exposant confectionne de bonnes râpes pour les pommes de terre et pour les betteraves ; une machine à broyer le charbon d'os et qui s'applique facilement à concasser le malt pour les brasseurs ; il établit divers moulins à farine et bluteries. On voit que l'extraction de la fécule, le râpage des betteraves et les industries accessoires trouvent plusieurs de leurs moyens d'action chez **M.** Cambray ;

mais la fabrication des divers ustensiles purement aratoires ou ruraux, charrues, herses, coupe racines, hache-paille, ayant plus d'importance encore chez lui, c'est dans le rapport y relatif, p. 173, qu'on a spécifié la récompense attribuée à M. Cambray.

MÉDAILLE D'ARGENT.

M. VERNIER, mécanicien, à Beaumont (Oise).

De très-nombreuses tentatives avaient été faites depuis les ingénieuses inventions de Burette, dans la vue d'employer des cylindres analogues aux blutoirs pour la séparation de la fécule engagée dans la pulpe de pommes de terre ; les diverses modifications de ces blutoirs furent successivement abandonnées : elles exigeaient trop d'eau, étaient difficiles à nettoyer, et surtout n'épuisaient pas les marcs.

M. Vernier est parvenu à éliminer toutes ces difficultés en construisant un appareil formé de trois tronçons de cylindres garnis de toile métallique, mais de diamètres différents ; tous trois sont sur le même axe : le premier est le plus étroit, le second est le plus large, et le troisième, vers le bout duquel arrive la pente ultime, présente un diamètre intermédiaire aux deux autres.

Le but de cette disposition fut sans doute de rompre à plusieurs reprises, et sans que le travail cessât d'être continu, la direction de la pulpe de façon à la retourner, à l'ouvrir dans plusieurs sens tandis qu'elle chemine.

Un agencement bien entendu permet de démonter, de nettoyer ou remplacer très-vite toutes les pièces.

L'auteur a joint, à la suite de son appareil, un tamis cylindrique épurateur qui reçoit directement de la bâche la fécule encore en suspension, la débarrasse de la plus grande partie des débris du tissu et des corps étrangers, en évitant toute la main-d'œuvre d'un délayage pénible, qu'il faut opérer lorsque l'on laisse déposer la fécule.

Nous nous sommes assurés, dans plusieurs féculeries, des bons effets du système Vernier; les attestations les plus explicites d'un plus grand nombre prononcent qu'il a remplacé très-avantageusement d'autres appareils.

Le jury, pour récompenser dignement les services rendus à l'industrie par l'auteur, lui accorde la médaille d'argent.

MÉDAILLES DE BRONZE.

MM. Saint-Étienne père et fils, à Paris, rue d'Arcole, 1.

M. Saint-Étienne père obtint, en 1834, la médaille de bronze; ce fut une juste récompense des soins éclairés et des conceptions heureuses qu'il avait appliqués au montage de plusieurs grandes et petites féculeries.

Depuis il a augmenté l'importance de ses ateliers et perfectionné notamment son bluteur métallique à fécule sèche, que la plupart des fabriques emploient.

Une modification de tamis à plan incliné vient d'être allouée par MM. Saint-Étienne, mais elle est trop récente pour que nous la puissions juger.

Nous avons fait vérifier les bons résultats d'un extracteur

de gluten, dont depuis plusieurs années nous suivions avec intérêt les améliorations; il parait devoir remplacer avantageusement les manipulations, difficiles et irrégulières jusqu'alors, usitées pour extraire tout ou partie du gluten ou de l'amidon de la pâte.

Le jury accorde à MM. Saint-Étienne, pour l'ensemble de leurs travaux, une médaille de bronze.

MM. Stoltz et c^{ie}, mécaniciens, à Paris, rue Coquenard, 22,

Exposent une râpe à pommes de terre en fonte cerclée en fer, à tasseaux de fer mobiles.

Cette râpe, exactement cintrée, très-solidement construite, doit être animée d'une vitesse de 700 à 800 tours par minute; elle peut alors réduire en pulpe 150 à 160 hect. de tubercules ordinaires en 12 heures.

Le bâti, tout en fonte, forme sous le cylindre un réservoir de pulpe d'où une chaîne sans fin, à godets, remonte cette pulpe au tamis.

On remarque au-dessous du va-et-vient, qui engage et appuie les pommes de terre contre la denture du cylindre, un levier qui facilite l'écartement instantané du butoir lorsqu'une pierre tombe accidentellement dans la trémie.

Le tamis cylindrique annexé à la râpe est d'un modèle particulier; il agit à l'aide de palettes et de brosses qui, tournant sur un axe, agitent la pulpe et brossent les toiles métalliques, tandis qu'une continuelle injection d'eau aide l'issue de la fécule. Les toiles tendues sur châssis se démontent très-aisément.

Les principaux avantages du tamis mécanique de M. Stoltz sont de tenir peu de place (4 mètres pour une fabrique de 160 hect. par jour), de bien épuiser la pulpe en économisant l'eau.

Les attestations très-favorables de quatorze fabricants de fécule s'accordent avec nos observations et démontrent les bons effets des dispositions précitées.

Le jury, pour récompenser les efforts de M. Stoltz, lui décerne une médaille de bronze.

MENTIONS HONORABLES.

M. MAUVIELLE, à Meaux et à Paris, rue Sainte-Anne, 8. Blutoirs.

Ces ustensiles, dont la bonne confection est pour beaucoup dans les succès de la mouture, doivent être faciles à réparer et à garnir des tissus de rechange.

Sous ces rapports, les bluteries pour les moutures anglaises et françaises, de M. Mauvielle, fabricant à Meaux, ne laissent rien à désirer. Ses soies à œillets métalliques, très-faciles à lacer, ont reçu l'approbation de la Société d'encouragement, de la Société d'agriculture de Meaux, et la sanction de l'expérience.

Il permettait de tendre plus uniformément et mieux la gaze, sans faire craindre des déchirures ; de changer les garnitures suivant les indications atmosphériques ou l'état hygroscopique des grains.

L'assortiment des soies est de 30 numéros ; leur largeur est de 58 à 68 centimètres, et le prix du mètre de 5 fr. à 5 fr. 50 c.

Le jury accorde à M. Mauvielle une mention honorable.

M. Hennecart, à Paris, rue Neuve-Saint-Eustache, 5.

Le nouveau procédé de l'auteur pour fixer les soies des bluteries est ingénieux et simple ; il consiste dans la pose de liteaux qui, fixés par des vis, serrent dans des gorges ou rainures le tissu, et s'étendent à la façon des tamis.

Ce mode expéditif donne une tension convenable, et mérite d'être cité.

L'industrie de **M.** Hennecart, fabricant distingué, envisagée dans son ensemble, le rend digne de la mention honorable que le jury lui décerne.

-----

§ 2. PÉTRINS MÉCANIQUES.

La question du pétrissage mécanique resta longtemps douteuse, car les machines plus ou moins compliquées opéraient généralement moins bien que les garçons pétrisseurs ; elles exigeaient des soins qui rendaient les résultats tout aussi dispendieux.

Après un grand nombre d'essais de la part de fort habiles constructeurs, on ne s'étonnera pas d'apprendre qu'un boulanger soit parvenu directement à la solution la plus complète et la plus simple.

MÉDAILLE D'ARGENT.

M. Fontaine, boulanger.

Son pétrin se compose d'un cylindre creux en bois, tournant sur son axe, s'ouvrant en deux parties inégales, de telle façon que la plus petite forme couvercle; deux barres en bois diagonalement placées en croix et à distance l'une de l'autre dans le cylindre sont d'un seul coup assujetties par la fermeture du couvercle.

En même temps que la pâte est pétrie par la chute de son propre poids dans la rotation du cylindre, les deux barres la soulèvent et l'étirent comme le feraient les geindres à force de bras.

Dès qu'on ouvre le couvercle, les deux barres sont dégagées; on les nettoie et on les enlève très-aisément; la pâte se rassemble de même avec la plus grande facilité dans le pétrin.

Cet ingénieux ustensile reçoit toute transmission de force mécanique; il est le plus économique de tous; son action ne laisse rien à désirer pour les pains blancs les plus légers; il évite et le bruit si désagréable du pétrissage manuel, et l'insalubrité de la profession y relative, et les inconvénients des coalitions entre les garçons pétrisseurs : l'administration avait échoué dans tous ses efforts pour faire cesser cet état de choses qui maintenant disparaît spontanément par degrés.

De tels résultats, évidemment dus au pétrin Fontaine, rendent son auteur digne de la médaille d'argent que le jury lui décerne.

RAPPELS DE MÉDAILLES DE BRONZE.

M. HAIZE, à Paris, rue du Faubourg-Saint-Martin, 84.

Le pétrin mécanique de M. Haize, composé d'un axe et de bras en fer tournant dans une auge cylindrique close à volonté, est l'un des plus simples et des plus efficaces que l'on ait construits : il est employé dans plusieurs boulangeries. Un habile fabricant de couleurs l'a appliqué au mélange de la céruse avec l'huile, supprimant ainsi le danger des émanations des matières pulvérulentes et vénéneuses.

Cette double utilité recommande l'heureuse conception de M. Haize, en faveur duquel le jury rappelle la médaille de bronze qu'il obtint en 1834.

M. Poissant, à Paris, rue Mondétour, 18.

Il a imaginé un pétrin mécanique d'un bon effet, et qui, présenté par MM. Besnier-Duchaussais et Poissant, en 1834, fut jugé digne d'une médaille de bronze. Le jury rappelle cette récompense.

---

§ 3. PRESSES A VERMICELLES, PATES D'ITALIE
ET PANIFICATION.

La préparation des pâtes a fait, depuis 1834, des progrès signalés plus loin (voir le rapport sur les substances alimentaires, 5ᵉ commission); la bonne exécution des presses, principaux agents de cette fabrication, n'a pas été sans influence sur ces résultats.

MENTIONS HONORABLES.

MM. Constantin père et fils, à Paris, rue des Canettes, 5.

Ils construisent très-bien ces presses, soit pour les ver-

micelles, soit pour les petites pâtes ou pâtes découpées. Le
jury mentionne honorablement MM. Constantin.

NON-EXPOSANTS.

MM. Mouchot frères, au Petit-Montrouge, près Paris.

En réunissant peu à peu, dans une usine, les meilleurs procédés nouveaux dont leurs nombreux et dispendieux essais avaient démontré les avantages; en introduisant l'application d'une force mécanique, la continuité des opérations, adaptant à leurs fours l'éclairage au gaz par des supports articulés, ils sont enfin parvenus à élever le métier de la boulangerie au niveau des industries rationnelles les plus régulières; ils ont complété ainsi les solutions des difficiles problèmes du pétrissage mécanique et de la cuisson continue; leur fabrication journalière, portée à 5,000 kil., écoule ses remarquables produits dans tous les colléges de Paris et chez de nombreux consommateurs de la ville; ils ont offert et donné leur concours efficace pour faire disparaître l'insalubre, pénible et bruyant travail de geindres.

Ces résultats ont une grande importance dans l'intérêt public; ils se généraliseront sans doute bientôt. Le jury central a voulu hâter cet instant en signalant d'abord deux innovations notables, mais isolées; dès qu'ils seront atteints, MM. Mouchot frères, par le bel exemple qu'ils ont donné et par les efforts qu'ils auront faits pour propager leurs applications, seront dignes de la plus haute récompense; ils reçoivent aujourd'hui cette mention honorable motivée, dont ils sont bien dignes.

M. Boland, ancien boulanger, élève de l'école polytechnique.

Il résulte de l'avis émané du syndicat des boulangers de Paris, comme des rapports approuvés par la Société d'encouragement et le conseil de salubrité, que M. Boland a indiqué les meilleurs moyens d'essai des farines et d'appréciation des mélanges de fécule.

Les nouveaux perfectionnements qu'il a introduits dans ses procédés rendent plus précises ces appréciations, et mettent sur la voie de la solution la plus complète de la question.

Ce sont des services patents rendus à la boulangerie; mais, avant de se fixer sur la nature de la récompense ainsi méritée, le jury a pensé qu'il fallait que M. Boland eût terminé les essais dont il s'occupe, et qui mettront à la portée de personnes moins habiles que lui ses moyens d'essai; le jury central se borne donc aujourd'hui à mentionner très-honorablement les efforts utiles de l'auteur.

---

§ 4. CLARIFICATION DES VINS.

RAPPEL DE MÉDAILLE D'ARGENT.

Madame veuve Jullien, à Paris, rue Poissonnière, 9.

Tout ce qui se rattache à notre industrie vinicole offre un grand intérêt, car ses produits occupent le premier rang parmi ceux qu'une incontestable supériorité doit maintenir comme objets d'échange avec toutes les nations.

Nos vins, avant d'arriver au terme de leur fermentation convenable pour être consommés ou mis en bouteilles, sont clarifiés une ou plusieurs fois; la clarification ou le collage des vins exige, à raison de 4 œufs par pièce de 215 à 225 litres, environ 84 millions d'œufs : c'est au moins 42 millions enlevés à la nourriture, en supposant que la moitié soit représentée par les jaunes qu'on emploie comme aliment.

Remplacer cette quantité de substance alimentaire par des matières albumineuses sèches, pulvérulentes, de peu de valeur, fut le problème que se proposa de résoudre un de nos savants collègues. Le concours de Mme v^e Jullien fut d'une grande utilité pour préparer cette œuvre philanthropique; elle parvint à élever à 20,000 fr. ses ventes annuelles, équivalentes à un million d'œufs rendus à la consommation alimentaire. Des habitudes insurmontables s'opposent à une beaucoup plus grande extension de ce moyen de collage, bien qu'il soit plus économique et plus sûr.

Les poudres à clarifier, de Mme v^e Jullien, sont très-favorablement connues dans le public; leur bonne préparation et les ingénieux ustensiles si bien appropriés aux manipulations des vins, valurent à leur auteur, en 1834, une médaille d'argent que le jury s'empresse de rappeler.

QUATRIÈME COMMISSION.

DES INSTRUMENTS DE PRÉCISION

ET DES INSTRUMENTS DE MUSIQUE.

MM. Mathieu, président, Pouillet, Savart, Savary, et le baron Séguier, rapporteurs.

—

PREMIÈRE SECTION.

HORLOGERIE.

M. Mathieu, rapporteur.

Considérations générales.

Les avantages des fabrications à l'aide des machines sont incontestables sous le rapport de la régularité et de l'économie. Nous avons, en France, pour l'horlogerie ordinaire, des établissements importants pourvus de machines qui produisent avec exactitude, économie et célérité, les mouvements de pendules et tous les mécanismes en usage dans un grand nombre d'appareils. Il est à désirer que nous arrivions au même résultat pour la fabrication des montres et pour l'horlogerie de précision qui est restée jusqu'à présent le patrimoine d'un petit nombre d'hommes habiles.

Déjà les efforts faits par des artistes distingués pour perfectionner l'horlogerie de luxe, et particulièrement les petites pendules portatives, ont fait naître une nouvelle branche d'industrie d'une grande importance commerciale pour Paris.

D'un autre côté, depuis quelques années l'administration de la marine a fait un appel à nos artistes; elle achète, pour la marine militaire, les chronomètres qui, suivis pendant un an à l'observatoire, ont eu une marche régulière. Ce concours, en offrant au gouvernement toutes les garanties désirables, conduit naturellement les artistes à chercher des dispositions propres à faciliter la construction des chronomètres et à en faire l'objet d'une véritable fabrication. C'est par là, tout en conservant la bonne confection et les précieuses qualités de nos montres marines, que nous parviendrons à soutenir partout la concurrence avec les étrangers qui, depuis quelques années, ont apporté une notable réduction dans les prix. Nous sommes dans une bonne voie; tout le monde sent que, pour assurer la prospérité de notre horlogerie de précision, il faut faire marcher de front les procédés mécaniques pour toutes les pièces qui peuvent être produites par les machines, et le travail manuel réservé pour les parties les plus délicates.

---

§ 1er. HORLOGERIE DE PRÉCISION.

RAPPELS DE MÉDAILLES D'OR.

M. MOTEL, à Paris, rue de l'Abbaye, 12.

M. Motel a exposé des chronomètres remarquables par la plus parfaite exécution. Ils supportent très-bien les épreuves du concours ouvert, tous les ans, à l'observatoire pour les besoins de la marine, car dans ce concours il a eu trente-deux chronomètres admis depuis 1834, et l'un d'eux, le n° 198, a mérité, en 1838, la prime de 1,000 f., accordée, chaque année, au meilleur chronomètre. M. Motel établit, avec la même perfection de travail, des pendules astronomiques et des compteurs de tous genres.

Le jury lui confirme la médaille d'or qu'il a obtenue à la dernière exposition de l'industrie.

M. PERRELET, à Paris, rue de Rohan, 24 et 26.

M. Perrelet a exposé des pièces d'horlogerie construites avec le plus grand soin par lui-même ou par des élèves que le gouvernement lui confie tous les ans, à la suite d'un concours ; un compteur qui enregistre les tours de roue d'une voiture, et différents instruments de précision pour l'horlogerie et les sciences. Dans tous ces produits on retrouve la bonne disposition et l'exécution parfaite de tout ce qui sort des mains de l'habile artiste, auquel on doit l'invention du compteur à double arrêt.

Le jury confirme à M. Perrelet la médaille d'or qu'il avait déjà obtenue aux deux dernières expositions de l'industrie.

Nous regrettons de n'avoir pas eu à nous prononcer sur les travaux d'horlogerie de la maison Bréguet, qui soutient si dignement la réputation de son célèbre fondateur; nous le regrettons d'autant plus que, pendant l'exposition, elle avait à l'observatoire, pour le concours ouvert par la marine, plusieurs chronomètres, parmi lesquels s'est trouvé le n° 4323, qui, par une marche excellente pendant un an, a mérité la prime de 1,000 fr., accordée annuellement, par le ministère de la marine, au chronomètre qui remplit le mieux les conditions du concours.

MÉDAILLE D'OR.

M. WINNERL, à Paris, passage Laurette, 7.

M. Winnerl est parvenu à opérer une réduction de près de moitié dans la main-d'œuvre et dans le prix des montres marines, en faisant des machines pour confectionner uniformément et très-vite un grand nombre de pièces, et en supprimant, dans la composition, dans l'assemblage des parties, tout ce qui n'est nécessaire ni à la solidité du chronomètre, ni à la régularité de sa marche. Il a adopté le système ordinaire, et l'échappement d'Earnshaw avec quelques modifications qui ont pour but d'en faciliter l'exécution sans nuire à l'exactitude. Depuis moins de trois ans, il a construit trente-huit chronomètres, et a fabriqué tous les éléments pour en monter un nombre à peu près égal. Quelques-uns de ces chronomètres, suivis jour par jour à l'observatoire pendant plusieurs mois, ont eu une très-bonne marche.

M. Winnerl a présenté un compteur dans lequel on peut, à volonté, ramener les deux aiguilles à la coïncidence, ou les faire marcher toutes deux, en conservant entre elles le même intervalle qui marque la durée du phénomène observé.

Pendant l'exposition, M. Winnerl, en modifiant l'idée de M. Vérité, a adapté à un régulateur de cheminée un échappement libre, à force constante, qui ne communique avec le pendule que par deux petites boules de platine suspendues par des fils aux extrémités d'un ressort. Le mouvement du pendule est entretenu, à chaque oscillation, par l'action constante de l'une ou l'autre des deux boules sur le bras du pendule qui lui correspond.

M. Winnerl a encore exposé un thermomètre métallique à maxima et minima. Une aiguille qui tourne autour du centre d'un cercle gradué donne la température, en poussant d'un côté et de l'autre des aiguilles-index, qui ne peuvent pas revenir avec l'aiguille du milieu, et qui indiquent les températures extrêmes de la journée.

Le jury décerne une médaille d'or à cet habile artiste, dont les chronomètres, sans rien perdre en exactitude, peuvent seuls, à présent du moins, lutter, quant au prix, dans nos ports, avec les produits des fabriques anglaises.

RAPPEL DE MÉDAILLE D'ARGENT.

M. AIMÉ-JACOB, rue J.-J. Rousseau, 3.

M. Aimé Jacob a exposé un chronomètre, des régulateurs à compensation en tiges d'acier et de zinc, et une montre-compteur d'un usage très-commode et très-sûr dans une série d'observations qui se succéderaient à quelque intervalle. Un accident qu'a éprouvé le chronomètre de M. Aimé Jacob, lorsqu'il l'apportait à l'exposition, n'a pas pu être assez complétement réparé pour que la marche de cette pièce ait dû être suivie à l'observatoire. Ce sera un sujet de regrets pour les personnes qui n'ont pas perdu le souvenir du chronomètre si parfait de M. Aimé Jacob, qui remporta la prime au concours ouvert en 1834.

La construction soignée et bien entendue des divers objets d'horlogerie de précision présentés par M. Aimé Jacob a mérité à cet habile artiste le rappel de la médaille d'argent qu'il a obtenue à la dernière exposition.

MÉDAILLE D'ARGENT.

M. Henri ROBERT, à Paris, rue du Coq-Saint-Honoré, 8.

Parmi les nombreux objets exposés par M. Henri Robert, il en est plusieurs qu'il a cherché à améliorer depuis la dernière exposition de l'industrie. Il s'est proposé d'établir, dans le prix de 7 à 9 cents francs, ce qu'il appelle des chronomètres du second ordre, dont la variation diurne serait d'environ une seconde, et qui, après un mois de traversée, pourraient donner la longitude à un demi-degré près. Deux de ces instruments ont été suivis pendant deux et trois mois à l'observatoire, et ces conditions se trouvent à peu près remplies. Une montre marine, portant le n° 80, et que M. Robert appelle un chronomètre du premier ordre, a été suivie à l'observatoire pendant six mois, de novembre 1838 à mai 1839, et sa marche très-bonne se trouve dans les limites du concours ouvert tous les ans par la.

marine ; c'est-à-dire que l'écart entre la marche conclue et la marche véritable n'est pas de deux minutes en trois mois.

Le jury déclare M. Henri Robert digne d'une nouvelle médaille d'argent.

RAPPEL DE MÉDAILLE DE BRONZE.

M. RIEUSSEC, à Paris, boulevard Bourdon, 4.

M. Rieussec a exposé une montre nommée chronographe, dans laquelle l'aiguille des secondes porte, à son extrémité, une petite écritoire et une pointe qui la traverse pour marquer sur le cadran fixe l'instant d'une observation. La détente s'opère, non en pressant un bouton comme dans le chronomètre à détente de Bréguet, mais au moyen d'un simple choc sur la montre. Cette montre, d'un prix peu élevé, peut, d'ailleurs, servir aux usages ordinaires.

M. Rieussec avait obtenu, à l'exposition de 1823, une médaille de bronze pour son chronographe à cadran mobile; le jury lui accorde le rappel de la même médaille cette année.

MÉDAILLES DE BRONZE.

M. CAMPBELL, à Paris, place de l'Oratoire, 4.

M. Campbell a exposé des montres marines construites avec une remarquable précision d'après le modèle anglais et le modèle de Berthoud. Cet artiste est aussi d'une grande habileté pour travailler les pierres qu'on emploie dans l'horlogerie de luxe et de précision. Il fait beaucoup d'échappements pour les petites pendules de voyage. Il a aussi présenté quelques pendules de ce genre. Il est à désirer que M. Campbell ne se borne pas à travailler pour les autres, et qu'il forme, comme il l'annonce, un établissement de haute horlogerie, qui ne peut manquer de prospérer sous son active et intelligente direction.

Le jury lui décerne une médaille de bronze.

M. Dumontier, à Paris, quai des Augustins, 59.

Le jury décerne à M. Dumontier une médaille de bronze pour la très-bonne exécution de tous les objets d'horlogerie de précision qu'il a présentés à l'exposition de l'industrie.

MENTIONS HONORABLES.

M. Bruneau, à Paris, Palais-Royal, galerie de Valois, 150,

Pour des pendules de voyage, un régulateur de cabinet, et particulièrement un chronomètre d'une construction soignée;

M. Pascual-Rubio, à Paris, rue de la Cossonnerie, 6,

Pour un chronomètre auquel il a adapté un arrêt pour le balancier, et un indicateur pour remonter le chronomètre;

M. Mallat, à Paris, rue du Temple, 63,

Pour des montres à doubles aiguilles à secondes, et une machine pour tailler les pignons, les roues, etc.

CITATION.

M. Robert, à Paris, boulevard Saint-Denis, 19.

Pour différentes pièces d'horlogerie.

---

§ 2. PENDULES.

RAPPEL DE MÉDAILLE D'ARGENT.

M. Garnier, à Paris, rue Taitbout, 8 *bis*.

M. Garnier a présenté un chronomètre, de petites pendules portatives ou de voyage, un régulateur de cheminée, un micromètre pour mesurer les petites épaisseurs et un thermomètre métallique à maxima et minima. Toutes ces pièces sont construites avec intelligence et avec le plus grand soin.

L'horlogerie doit à M. Garnier un échappement libre à remontoir d'une heureuse disposition ; il l'avait appliqué à un régulateur de cheminée qui lui valut la médaille d'argent en 1827. Il emploie depuis neuf ans, pour les montres et les petites pendules portatives qu'il construit en très-grand nombre, un autre échappement pour lequel il a pris, en 1830, un brevet d'invention, et qui a de l'analogie avec l'échappement à cylindre ; mais sa construction est bien plus simple, plus facile et beaucoup plus économique. Une expérience de neuf ans a bien constaté les avantages de cet ingénieux échappement.

Le jury décerne à **M.** Garnier le rappel de la médaille d'argent qu'il avait déjà obtenue aux deux dernière sexpositions.

MÉDAILLES D'ARGENT.

M. Duchemin, à Paris, place du Châtelet, 2.

M. Duchemin a exposé deux petites pendules construites avec cette pureté, cette précision qui caractérisent tous les ouvrages qui sortent des mains de cet habile et consciencieux artiste. Il avait proposé une compensation qui consistait à soulever plus ou moins la lentille par la dilatation de lames métalliques (acier et cuivre), qui se courbent. Il emploie, dans une de ses pendules, ce système bimétallique modifié au moyen de deux tasseaux qui, en s'approchant plus ou moins de la tige du pendule, changent la position du centre de gravité et du centre d'oscillation. Dans l'autre pendule, la lentille est remplacée par le système de six petits tubes contenant du mercure. La compensation se règle en inclinant convenablement ces tubes. Cette ingénieuse disposition est nouvelle et bien entendue.

Le jury déclare **M.** Duchemin digne d'une médaille d'argent.

M. Deshays, à Paris, rue Cadet, 26.

M. Deshays a exposé à la fois des objets d'horlogerie et de mécanique ; il a présenté une petite pendule de voyage à grande sonnerie et à réveil, dont la cadrature, de son invention, produit, avec la plus grande simplicité, un ensemble d'effets que l'on n'obtient pas aussi facilement par

les moyens ordinaires. M. Deshays s'est beaucoup occupé
du perfectionnement des machines à percer les plates-for-
mes, dont la précision est si nécessaire. Sa machine a sur
les anciennes l'avantage de ne pas s'altérer par l'usage,
parce qu'elle trouve dans son emploi tous les moyens de
rectification.

La machine à bourses de M. Pecqueur fait seulement
quatre mailles par tour de manivelle; M. Deshays l'a tellement modifiée, en substituant notamment des contre-el-
lipses aux ressorts, pour maîtriser, malgré une grande
vitesse, les organes en fonction, qu'il lui fait faire quatorze
mailles par tour de manivelle, et mille huit cents par minute. Cette nouvelle machine exécute les opérations les
plus délicates, les plus compliquées, avec autant de précision que de rapidité.

Le jury accorde à M. Deshays une médaille d'argent.

M. Brocot, à Paris, rue d'Orléans, au Marais, 15.

On trouve des dispositions ingénieuses dans les petites
pendules de cheminée exposées par M. Brocot; dans un
grand régulateur; dans un mécanisme qui règle promptement, par quelques essais, la longueur d'un pendule de
manière à lui faire faire, dans une heure, un nombre
donné d'oscillations; dans son échappement à repos ou à
recul, au moyen de deux roues qui marchent en sens
contraire. Cet échappement est à repos ou à recul, suivant
que la cheville en pierre qui s'engage alternativement
dans les dents des roues se trouve sur la ligne des centres
des roues ou bien en dehors.

Le jury décerne la médaille d'argent à M. Brocot.

M. LEROY, à Paris, Palais-Royal, 13 et 15.

Tous les objets d'horlogerie, montres et petites pendules portatives, exposés par M. Leroy, sont exécutés avec soin et beaucoup de luxe. La pièce la plus importante est une pendule de voyage; elle marche huit jours, sonne le réveil, l'heure et les quarts en passant, et la répétition à volonté; elle renferme un appareil particulier pour avoir la seconde morte au lieu de la trotteuse.

Le jury décerne à M. Leroy la médaille d'argent.

RAPPEL DE MÉDAILLE DE BRONZE.

M. BLONDEAU, à Paris, rue de la Paix, 19.

M. Blondeau mérite le rappel de la médaille de bronze par l'élégance et la bonne construction de toutes les pièces d'horlogerie qu'il a exposées.

MÉDAILLES DE BRONZE.

M. VÉRITÉ, à Beauvais (Oise).

M. Vérité a exposé deux petites pendules d'une bonne exécution, et surtout remarquables par un échappement à repos et à force constante. Dans cet échappement, applicable à toutes les horloges, le pendule n'est en rapport avec le rouage que pendant une très-petite portion de sa course, en sorte qu'il n'éprouve qu'un léger frottement. A chaque oscillation, une petite boule pèse un instant sur le bras du pendule, et entretient son mouvement par une action qui est toujours la même. La boule ne tombe pas, c'est le pendule qui vient la chercher. Alors le levier qui la porte est abandonné par la roue d'échappement, et il descend jusqu'au point où il doit reprendre la boule pour la remonter.

M. Vérité a construit, dans un système particulier et avec son échappement, une horloge publique qui paraît avoir bien marché depuis un an qu'elle est établie à Beauvais.

L'ingénieuse innovation de M. Vérité dans un mécanisme qui a fait l'objet des études de tant d'hommes habiles lui a valu la médaille de bronze, et elle lui aurait mérité une récompense plus élevée, si elle avait été soumise à une épreuve plus longue et plus décisive.

M. Berolla, à Paris, rue de la Tour, 2.

M. Berolla a exposé des pendules portatives et de voyage remarquables par un travail soigné et bien entendu; il a encore présenté des échappements particuliers, un compteur offrant un système complet d'arrêts successifs, qui permettent d'enregistrer plusieurs phases d'un phénomène, toujours sans arrêter le mouvement principal; une cadrature simple, économique, à répétition d'heure et de quart, dans laquelle les quarts sonnent avec le même marteau que les heures.

Le jury accorde une médaille de bronze à M. Berolla.

M. Callaud, à Paris, rue Montesquieu, 6.

M. Callaud a exposé une petite pendule avec l'échappement à la Dutertre modifié, qui lui avait valu une mention honorable en 1834, et un essai de chronomètre. Dans la vue de faciliter les observations météorologiques, il a combiné un thermomètre métallique avec un mouvement d'horlogerie pour enregistrer la température.

Le jury vote une médaille de bronze pour M. Callaud.

M. HANRIOT, directeur de l'école d'horlogerie de Dijon (Côte-d'Or).

Quoique l'école de Dijon ne compte pas encore trois ans d'existence, elle a cependant envoyé, à l'exposition de l'industrie, un grand nombre de pièces qui ont attiré l'attention du jury, et qui l'ont déterminé à décerner la médaille de bronze à son directeur.

M. ROBERT-HOUDIN, à Paris, rue de Vendôme, 13.

Les pendules mystérieuses, les réveils simples perfectionnés, les réveils allumant une bougie remarquables seulement par la simplicité de la construction et la modicité des prix, sont devenus, dans les mains de M. Robert-Houdin, l'objet d'un commerce assez étendu. C'est sous ce rapport que le jury lui accorde une médaille de bronze.

M. NUMA-CONTE, à Périgueux (Dordogne).

Malgré le peu de ressources qu'offre la ville de Périgueux, M. Numa-Conte a cependant présenté, à l'exposition, un régulateur, deux petites pendules de cheminée à seconde morte, et encore d'autres objets. Toutes ces pièces annoncent une main exercée et un grand désir d'arriver à des perfectionnements.

Le jury décerne une médaille de bronze à M. Numa-Conte.

MENTIONS HONORABLES.

M. JACQUET, à Paris.

Pour une pendule dont l'échappement est à force constante; l'impulsion est donnée par un rouleau fixé à l'extrémité d'un bras de levier.

M. HOUDIN, à Paris, rue Bergère, 19.

Pour un outil servant à tailler les différents plans d'une même pièce d'échappement, et un régulateur.

M. JOLY, à Paris, place Beauvais, 92.

Pour un mécanisme servant à régler la compensation bimétallique d'un pendule, analogue à l'un de ceux de M. Duchemin, mais moins complet.

M. BOURDIN, à Paris, rue de la Paix, 24.

Pour des montres bien exécutées, qui se montent et se remettent à l'heure par la queue.

CITATIONS.

M. MENOUD, à Paris, rue Saint-Denis, 148.

Pour un régulateur dont la compensation à mercure se règle par le procédé de M. Duchemin, l'inclinaison des tubes.

M. Reymond, à Paris, boulevart des Italiens, 26.

Pour des montres qui se remontent par la queue.

M. Gaumont, élève de M. Duchemin.

Pour un régulateur de cheminée dont le pendule a une compensation à mercure qui se règle par l'enfoncement de pistons d'acier. Ce moyen avait été anciennement employé par M. Motel.

M. Allain, à Paris, rue Boucherat, 34.

Pour une petite pendule à demi-seconde.

M. Normand, à Paris, rue du Bac, 37.

Pour un mécanisme servant à faire monter et descendre la lentille d'un pendule en mouvement et à mesurer avec précision le déplacement de la lentille et son influence sur la marche de l'horloge.

---

§ 3. HORLOGES PUBLIQUES.

RAPPEL DE MÉDAILLE D'ARGENT.

M. Wagner, à Paris, rue du Cadran, 39.

Les divers objets exposés, cette année, par M. Wagner soutiennent dignement la réputation qu'il s'est acquise depuis longtemps par une disposition heureuse et une bonne exécution des horloges publiques et des grands mécanismes.

On a remarqué, dans l'exposition de M. Wagner, un mécanisme applicable surtout aux clochers de village, aux horloges de fabriques, où l'on voudrait, avec une comtoise de peu de volume et d'un bas prix, conduire le marteau d'une sonnerie pesante et, au besoin, éloignée. Les fonctions de l'horloge consistent à dégager un déclic autant de fois que la comtoise aurait sonné de coups. La force nécessaire pour soulever le marteau de la grande sonnerie est prise dans un poids convenablement réglé par rapport à ce marteau et à la cloche sur laquelle l'heure doit être frappée. C'est une idée de Tissot; mais des difficultés pratiques avaient fait abandonner la solution que Tissot avait donnée.

Quant aux grandes horloges de M. Wagner, on remarque la simplicité de la disposition; la facilité avec laquelle le mouvement, placé au-dessus de la sonnerie, peut se démonter. Un rapport de M. Biot atteste la régularité vraiment remarquable de la marche de l'horloge publique établie par M. Wagner à Beauvais.

Le jury décerne à M. Wagner le rappel de la médaille d'argent.

MÉDAILLE D'ARGENT.

M. Henry, à Paris, rue Saint-Honoré, 247.

M. Henry expose, comme pièce capitale sortie de sa main, une horloge de luxe à trois cadrans; elle marque les heures, les minutes et les secondes; la sonnerie, dont les timbres sont en cristal, frappe les heures et les quarts. Le temps moyen, le temps sidéral, l'équation du temps sont donnés à part. Le mouvement indique jusqu'aux jours de la semaine, du mois et de l'année. Par là même, on voit que c'est une de ces pièces de haut prix et rarement exécutées, où un artiste habile se plaît à accumuler toutes les difficultés pour avoir l'occasion de montrer les ressources de son art et l'habileté de sa main. Sous ce point de vue, la pièce de M. Henry ne laisse rien à désirer.

M. Henry a présenté aussi des mécanismes plus simples, mais bien appropriés à leur destination utile : un mouvement pour faire marcher un phare tournant; un mouvement pour élever l'huile dans la lampe à becs concentriques d'un phare; cette dernière question avait reçu déjà plusieurs solutions; elles laissaient quelque chose à désirer; celle de M. Henry remplit parfaitement son but.

M. Henry est enfin l'auteur de machines avec lesquelles il exécute, avec une grande perfection, les surfaces des portions de lentilles dont les phares se composent. Il en sera question plus loin.

Le jury décerne la médaille d'argent à M. Henry, qui avait obtenu, en 1834, la médaille de bronze.

M. WAGNER, neveu, à Paris, rue Montmartre, 118.

Dans l'exposition de M. Wagner, neveu, on remarque d'abord de grandes horloges à bon marché. M. Wagner a pu en abaisser le prix en exécutant les pièces de la sonnerie en fonte de fer, et en évitant par là l'ajustement des roues et des pignons enarbrés. Dans cette partie du mouvement, en effet, M. Wagner, au lieu de les fixer, comme pièces détachées, aux deux extrémités d'un même axe, les met en contact immédiat, et peut ainsi les faire fondre tout d'une pièce. On a, de plus, l'avantage de prévenir la torsion que l'axe d'acier tend à éprouver à la longue. Les rouages plus petits du mouvement des aiguilles sont en cuivre.

M. Wagner présente aussi de grandes horloges dont tous les rouages sont en cuivre ; il ajoute à ses mouvements une compensation très-simple composée uniquement d'une barre de zinc horizontale et d'un levier qui, poussé par la dilatation de cette barre, soulève la lame flexible qui sert de suspension au pendule. Le point d'appui de cette lame restant fixe, la distance de la lentille à ce point est diminuée, et peut compenser l'allongement de la tige elle-même. Si l'on regardé cet effet comme n'étant pas entièrement exact, ou comme étant de peu d'importance dans la marche de mouvements communs, toutefois ne pourra-t-on pas s'empêcher de reconnaître quelque avantage à un système qui, d'ailleurs, n'est ni compliqué, ni dispendieux.

On doit mentionner un échappement à chevilles de M. Wagner, remarquable par une bonne entente d'un point de théorie relatif aux échappements, et controversé dans les auteurs : les frottements sont diminués par le raccourcissement des bras de l'ancre sans que l'impulsion soit affaiblie.

N'oublions pas une petite horloge destinée à contrôler la surveillance des grandes usines. Par des renvois aussi étendus qu'on le voudra, ce mécanisme, dont l'idée est bien conçue, indique, dans le cabinet même du chef de l'établissement, le passage des rondes, et peut s'ajouter à une pendule ordinaire sans beaucoup de frais.

M. Wagner, neveu, a encore présenté, comme son cousin, un mécanisme destiné à réaliser l'idée de Tissot, à faire marcher une grande sonnerie par une petite comtoise ; il présente enfin un dynamomètre dont il sera question ailleurs, page 249.

Le jury accorde à M. Wagner, pour l'ensemble de ses travaux, une nouvelle médaille d'argent.

RAPPEL DE MÉDAILLE DE BRONZE.

M. NIOT, à Paris, rue Mandar, 10.

M. Niot expose une grande horloge publique à bon marché, bien disposée et d'une bonne exécution. Il établit des tournebroches en grande fabrication.

Le jury lui rappelle la médaille de bronze.

MÉDAILLE DE BRONZE.

M. GOURDIN, à Mayet (Sarthe).

M. Gourdin présente une grande horloge publique à force constante, dont l'exécution est très-soignée ; la disposition du mécanisme est bien entendue, et l'ensemble solidement établi.

Le jury a vu avec plaisir un artiste de province envoyer, à l'exposition, un ouvrage aussi remarquable par le travail de main que par les combinaisons et le calibre ; il décerne, comme une juste récompense, à M. Gourdin la médaille de bronze.

CITATION.

M. D'ORLÉANS, à Paris, rue du Faubourg-du-Temple, 110.

Le jury accorde une citation à M. d'Orléans pour un bon travail, et un mécanisme d'horloge publique bien entendu.

---

§ 4. HORLOGERIE DE FABRIQUE.

RAPPELS DE MÉDAILLES D'OR.

M. PONS, à Saint-Nicolas-d'Aliermont (Seine-Inférieure).

M. Pons a exposé un grand nombre de mouvements d'une bonne et franche exécution, et des pièces d'un beau travail qui appartiennent à l'horlogerie de précision. C'est par le judicieux emploi des machines que M. Pons a résolu le problème d'une excellente fabrication à bon marché. L'important établissement qu'il dirige avec tant d'habileté et de dévouement depuis si longtemps livre au commerce pour 10 f. un mouvement qui en coûtait 40, il y a vingt-cinq ans, et qui était bien loin de la perfection actuelle. Quand on considère la matière qui entre dans cet instrument, on ne conçoit pas qu'il soit possible de pousser plus loin la réduction du prix.

Le jury rappelle à M. Pons la médaille d'or qu'il a déjà obtenue aux deux dernières expositions.

MM. Japy, frères, à Beaucourt (Haut-Rhin).

Ces grands fabricants ont présenté des mouvements de grosse et de petite horlogerie qui comptent parmi les produits divers qui leur ont valu ailleurs le rappel d'une médaille d'or d'ensemble.

MÉDAILLE D'OR.

MM. Benoit et c^ie, à Versailles (Seine-et-Oise).

MM. Benoît et Sicamois ont fondé à Versailles, depuis la dernière exposition, une fabrique d'horlogerie qui occupe actuellement une centaine d'ouvriers, tant au dedans qu'au dehors, qui peut déjà faire sept à huit cents montres par an, et qui a présenté, à l'exposition, des produits variés et très-remarquables. Ils confectionnent des montres de commerce de tout genre, mais seulement de première qualité, puis des montres de luxe et de précision. Ils ont adopté un calibre qui présente de bonnes dispositions. Ils possèdent un grand nombre de machines, d'outils inventés et exécutés par M. Larchevêque, qui dirige l'atelier où se fabriquent mécaniquement les blancs, les roues, les pignons, etc. Dans les autres ateliers, des ouvriers habiles exécutent les pièces les plus délicates et toute l'horlogerie de luxe et de précision. Pour éviter les inconvénients qui résultent de l'oxydation du cuivre et de l'altération de l'huile que l'on est obligé d'interposer entre les parties frottantes des montres, les fondateurs de l'établissement de Versailles ont remplacé le laiton par l'alliage de platine et d'argent, inventé par MM. Mention et Wagner; alliage qui, dans son application à l'horlogerie, a, sur le laiton, des avantages bien constatés par l'expérience.

Les résultats déjà obtenus par la fabrique de Versailles, et les espérances qu'elle fait naître, ont déterminé le jury à lui décerner la médaille d'or.

RAPPEL DE MÉDAILLE D'ARGENT.

MM. Vincenti et cie, à Montbéliard (Doubs).

MM. Vincenti et compagnie ont envoyé, à l'exposition, des échantillons des blancs de pendules qui se fabriquent avec des machines dans l'établissement qu'ils ont fondé à Montbéliard, il y a quelques années. Ces produits, qui donnent lieu à un commerce étendu, ont déjà valu à M. Vincenti une médaille d'argent que le jury lui rappelle cette année.

MÉDAILLE D'ARGENT.

MM. Galleran et Letourneau, à Trun (Orne).

Le jury est heureux d'avoir à signaler les efforts faits par MM. Galleran et Letourneau dans l'établissement qu'ils ont fondé à Trun pour fabriquer économiquement des montres d'horlogerie fine pour lesquelles nous sommes tributaires de la Suisse. Cet établissement est tout à la fois une fabrique et une école d'horlogerie où se forment de bons ouvriers qui, sous la direction spéciale de M. Letourneau, exécutent les boîtes, les cadrans en émail, les trous en rubis, les échappements à cylindre, les rouages, les blancs, en un mot toutes les parties d'une montre. Les fondateurs ont commencé avec des ressources médiocres; ils ont été obligés de tout créer, et, cependant, au bout de trois ans, ils comptent trente ouvriers; ils confectionnent entièrement de bonnes montres en or, à des prix qui leur permettront de lutter avec la fabrication de Genève. Plusieurs de ces montres, déposées à l'observatoire, ont présenté une marche très-satisfaisante. Lorsqu'on remarque que la fabrique de Trun n'emploie pas un seul ouvrier étranger au pays, qu'elle n'a point eu à engager, dès son début et avant de livrer ses produits au commerce, des capitaux considérables, on ne peut que bien espérer de son avenir. C'est une de ces entreprises dans lesquelles on aime à trouver, avec l'habileté industrielle, un vif sentiment de patriotisme.

Le jury décerne, comme une juste récompense de résultats bien acquis et dont l'importance ne peut que s'accroître, une médaille d'argent à MM. Galleran et Letourneau.

RAPPEL DE MÉDAILLE DE BRONZE.

MM. Huard frères, à Versailles (Seine-et-Oise).

Le jury rappelle à MM. Huard frères la médaille de bronze pour les blancs de montres et de chronomètres qu'ils confectionnent avec des machines, et qu'ils livrent ensuite au commerce. Ils ont encore exposé quelques pièces en cuivre qui sont bien taillées, et une tige de pendule compensateur formée de trois cylindres de cuivre et de zinc qui entrent l'un dans l'autre.

MÉDAILLE DE BRONZE.

M. Brisbart–Gobert, à Paris, quai Pelletier, 12.

La rotation d'un axe peut être arrêtée à l'aide d'un ressort en hélice enroulé sur cet axe ; elle demeure libre dans un sens, et devient impossible dans l'autre. C'est d'après ce principe dont il existe une application, sinon semblable, du moins analogue, dans une machine de **M. Perrot**, que **M. Brisbart-Gobert** fabrique à la mécanique, et à très-bon marché, des clefs à la Bréguet, qui sont devenues l'objet d'un commerce assez étendu.

Le jury accorde la médaille de bronze à cet horloger.

MENTIONS HONORABLES.

M. Cailly, à Saint-Nicolas-d'Aliermont ;

M. Boromé-Delepine, à Saint-Nicolas-d'Aliermont ;

M. Douillon, à Saint-Nicolas-d'Aliermont,

Pour les mouvements de bonne fabrication qu'ils ont présentés.

MM. Bouthey, **Valengin** et **Rith**, à Morteau (Doubs),

Pour les produits de l'École d'horlogerie qu'ils dirigent.

M. Jandraud, à Paris, rue de Bretagne, 4,

Pour les clefs de montre à rochet en acier qu'il fabrique bien et à très-bon marché.

SECTION II.

M. Savary, rapporteur.

§ 1er. DYNAMOMÈTRES, GRANDES BALANCES ET MESURES DE CAPACITÉ.

Dynamomètres.

MÉDAILLE D'OR.

M. MORIN, à Paris, rue de l'Arcade, 9.

A mesure que l'industrie a perfectionné les machines, on a ressenti de plus en plus vivement la nécessité de soumettre leurs effets à des évaluations rigoureuses. Deux sortes d'appareils, dans des circonstances essentiellement différentes, fournissent aujourd'hui ces évaluations.

S'agit-il d'installer ces puissants mécanismes, qui conduisent, par une impulsion unique et comme par une seule main, des usines entières, c'est l'admirable instrument auquel M. de Prony a donné son nom, c'est le frein qui devra présider aux transactions commerciales, attester les améliorations obtenues, signaler les progrès à venir.

S'agit-il de mesurer, sans l'interrompre, le travail d'une machine qui fonctionne, d'étudier l'action d'un moteur, la loi d'une résistance, sans isoler l'un de l'autre la résistance et le moteur, c'est aux dynamomètres que l'on demandera de résoudre ces questions.

Il n'appartient point au jury de rechercher, dans un *indicateur* de Watt, dans un mécanisme d'Eytelwein, l'origine des dynamomètres nouveaux ; de dire pour quelle part d'invention M. Poncelet, M. Coriolis, M. Morin ont contribué à la disposition de ces appareils.

Mais il est juste de reconnaître qu'en combinant avec ses propres idées celles des ingénieurs habiles que nous venons de citer, M. Morin a transporté dans le domaine de l'application, d'une application journalière, les appareils dynamométriques.

Il est juste d'ajouter que, par de longues séries d'expériences, M. Morin a, le premier, réalisé tout le parti que l'on pouvait attendre de ces mécanismes ingénieux.

M. Morin expose trois dynamomètres différents.

Dans tous les trois, l'effort qu'exerce le moteur est mesuré par la flexion proportionnelle de deux lames d'acier à courbures contraires, telles que M. Poncelet les a proposées.

Dans le premier des trois appareils, dans le dynamomètre *traceur*, la flexion des lames marque à chaque instant son empreinte par la *trace* d'un pinceau ou style sur une bande de papier qui se meut uniformément en passant d'un cylindre sur un autre. Le second cylindre, celui qui entraîne la feuille de papier, reçoit son mouvement de rotation soit de quelqu'une des pièces de la machine soumise à l'expérience, comme dans l'application au tirage des voitures, soit d'un mécanisme d'horlogerie, comme dans la question du halage des bateaux. Dans les deux cas, M. Morin emploie une fusée pour maintenir uniforme le transport de la bande de papier.

Un second dynamomètre, que l'on appelle *compteur*, a pour but d'enregistrer, par le mouvement de plusieurs aiguilles, le nombre de révolutions d'une roulette qui s'appuie sur un plateau tournant, et s'écarte plus ou moins du centre de ce plateau, suivant que le ressort est plus ou moins tendu sous l'action du moteur.

Le nombre de tours de la roulette totalise directement,

et pour de longs intervalles, les quantités de travail que le dynamomètre traceur permet seulement d'évaluer par portions et pour de moindres durées.

Le troisième appareil de M. Morin diffère peu de celui qu'il a employé déjà pour mesurer les frottements des axes de rotation. Fondé sur les mêmes principes que les dynamomètres précédents, il s'appliquera aux arbres tournants des machines fixes. On appréciera, sans doute, l'avantage de pouvoir ainsi mesurer avec certitude le travail qu'une machine donnée développe dans telle ou telle partie d'un grand atelier ; cet avantage évitera bien des contestations dans les usines, où on loue de la force à des industries secondaires.

Le jury, prenant en considération non-seulement les appareils dynamométriques de M. Morin, mais les résultats éminemment utiles qu'il en a déduits par de longs et pénibles travaux, décerne à cet officier la médaille d'or.

MÉDAILLES D'ARGENT.

MM. Martin et Reymondon, à Paris, rue Saint-Denis, 3oo.

M. Martin a présenté un dynamomètre pour voitures, charrues, etc., dont plusieurs dispositions lui appartiennent, et qu'il a lui-même exécuté.

Ce dynamomètre est à la fois traceur et compteur. La bande de papier dans la première partie de l'appareil, le plateau tournant dans la seconde, reçoivent leur mouvement d'un mécanisme d'horlogerie ; c'est-à-dire que, dans tous les cas, ce que l'on obtient directement, ce sont les efforts, leur somme totale, ou leur valeur moyenne pour un temps donné. Si le déplacement du moteur est uniforme, on aura bien ainsi la quantité de travail réellement développée, le résultat qu'il importe, avant tout, de connaître; mais si le moteur marche irrégulièrement, s'il est plus ou moins retardé par des obstacles, le dynamomètre compteur, en indiquant l'effort moyen par rapport au temps, n'indique qu'un résultat d'un intérêt secondaire, duquel la somme de travail correspondante ne peut plus se déduire: cette somme, il est vrai, pourrait encore être obtenue alors, à l'aide du dynamomètre traceur, si l'on ajoutait, ce qui est facile, l'indication des portions d'espace parcourues à chaque instant, des tours de roue par exemple, par des points isolés marqués à la fin de chaque tour entier, sur la bande de papier mobile; mais il est préférable, toutes les fois que cela est possible, d'obtenir directement la quantité de travail, en faisant diriger par la machine elle-même le mouvement de la bande de papier et celui du plateau tournant.

Cela est préférable encore en ce sens qu'alors la force ne manquera jamais à ces fonctions : or elles ne laissent pas d'en exiger, surtout dans l'appareil de M. Martin, où les empreintes se font, non plus par l'extrémité flexible d'un pinceau, mais par une pointe sèche qui presse le papier blanc sur un papier à calque formant une sorte de doublure; dans cet appareil, où la bande de papier est entraînée, non plus par le cylindre sur lequel elle s'enroule, mais par deux rouleaux entre lesquels elle passe comme dans un laminoir.

En laissant de côté la question de force nécessaire, l'emploi des deux rouleaux, pour rendre uniforme le transport du papier, a des avantages sur l'emploi de la fusée pour le même objet. La fusée exige que le papier ait une longueur donnée, une épaisseur constante; qu'il soit également pressé, sans plis. Toutes ces conditions peuvent se réaliser avec une exactitude suffisante; mais, avec les rouleaux, on en devient indépendant : il resterait à savoir si, dans la pratique, il n'y aura pas à côté de cet avantage un inconvénient; si le parallélisme, dans le mouvement de la bande de papier, se maintiendra aussi bien que l'uniformité de ce mouvement.

Les efforts, dans le dynamomètre de M. Martin, sont mesurés par les doubles lames élastiques de M. Poncelet. Ce qui appartient ici à l'artiste, c'est que les deux lames sont alternativement, l'une retenue par un point fixe, l'autre tirée par le moteur, suivant que l'action de ce moteur s'exerce dans un sens ou dans le sens contraire. Cette disposition a pour objet spécial de rendre l'instrument propre à mesurer, quand il s'agit de moteurs animés, leur effet pendant le recul ou pendant qu'ils résistent, aussi bien que lorsqu'ils traînent en avançant.

Dans la portion du mécanisme relative au dynamomètre compteur, on doit signaler une disposition ingénieuse qui enregistre à part les effets du recul et ceux de la marche directe. Mais, il faut le dire, ces effets de recul sont peu importants à constater.

Quant au mouvement d'horlogerie, c'est un véritable mouvement chronométrique, réglé par un échappement à force constante. Un ressort additionnel s'arme à chaque levée, se règle par la résistance d'un petit volant, et rend uniforme, pendant chaque oscillation du balancier, le mouvement du plateau C'est un genre d'effet connu, qui se trouve, par exemple, dans l'équatorial de M. Gambey.

En résumé, l'appareil de M. Martin est plein de détails

bien entendus, d'une parfaite exécution. Sans approuver toujours le choix des difficultés, on voit avec un vif intérêt l'ingénieuse persévérance que l'artiste a mise à les vaincre.

M. Martin expose, en outre, un tour à fileter d'une disposition simple et solide, avec lequel on peut obtenir, à l'aide d'un burin, un pas de vis quelconque, à partir des plus faibles inclinaisons.

Le jury décerne à M. Martin, pour l'ensemble des instruments qu'il a exécutés, une médaille d'argent.

M. J. WAGNER, neveu, à Paris, rue Montmartre, 118.

White a donné un moyen très-ingénieux de mesurer l'effort exercé sur un arbre tournant. Ce moyen consiste à transmettre, par un double engrenage conique, l'action motrice de la partie de l'arbre menée directement, à la partie qui entraîne la résistance. Cet engrenage a, en même temps, pour effet, d'incliner une tringle qui porte à son extrémité inférieure un poids, jusqu'à ce que ce poids fasse équilibre au moteur.

M. Wagner a combiné cette idée avec le mouvement continu d'un papier pour obtenir la quantité de travail développée.

La tige, qui s'incline, fait avancer, d'une quantité proportionnelle à l'effort moteur, un style qui marque son empreinte sur un cylindre tournant, recouvert de papier, et conduit par la machine. On a donc ainsi la force et l'espace, les éléments du travail.

Le poids soulevé joue le rôle du ressort interposé dans les dynamomètres précédents.

Cette disposition est très-susceptible d'applications utiles.

M. Wagner, qui n'a exposé qu'un modèle, reçoit pour l'ensemble de ses travaux, comme horloger, une médaille d'argent.

Grandes balances.

RAPPEL DE MÉDAILLE D'ARGENT.

MM. Rollé et Schwilgué, à Graffenstadten (Bas-Rhin).

MM. Rollé et Schwilgué ont obtenu, en 1827 et en 1834, une médaille d'argent pour l'ensemble de leur exposition ; ils reproduisent, cette année, les mêmes objets, parmi lesquels on remarque leurs balances-bascules, système de Quintenz, dont l'exécution est excellente, et dont l'emploi est devenu si commun dans l'industrie.

La fabrication de MM. Rollé et Schwilgué mérite le rappel de la médaille d'argent qui lui a été déjà deux fois décernée.

MÉDAILLE DE BRONZE.

M. Sagnier, à Montpellier (Hérault).

M. Sagnier est cessionnaire du brevet de M. Parel pour la construction de balances-bascules romaines ; il expose aussi de petites romaines oscillantes à double crochet : elles sont très-exactes. M. Sagnier occupe un grand nombre d'ouvriers ; ses produits sont répandus dans tout le midi de la France.

Un rapport favorable a été fait, il y a dix ans, à l'Institut, sur les balances-bascules de M. Sagnier ; elles paraissent cependant cette année, à l'exposition, pour la première fois, perfectionnées en quelques points.

Dans la balance de Quintenz, deux tiges attachées au même bras du fléau supportent l'une directement, l'autre par l'intermédiaire d'un triangle armé de deux couteaux, les deux extrémités du tablier. Dans la balance de M. Sagnier, dont le système est celui des ponts à bascule, une seule tige suspendue au fléau élève ou abaisse à la fois, par un mécanisme articulé, les quatre couteaux sur lesquels repose le tablier en forme de rectangle. La multiplicité des articulations est plutôt une garantie de durée qu'une cause d'altération. Par là les tiraillements se trouvent répartis et atténués. Des épreuves qui vont se faire dans plusieurs de nos ports achèveront, au reste, de faire connaître, ce qui, selon nous, n'est pas douteux, si la balance de M. Sagnier conserve longtemps toute sa sensibilité.

La tare se fait à l'aide d'un poids *régulateur* qui s'avance à vis le long du petit bras du fléau. Cette tare établie une fois par l'acheteur lui-même, le poids se fixe par une vis de pression, et il serait alors difficile de le déplacer sans être aperçu. Ce moyen ne semble donc pas se prêter à la fraude. Il serait bon, toutefois, que le poids ne pût éprouver que de très-petits déplacements, dans les limites des altérations accidentelles de la balance, de même qu'on ne tolère, dans les balances de Quintenz, qu'une tare très-faible en poids additionnels.

Quant à l'emploi du système de la romaine oscillante et des poids constants substitués au plateau fixe et aux poids variables, M. Sagnier a rendu plus précise, à l'aide d'une petite chape glissant à frottement et qui soutient le poids curseur sur un couteau, la détermination de la distance de ce poids au centre de suspension.

Le grand bras de la romaine porte à son extrémité un étrier qui ne peut pas s'enlever. Sur cet étrier se placent des poids constants pour les fortes pesées, puis on achève d'établir l'équilibre à l'aide du poids curseur. Ce mode de pesage est certainement d'un emploi très-facile.

Le jury décerne, cette année, aux balances de M. Sagnier, une médaille de bronze.

MENTION HONORABLE.

M. ZIMMER, à Paris, rue Pierre-Levée, 10 *bis*.

M. Zimmer expose des balances-bascules du système de Quintenz; la seule modification essentielle qu'il apporte consiste en ce que le couteau de suspension du fléau, au lieu de reposer sur un coussinet fixe, est supporté par une chape mobile elle-même sur un autre couteau. M. Zimmer a pensé remédier par là aux erreurs qui résultent de la non-horizontalité du plan sur lequel la balance est placée; mais cette rectification n'est obtenue qu'en partie. En inclinant le plan inférieur, on altère les relations qui doivent exister entre les tringles de suspension et le triangle qui soutient le tablier; il faut toujours que la balance, pour être parfaitement juste, repose sur un plan de niveau. Toutefois, comme alors la balance de M. Zimmer, d'ailleurs bien construite, se trouve dans de bonnes conditions, le jury accorde à ce fabricant une mention honorable.

CITATIONS.

M. JUNOT, à Paris, rue Ménilmontant, 94.

M. Junot a exposé un pont-bascule d'une construction

solide; la disposition, du reste, n'offre rien de nouveau. M. Junot exécute aussi des balances, système Quintenz, entiérement en fonte et tôle; dans quelques-unes, il place le centre du mouvement entre les deux tringles de suspension.

Le jury accorde à M. Junot une citation honorable.

Mesures de capacité.

M. Frèche, à Paris, rue des Récollets, 12.

M. Frèche expose un assortiment de mesures de capacité en tôle vernie, recouvertes extérieurement en noyer. Ces mesures, solides et à bon marché, peuvent être étalonnées avec beaucoup de précision.

Le jury accorde une citation à M. Frèche.

---

§ 2. BALANCES DE PRÉCISION ET INSTRUMENTS DE PHYSIQUE DIVERS.

MÉDAILLES D'ARGENT.

M. Ernst, à Paris, rue de Lille, 11.

Tous les ouvrages de M. Ernst se font remarquer par une excellente exécution.

Il expose une balance dans laquelle, en donnant au fléau la forme de cônes creux opposés par leur base, il a rendu cette partie de l'appareil capable d'une grande résistance sans diminuer sa légèreté. Il a pu étendre ainsi les limites des poids auxquels sa balance est applicable.

M. Ernst présente encore une machine pneumatique

de la plus grande dimension, remarquable en ce qu'il substitue aux soupapes d'épuisement un système de robinets. Il résulte de là que l'air intérieur très-dilaté n'a plus à soulever, pour s'introduire dans le corps de pompe, le poids des petites soupapes. Cette machine n'a point encore reçu, en devenant usuelle, l'épreuve d'une longue expérience.

Enfin M. Ernst expose pour la première fois un instrument bien connu dont l'invention lui est commune avec M. Oppikoffer, auquel cependant paraît appartenir l'idée principale. Cet instrument, nommé *planimètre*, et basé sur le roulement d'une surface conique, a pour objet l'évaluation des portions de surfaces planes terminées par des lignes droites ou courbes. C'est, sans aucun doute, de tous les instruments imaginés dans ce but, le plus ingénieux et le plus exact; l'exécution ne laisse rien à désirer. Ces différents instruments, le dernier surtout, ont valu à l'auteur de partager, en 1836, un second prix de mécanique à l'Académie des sciences.

L'exposition de M. Ernst renferme aussi des baromètres où les différents systèmes connus sont modifiés et combinés d'une manière nouvelle.

M. Ernst est un artiste très-habile; sa fabrication n'a pas encore une grande étendue.

Le jury lui décerne, pour l'invention comme pour le travail de main, une médaille d'argent.

M. DELEUIL, à Paris, rue Dauphine, 22 et 24.

M. Deleuil a exposé une grande balance de précision; elle permet de comparer des poids beaucoup plus considérables que ceux dont les appareils du même genre construits jusqu'ici peuvent être chargés. Les deux plateaux portant chacun un poids de 5 kil., l'addition d'un milligramme dans l'un des plateaux a été parfaitement appréciable. M. Deleuil avait besoin d'une grande stabilité; une forte table en fonte soutient sa balance; il a remplacé, avec raison, par un plan unique, les deux plans d'agate sur lesquels vient s'appuyer ordinairement le couteau principal, quand l'instrument est en expérience; par là disparaît la difficulté d'ajustement de ces plans. Cette balance, qui rentre dans la classe des appareils par lesquels un artiste cherche à se faire remarquer plutôt que dans la classe des appareils d'un usage ordinaire, pourrait trouver une application utile dans la comparaison de quelques étalons. Mais M. Deleuil expose aussi des balances de précision telles que les emploient ordinairement les physiciens et les chimistes; leur exactitude a été bien éprouvée.

M. Deleuil a donné à sa fabrication d'instruments de physique une grande activité. Dans ce genre d'appareils et dans les limites de fini que nécessite leur usage, limites qu'il ne faut pas dépasser pour ne point élever inutilement les prix, M. Deleuil expose des machines pneumatiques où l'on remarque une disposition de robinets servant à passer facilement du double épuisement à l'épuisement simple introduit par M. Babinet. Cette disposition se trouve aussi dans les machines d'un autre exposant, M. Breton.

M. Deleuil présente également des microscopes simples ou composés. C'est principalement vers les appareils le plus communément utiles qu'il dirige sa fabrication.

Enfin M. Deleuil construit et il expose le grand appareil par lequel M. Thilorier a réalisé l'admirable expérience de la solidification de l'acide carbonique.

Le jury décerne à M. Deleuil, comme récompense de ses efforts, la médaille d'argent.

MÉDAILLE DE BRONZE.

M. Lecomte, à Paris, rue des Fossés-Saint-Jacques, 12.

M. Lecomte, formé à l'école du grand artiste Fortin, exécute très-habilement, et à des prix peu élevés, des balances d'essai dont la précision et la durée sont bien connues. Un grand nombre se trouve dans les laboratoires de Paris : c'est pour M. Lecomte une fabrication toute spéciale.

Le jury accorde à M. Lecomte une médaille de bronze.

MENTIONS HONORABLES.

M. Breton, à Paris, rue Servandoni, 4.

M. Breton expose une balance d'une bonne exécution, éprouvée déjà dans la pratique par d'habiles chimistes.

Sa machine pneumatique présente l'addition, qu'il a introduite depuis plusieurs années, d'un robinet réunissant très-simplement les fonctions ordinaires de la machine à celles de l'épuisement simple.

On sait combien les index des thermomètres de Bellani à maximum et minimum sont sujets à se déranger. M. Breton place ses index en dehors du tube, où se meut la colonne de mercure qui recouvre l'acool. Les index marchent le long d'un fil métallique tendu verticalement, l'un dans un sens, l'autre dans le sens contraire, conduits par une petite fourchette que le mercure soulève ou laisse retomber. Chacun d'eux ne peut être entraîné que dans une seule direction. C'est un instrument nouveau ; les frottements et l'altération du mercure au contact de l'air semblent devoir offrir de graves inconvénients.

M. Breton expose encore une petite pile à spirales dans laquelle il a simplifié la disposition des communicateurs.

Le jury accorde à M. Breton, pour l'ensemble, de ses produits, une mention honorable.

M. Billant, à Paris, rue Saint-Jacques, 30.

Cet artiste ingénieux a exposé une des ces petites machines électro-magnétiques à rotation qui agissent, comme on le sait, avec tant d'énergie sur le corps humain; M. Billant a perfectionné, en plusieurs points, le modèle anglais de Clarke. Ses aimants ont une grande énergie. L'ajustement et l'exécution d'un mécanisme délicat montrent assez ce que M. Billant est capable de faire.

Le jury lui décerne une mention honorable.

M. Desbordes, à Paris, rue Ménilmontant, 3.

M. Desbordes expose des produits variés à des prix très-peu élevés; des modèles de machines à vapeur oscillantes, de presses hydrauliques; des manomètres en usage dans beaucoup d'usines; des instruments pour la levée des plans disposés de manière à se renfermer dans un petit volume; des appareils de physique, entre autres des machines pneumatiques à très-bas prix, enfin des compas.

Le jury lui accorde une mention honorable.

M. Chemin, à Paris, rue de la Ferronnerie, 4.

M. Chemin présente des balances de précision pour de petits poids, mais à des prix élevés.

On remarque aussi, dans son exposition, une balance romaine destinée à évaluer le poids d'un volume donné de grain. Une trémie laisse tomber le grain régulièrement de manière à ce qu'il se tasse avec uniformité dans le vase où on le pèse. Cette disposition apppartient à M. Busche.

Le jury accorde à M. Chemin une mention honorable.

CITATIONS FAVORABLES.

M. LOISEAU à Paris, rue Michel-le-Comte, 31.

Le jury accorde une citation à M. Loiseau pour divers instruments de physique, des machines pneumatiques, une sirène, etc.]

M. BIET, à Paris, passage du Grand-Cerf, 7 et 47.

M. Biet a présenté des modèles de pompes ordinaires; des machines pneumatiques : dans l'une d'elles, il place les deux corps de .pompe l'un au-dessus de l'autre pour lier les deux pistons par une même tige que conduit un va-et-vient. Cette disposition ne semble pas devoir être préférée à la disposition commune.

Citation honorable.

M. BOURBOUZE, à Paris, rue de la Harpe, 91.

Pile de Neef; thermomètre métallique.
Citation honorable.

---

§ 3. BAROMÈTRES, THERMOMÈTRES, INSTRUMENTS DIVISÉS SUR VERRE, ARÉOMÈTRES.

RAPPELS DE MÉDAILLES D'ARGENT.

M. BUNTEN, à Paris, quai Pelletier, 3o.

Toutes les personnes qui s'occupent d'observations météorologiques connaissent le baromètre portatif à siphon de M. Bunten. Il n'est pas parti, de France, une seule expédition scientifique qui ne se soit munie de plusieurs de ces instruments aussi légers qu'exacts.

M. Bunten a encore apporté des perfectionnements au baromètre à cuvette ordinaire, et récemment il a imaginé un nouveau baromètre à cuvette presque aussi léger que le baromètre à siphon. Le tube barométrique, dans cette nouvelle disposition, se termine, à sa partie inférieure, par une pointe effilée à la lampe, et un trou capillaire. Sur le même tube, un peu plus haut, est ajustée une virole d'acier portant la pointe d'ivoire; cette virole se visse à la garniture, également en acier, d'un cylindre de verre plus large formant cuvette, et à moitié rempli de mercure, dans lequel le tube barométrique vient plonger. La cuvette peut donc se séparer entièrement de la branche où se fait le vide; on la nettoie, on renouvelle le mercure, sans que l'air puisse rentrer dans le tube barométrique.

Veut-on disposer l'instrument pour une observation, il suffit de dévisser la cuvette jusqu'à ce que la pointe d'ivoire affleure le mercure.

La division tracée sur le verre même est très-nette, et porte un vernier curseur, glissant à frottement.

Indépendamment de l'usage facile de cet instrument,

propre aux observations les plus exactes, le bas prix auquel M. Bunten peut le livrer est remarquable.

M. Bunten a construit, pour l'expédition au pôle-nord, un sympiézomètre, des thermomètres à maximum et à minimum semblables à ceux qu'il expose.

Un simple ajustement qui fixe moins l'attention que des instruments entiers, mais qui a bien son utilité, particulièrement dans la construction des manomètres, est celui par lequel M. Bunten attache un tube de verre à un tuyau de plomb, de manière à leur permettre encore de tourner l'un dans l'autre sans donner passage à l'air. Il suffit, pour cela, de pratiquer à la lampe un étranglement près de l'extrémité du tube, et, après l'avoir garni d'un peu de craie huilée, de serrer tout autour avec une pince le bout du tuyau de plomb.

Le jury rappelle à M. Bunten la médaille d'argent qui lui a été decernée en 1834; il s'est acquis de nouveaux titres à cette distinction.

M. Colardeau-Duheaume, à Paris, rue du Faubourg-Saint-Martin, 56.

M. Colardeau-Duheaume est bien connu pour l'exactitude de ses thermomètres, de ses baromètres, de ses aréomètres; il expose, cette année, une petite balance simple, légère et pourtant solide. Un losange de fils tendus donne de la résistance au fléau; un poids curseur sert aux pesées; des règles parallactiques permettent de vérifier, avec beaucoup de précision, l'horizontalité de l'axe, et la distance du petit poids au centre de suspension.

Le jury vote à M. Colardeau-Duheaume, pour l'ensemble de sa fabrication, le rappel de la médaille d'argent qu'il a obtenue en 1834.

MENTION HONORABLE.

M. Bodeur, à Paris, place Dauphine, 2 et 4.

M. Bodeur exécute, avec beaucoup d'habileté, tous les ouvrages qui se font à la lampe d'émailleur.

Il a présenté, pour remplacer le baromètre ordinaire, deux instruments qu'il nomme barothermomètres. Le premier est un thermomètre à air, dont le tube est plié en cercle. L'appareil mobile sur un axe horizontal tourne de manière à ce que l'index de mercure occupe toujours la partie la plus basse de la circonférence du tube. La différence entre les indications de ce thermomètre, réglé pour une pression constante, et celles d'un thermomètre ordinaire à mercure que porte le pied, fait connaître la pression barométrique, toutefois avec une correction de calcul, qu'on atténue en donnant un grand volume à la boule ; mais cela suppose que les deux thermomètres ont bien la même température. Le frottement sur l'axe, le frottement de l'index dans le tube, un défaut d'équilibre, sont autant de causes d'inexactitude dans cet instrument, d'ailleurs ingénieusement disposé, et dont les divisions peuvent être grandes, mais qui doit être soumis à de faciles altérations.

L'autre instrument de M. Bodeur, également fondé sur la différence entre deux indications thermométriques, est un véritable manomètre. La petitesse de la boule où le gaz est contenu nécessite une correction de calcul que ne donne pas l'échelle. La sensibilité est moindre que celle du baromètre ordinaire, et l'adhérence du mercure dans le tube doit rendre les résultats incertains. Toutefois, à cause de sa légèreté, et entre les mains de personnes qui sauront en discuter les erreurs, cet instrument peut recevoir quelques applications.

Le jury accorde une mention honorable à M. Bodeur.

CITATIONS FAVORABLES.

M. LEROY, à Paris, rue des Fossés-Saint-Germain-l'Auxerrois, 29.

M. Leroy mérite une citation favorable pour ses aréomètres.

M. DINOCOURT, à Paris, rue du Petit-Pont, 25.

Le jury accorde une citation favorable à M. Dinocourt pour ses aréomètres, et particulièrement pour ses divisions tracées en émail opaque et en or.

M. DANGER, à Paris, rue Saint-Jacques, 248.

Citation favorable pour ses divisions sur verre.

M. HUETTE, à Paris, quai de l'Horloge, 75.

M. Huette expose des baromètres marins, pour lesquels le jury lui accorde une citation favorable.

Lunettes astronomiques, terrestres, microscopes, etc.

§ 4. OPTIQUE.

RAPPELS DE MÉDAILLES D'OR.

MM. Lerebours père et fils, à Paris, place du Pont-Neuf.

C'est une industrie pleine de dévouement que celle de nos grands opticiens. On ne sait pas généralement par combien d'essais souvent infructueux il leur faut passer pour conduire au degré de perfection qu'eux-mêmes nous ont donné le droit d'exiger ces larges objectifs désormais indispensables à tout observatoire national jaloux de se maintenir au niveau des connaissances acquises.

Aussi, bien que l'exposition de 1839 ne présente pas, en objets complétement terminés, des résultats égaux à ceux des expositions précédentes, le jury croit devoir donner de hautes marques d'estime aux artistes qui, comme MM. Lerebours, n'ont pas un instant discontinué leurs efforts, et nous ont mis à même d'en apprécier encore une fois le succès.

MM. Lerebours exposent des objectifs de 4, 6, 9, 10 et 12 pouces; le dernier, le plus grand, n'est pas encore assez travaillé pour qu'on puisse le soumettre à des épreuves délicates; celui de 9 pouces l'est suffisamment pour que, dans une position défavorable de Saturne, peu élevé sur l'horizon, et par un ciel médiocrement beau, nous ayons pu distinguer trois satellites très-petits, et suivre le double anneau très-près de la planète. Le champ ne présente point de traces de ces lueurs blanchâtres qui dépendent de la matière elle-même; les images n'ont peut-être pas encore toute la netteté désirable, et ne sont pas entièrement exemptes de couleurs, même lorsqu'on rétrécit un peu l'ouverture de l'objectif; mais ce sont là des défauts qui tiennent aux courbures et qu'un dernier travail achèvera de faire disparaître.

Des deux objectifs de 6 pouces, il y en a un qui, dès à présent, avec son ouverture entière, a donné de très-bons effets, des effets supérieurs à ceux d'une lunette de même dimension appartenant actuellement à l'observatoire: il peut être regardé comme excellent.

Il est juste de mentionner ici un objectif de MM. Lerebours, qui a déjà figuré dans une exposition précédente. Cet objectif a 12 pouces de diamètre; mais la lumière, venant des bords, altérait la pureté des images. Quelle que fût la cause de cette altération, après avoir essayé, par de dispendieux travaux, de la faire disparaître, M. Lerebours a tranché la question en réduisant à 10 pouces 1/4 d'ouverture son objectif, qui maintenant offre, sous de très-forts grossissements, des images d'une remarquable netteté, sans nuages dans le reste du champ.

Il y a quelque courage à avoir pris ce parti; car, avec son ouverture entière de 12 pouces, cette lunette, sauf une lueur étrangère distincte de l'image, était peut-être, quant aux contours des objets, la plus nette qui ait été présentée à l'observatoire.

Au reste, maintenant que les deux espèces de verre qui composent un objectif peuvent être obtenues par M. Guinand avec certitude de succès, un grand obstacle à la perfection des lunettes se trouve levé: c'est aux procédés, pour le travail des surfaces, à se perfectionner à leur tour. Sans doute, pour donner le dernier poli aux verres sans altérer les courbures, il faudra revenir à d'anciens mécanismes d'origine française, transportés et appliqués plus tard à l'étranger. En le disant, nous savons que nos artistes sentent mieux que personne cette nécessité, et sont tout disposés à entrer dans cette voie.

MM. Lerebours exposent encore un pied de grande lunette où un système d'engrenages remplace les chaines et les contre-poids ordinaires ; des pieds parallactiques, enfin divers appareils de physique, entre autres des microscopes d'un prix peu élevé et d'une grande perfection.

Le jury décerne à MM. Lerebours père et fils le rappel de la médaille d'or qu'ils ont tant de fois obtenue, et qu'ils n'ont pas cessé de mériter.

M. Rossin, à Paris, rue du Bac, 1.

M. Rossin succède à M. Cauchoix, à l'un des opticiens français auxquels l'Angleterre et l'Amérique sont venues demander la plupart des grandes lunettes qui ornent leurs observatoires. M. Rossin, en exposant deux objectifs, l'un de 13, l'autre de 12 pouces, annonce assez l'intention de soutenir l'héritage qu'il a recueilli. Nous regrettons que le travail de ces grands verres ne soit point assez avancé pour qu'il ait été possible de savoir, au moins par quelques essais, quelles espérances on peut en concevoir.

M. Rossin a présenté, entre autres objets d'une moindre importance, une lunette dialytique de 4 pouces d'ouverture. On sait que la disposition de ces lunettes a pour objet de réduire à de petites dimensions un des deux verres qui composent l'objectif, par conséquent de réduire, dans une proportion semblable, le prix élevé des grands instruments. Ce serait une conquête sur une industrie étrangère. M. Plössl, de Vienne, est en possession de construire, avec beaucoup de succès, ce genre de lunettes. Malheureusement le travail de **M.** Rossin n'est pas terminé.

Dans de plus petites dimensions, **M.** Rossin a exécuté et livré de très-bonnes lunettes dialytiques, où il emploie au lieu de flint, comme compensation d'achromatisme, une lentille de cristal de roche. Cela est ici d'autant plus applicable que les dimensions de cette dernière lentille sont moindres dans le système dont il est question.

Le jury accorde à **M.** Rossin le rappel de la médaille d'or.

M. Ch. Chevalier, à Paris, rue Neuve-des-Bons-Enfants, 1.

M. Ch. Chevalier reproduit d'abord, exécutés avec la même perfection, les microscopes achromatiques qui lui ont mérité, en 1834, la plus haute distinction; il les reproduit, de différentes grandeurs, avec tous les mouvements, on pourrait dire toutes les transformations qui en rendent l'application facile aux divers genres de recherches, aux états différents des corps soumis à l'observation.

Indépendamment d'un grand nombre d'appareils connus, **M.** Ch. Chevalier présente encore des instruments dont le principe ou l'objet est au moins en partie nouveau. Il en est ainsi d'une lunette micrométrique où le micromètre extérieur à la lunette est tout simplement un cadre de verre dépoli portant un réseau de lignes noires. Ce cadre est fixé perpendiculairement au tuyau dans le voisinage de l'objectif. L'oculaire de la lunette est prismatique, et l'image des objets éloignés, sortant du prisme, traverse, pour arriver à l'œil, une petite ouverture circulaire pratiquée dans un miroir incliné qui réfléchit en même temps, vers l'observateur, les raies tracées sur le cadre de verre. La rétine superpose ainsi les deux images. C'est principalement pour déterminer à la fois la position d'un grand nombre d'objets voisins, que ce genre de micromètre peut être utile ; néanmoins il s'applique aussi à la mesure des grossissements, des distances pour les objets terrestres. Nous préférerions, ce qui revient exactement au même quant à l'effet, que la vision de l'objet éloigné se fît directement à travers la lunette (on facilite ainsi tout au moins la recherche de l'objet), et que les raies du cadre micrométrique que l'on peut éclairer à volonté parvinssent à l'œil par une double réflexion. Il faut ajouter qu'Herschel le père, que Schröter, quand ils dessinaient la carte de la lune, se servaient l'un et l'autre d'un moyen analogue ; le cadre était placé de même, seulement on employait, pour superposer les deux images, les deux yeux à la fois, l'un appliqué à la lunette, l'autre en dehors, dirigé vers les divisions, exactement comme on le fait quand on mesure à l'œil nu des grossissements médiocres.

Un autre essai de M. Ch. Chevalier a plus d'importance : il s'agit d'une lunette, désignée sous le nom de télescope dioptrique, contenant, outre l'objectif ordinaire, un second objectif situé entre le premier et l'oculaire, comme le flint dans les lunettes dialytiques.

On pourrait croire au premier coup d'œil que la lunette de M. Ch. Chevalier est une lunette dialytique, et pourtant il n'en est rien. Dans les lunettes que nous venons de citer, l'objectif extérieur et le verre intermédiaire sont l'un et l'autre simples, destinés à détruire à la fois la coloration et la confusion des images ; on économise de la matière et du travail : dans le système de M. Chevalier on n'économise rien du tout ; l'objectif et le verre intérieur sont l'un et l'autre doubles et achromatiques séparément ; mais on se donne de nouveaux moyens d'arriver à une perfection plus grande : on se donne une indétermination de courbures et de distances dont il est possible de profiter pour obtenir des images plus nettes et plus pures. On perd, il est vrai, quelque chose en clarté; mais, toute compensation faite, il y aura probablement encore avantage, dans certains cas. Des images nettes, quoique affaiblies, se distinguent encore, lorsque des objets plus éclairés, mais confus, échappent à l'œil. La lunette.ne nous a été présentée que comme l'essai d'un principe; toutefois, avec un grossissement de deux cents fois environ, l'effet en a été satisfaisant.

Le jury rappelle à M. Ch. Chevalier la médaille d'or qu'il a obtenue en 1834.

NOUVELLE MÉDAILLE D'ARGENT.

M. Buron, à Paris, rue des Trois-Pavillons, 10.

M. Buron adopte les combinaisons de lentilles ordinairement en usage, dans ses lunettes principalement destinées aux marins; il s'est attaché à leur donner le plus de champ et de lumière qu'il est possible; il joint à chaque objectif une série d'oculaires dont la force croît graduellement; pour chaque oculaire, le champ et le grossissement sont indiqués avec une exactitude que nous avons été à même de vérifier.

Il n'y a, en principe, rien de nouveau; mais tout est bien exécuté. Tout se fabrique chez M. Buron, verres et montures; il emploie de 75 à 80 ouvriers dans ses ateliers, que conduit une machine à vapeur. Plus de la moitié de ses produits s'exporte, et cette branche d'exportation, nous en avons acquis la preuve, déjà considérable, augmente de jour en jour. Une très-grande partie des lunettes qui se vendent comme lunettes anglaises soit en France, soit au dehors, sortent de la fabrique de M. Buron. Un reste de préjugé, qui disparaîtra sans doute quand un plus grand nombre de personnes sauront juger par elles-mêmes la bonté de l'instrument qu'elles achètent, force encore souvent le commerce de détail à frapper d'un cachet étranger des produits nationaux. M. Buron ne prend aucune part à ces moyens d'achalandage, dont il n'a pas besoin pour mériter la confiance.

Le jury décerne à la fabrication de M. Buron, doublement importante par la bonne qualité des objets et la réduction des prix, une nouvelle médaille d'argent.

RAPPEL DE MÉDAILLE D'ARGENT.

M. Vincent Chevalier, à Paris, quai de l'Horloge, 69.

M. Chevalier père est un des premiers qui soient entrés dans la voie du perfectionnement des microscopes; il a continué à les construire avec la même habileté. Tous les instruments d'optique qu'il expose sont bien exécutés.

Le jury lui rappelle de nouveau la médaille d'argent qu'il a obtenue pour la première fois en 1827.

RAPPEL DE MÉDAILLE DE BRONZE.

M. KRUINES, à Paris, quai de l'Horloge, 61 *bis*.

M. Kruines présente des microscopes d'un prix modéré, des chambres claires, des pantographes et quelques instruments de topographie.

Le jury lui rappelle la médaille de bronze qu'il a obtenue en 1834.

MENTIONS HONORABLES.

M. SOLEIL fils, à Paris, rue de l'Odéon, 35.

M. Soleil fils est du nombre des artistes qui construisent avec intelligence, avec précision, et à des prix peu élevés, soit les appareils d'optique nécessaires dans les cours publics, soit les appareils nouveaux qu'exigent les expériences du même genre que les physiciens imaginent et entreprennent sans cesse.

M. Soleil fils rend, sous ce rapport, de grands services à la science; il mérite une mention honorable, qu'il a déjà obtenue en 1834.

M. DELABORNE, à Paris, rue St-Honoré, 272.

M. Delaborne est un physicien habile et instruit; il s'est même fait connaître, il y a longtemps, par la découverte de plusieurs faits nouveaux relatifs au magnétisme et à l'électricité. Il expose, cette année, de très-petites lunettes, remarquables par cette petitesse, mais en même temps remarquables par la netteté des images. M. Delaborne obtient cette netteté par une combinaison de verres différente de celle que l'on emploie ordinairement : chacun des quatre verres de ses oculaires terrestres, pris isolément, est double, se compose, comme l'objectif, d'un crown et d'un flint ; de là résulte une grande indétermination dont on peut se servir avec avantage pour détruire les deux aberrations. Une de ces petites lunettes, d'un centimètre d'ouverture tout au plus, a supporté, sur une longueur d'environ un décimètre et demi, des grossissements d'une quinzaine de fois, sans trop affaiblir, à la distance d'une lieue, les images d'objets qui ne se projetaient pas sur le ciel. Il reste pourtant à désirer dans ces instruments, qui tiennent dans la main, plus de lumière, c'est-à-dire un peu plus d'ouverture ; mais la netteté, qui nous parait toujours la première qualité d'une lunette, est ici remarquable.

Le foyer de l'objectif étant très-court, l'instrument peut s'allonger assez pour montrer agrandis des objets très-voisins, et servir ainsi de microscope.

M. Delaborne a un petit atelier, et il exécute lui-même ses lentilles. Le jury lui accorde une mention honorable.

CITATION.

M. Bourgogne, pour des préparations d'objets microscopiques.

Phares.

A côté des grandes lunettes astronomiques, viennent se placer les grands appareils lenticulaires destinés aux phares :

création moderne d'un de nos plus illustres physiciens, de Fresnel.

RAPPEL DE MÉDAILLE D'ARGENT.

M. FRANÇOIS, gendre et successeur de M. Soleil, à Paris, rue St-Honoré, 156.

M. François a exposé des lentilles à éléments annulaires concentriques, et un petit appareil catadioptrique.

Les lentilles ont paru égales, sinon supérieures à ce que l'établissement de M. Soleil père a produit de mieux en ce genre.

M. François a dû renouveler, dans un meilleur système, toutes les machines usées de l'établissement de son beau-père, et c'est après beaucoup d'efforts et de sacrifices de sa part que l'on a pu résoudre, à Saint-Gobain, le problème du coulage et du recuit des grandes pièces de verre dest.-nées aux éléments d'un phare du premier ordre à feu fixe. A l'exemple de M. Henry, et d'après les observations de M. L. Fresnel, M. François donne à ces éléments une surface annulaire au lieu d'un contour polygonal.

Le jury rappelle à M. François la médaille d'argent accordée depuis plusieurs expositions à M. Soleil père.

MÉDAILLE D'ARGENT D'ENSEMBLE.

M. HENRY, à Paris, rue Saint-Honoré, 247.

M. Henry a exécuté un phare du premier ordre à feu

fixe, à éléments annulaires. Il a, le premier, complétement réussi à l'aide de machines qui lui sont propres ; le succès a tenu particulièrement à l'heureuse idée de tailler le manchon central par huitièmes, au moyen d'un mécanisme très-simple qui exécute deux mouvements circulaires dans des directions rectangulaires entre elles. M. L. Fresnel, qui a bien voulu nous communiquer ces renseignements, a reconnu, par des mesures photométriques, que l'éclat transmis par la surface annulaire, dans tous ses méridiens, est au moins égal à l'*éclat maximum* transmis dans 32 azimuts seulement par les anciens phares polygonaux. Quant à l'effet total, M. Fresnel trouve qu'il est augmenté dans la proportion de 4 à 5, résultat d'une haute importance.

M. Henry serait très-digne, pour ce seul travail, d'une médaille d'argent, qui lui est d'ailleurs décernée pour ses pièces de haute horlogerie, et les notables perfectionnements apportés par lui au mécanisme destiné à élever l'huile aux becs concentriques des lampes de nos phares. M. Fresnel déclare que, sous ce rapport, le mécanisme de M. Henry ne laisse rien à désirer.

---

§ 5. INSTRUMENTS DIVISÉS.

Instruments de géodésie, de topographie, de perspective, etc.

Nous ne pouvons, ainsi qu'en 1834, commencer à parler des instruments divisés sans exprimer le regret de n'avoir point vu figurer à l'exposition quelque ouvrage sorti des mains de notre célèbre artiste, de M. Gambey. Mais, plus heureux qu'en 1834, nous pouvons dire que

M. Gambey termine, en ce moment, pour l'observatoire de Paris, un cercle mural semblable, quant aux dimensions, au cercle de Fortin. Nous pouvons dire que ce grand instrument devait figurer au premier rang parmi les produits de l'industrie française, et personne ne doutera de nos paroles quand nous ajouterons qu'il est digne de la réputation acquise à M. Gambey partout où les sciences comptent quelques amis.

MÉDAILLE D'ARGENT.

M. Brunner, à Paris, rue des Bernardins, 34.

Le cercle répétiteur que M. Brunner a exposé est de tout point un magnifique instrument. Quant à la disposition générale, les poids des différentes parties sont parfaitement équilibrés, leurs mouvements faciles, les axes bien centrés et maintenus solidement. Quant à l'exécution, les arêtes sont vives et franches, les surfaces bien dressées; la division, enfin, que nous avons vérifiée sur plusieurs points du limbe, nous a semblé ne pas offrir d'erreur qui atteignit deux parties du vernier, c'est-à-dire 10 secondes. La lunette supérieure est munie, pour les observations du soleil, d'un oculaire prismatique. A peine regrette-t-on, dans un si bel instrument, que le limbe azimutal ne porte point, comme le limbe supérieur, au lieu d'une alidade, un cercle concentrique à la division, de manière à réunir, à des degrés égaux, les avantages du cercle répétiteur, et ceux du théodolite.

M. Brunner s'est fait une grande et belle machine à diviser; des divisions tracées sur un limbe qui fait partie de la machine même, vues avec un microscope grossissant de vingt-cinq à trente fois, nous ont semblé d'une parfaite régularité.

M. Brunner promet un artiste aussi intelligent qu'habile, connaissant bien les procédés des artistes allemands et capable de perfectionner ce qu'il emprunte à d'autres.

Le jury décerne à M. Brunner, qui expose pour la première fois une médaille d'argent, c'est-à-dire la plus haute récompense après celle qu'il est juste de réserver aux grands ouvrages hors de ligne par les difficultés de leur établissement ou à tout un ensemble de travaux d'une égale perfection.

RAPPELS DE MÉDAILLES D'ARGENT.

MM. Richer frères, à Paris, rue du Harlay, 5, au Marais.

Il n'y a pas une moindre difficulté à diviser la ligne droite que le cercle. Indépendamment des usages ordinaires, il est encore des applications scientifiques qui réclament une division parfaitement précise d'une échelle étendue. De ce nombre sont les observations barométriques, lorsque l'on veut pousser la précision des lectures aux centièmes de millimètre. MM. Richer ont donc résolu un problème important et rendu un véritable service à la science en construisant des vis micrométriques qui leur ont permis de diviser en cinquièmes de millimètre, un peu plus que la longueur du mètre entier. Plusieurs verniers liés entre eux donnent la quatre-vingtième partie des divisions du limbe, c'est-à-dire des quatre centièmes de millimètre. Nous avons vérifié la division en transportant, sur un grand nombre de traits, un système de microscopes maintenus à une distance invariable l'un de l'autre. Les erreurs ne nous ont jamais paru dépasser un deux-centième de millimètre en plus ou en moins, encore n'ont-elles atteint qu'une ou deux fois cette limite. C'est un résultat très-remarquable et digne d'une haute distinction : il est acquis à la science et aux arts.

Les procédés de MM. Richer, pour l'exécution de leurs vis d'acier, ne sont pas connus encore. C'est avec regret que le jury ne décerne, cette année, à ces habiles artistes que le rappel d'une médaille d'argent anciennement obtenue.

M. GAVARD, à Paris, rue du Marché-Saint-Honoré, 4.

M. Gavard a exposé déjà, sous le nom de diagraphe, un instrument destiné à tracer la perspective des objets qui se présentent dans le champ de la vision. Le principe de cet instrument n'est pas nouveau, on le trouve déjà dans des auteurs anciens ; mais M. Gavard lui a donné une nouvelle valeur par l'exécution, et il fallait une exécution délicate pour que la combinaison de mouvements rectangulaires, dans la pièce que la main dirige, ne produisît pas une résistance nuisible.

Cette année, M. Gavard a ajouté à son appareil un perfectionnement notable en l'armant d'une lunette. C'est avec cette addition que le diagraphe a été employé à reproduire l'immense galerie de Versailles.

M. Gavard a remarqué que si l'objet dont on cherche la perspective était placé près de l'œil, entre l'œil et le plan du tableau, la lunette devait se changer en microscope; il s'est trouvé conduit par là à appliquer, avec un succès dont nous avons été témoins, le diagraphe, au dessin en perspective, dans des proportions aussi grandes qu'on le veut, des objets microscopiques. Ainsi transformé, l'instrument pourra, dans un grand nombre de cas, être utile aux naturalistes; il permet, comme la chambre claire, de déterminer des grossissements. Cependant l'emploi de la chambre claire ou du procédé que nous venons de décrire perdra quelque prix toutes les fois que l'admirable invention de M. Daguerre pourra recevoir son application.

Le pantographe de M. Gavard a l'avantage de donner plusieurs réductions à la fois; c'est la disposition géométrique du parallélogramme articulé dans les machines de Watt. Le losange qui, en s'attachant au pantographe, reproduit directement le dessin à l'envers, est une addition utile pour la gravure.

Le jury rappelle pour M. Gavard la médaille d'argent qu'il a obtenue en 1834.

M. Legey, à Paris, rue de Verneuil, 54.

M. Legey expose, cette année, un instrument à réflexion qu'il nomme *dépressiomètre*, parce qu'il le destine à mesurer la dépression de l'horizon à la mer, c'est-à-dire des angles d'environ 180 degrés. Cet instrument est répétiteur; le principe de sa construction est exact. Quant à l'exécution, il n'est présenté qu'à titre d'essai : on connaît, d'ailleurs, le moyen simple par lequel M. Daussy obtient le même résultat.

M. Legey présente encore des cercles à réflexion ordinaires; puis, dans une autre classe d'instruments, des boussoles perfectionnées, dont la monture est légère, quoique solide.

Le jury accorde à M. Legey le rappel de la médaille d'argent.

MÉDAILLES DE BRONZE.

M. Hunzinger, à Paris, place Royale, 9.

L'exposition de M. Hunzinger se compose principalement d'instruments à réflexion dont les prix ne sont pas très-élevés, dont la division est bonne, mais dont on regrette que l'exécution soit moins satisfaisante. M. Hunzinger est un artiste laborieux qui s'est établi une grande machine à diviser; il travaille depuis longtemps, quoiqu'il expose pour la première fois.

Le jury accorde à M. Hunzinger une médaille de bronze.

MM. Bœringer frères, à Paris, boulevard Poissonnière, 18.

MM. Bœringer exposent et fabriquent des instruments destinés aux opérations de planimétrie et de nivellement : des niveaux-cercles de Lenoir, des boussoles, de petits théodolites : l'exécution en est bonne, et c'est ce qui appartient le plus spécialement à l'artiste, dans ce genre d'instruments

dont la disposition est le plus souvent déterminée par l'ingénieur qui doit les employer.

MM. Bœringer ont imaginé et exécuté un petit rapporteur à roulette, indiquant, par une aiguille sur un cadran,
le nombre de degrés parcourus.

Mais nous avons dû remarquer surtout, dans l'exposition
de MM. Bœringer, la première copie qui ait été faite, en
France, du cercle à réflexion et à prismes de M. Steinheil.
C'est un instrument ingénieux et utile, encore peu connu.
Les prismes ne déforment pas les images; le travail de main
est bon et promet d'habiles artistes; la division, à notre
regret, laisse seule à désirer : il n'a manqué à MM. Bœringer que l'outillage, qu'une bonne machine à diviser,
pour la rendre meilleure. Nous ne doutons pas que MM. Bœringer ne se fassent avantageusement connaître.

Le jury leur accorde, cette année, une médaille de bronze.

MENTIONS HONORABLES.

M. Neuber, à Paris, rue Sainte-Avoie, 14.

M. Neuber a réduit à des prix peu élevés, sans rien
ôter à la bonne exécution, à l'exactitude, les machines destinées à exécuter les teintes, les ciels, dans la gravure et la
lithographie; les eaux dans les cartes géographiques; à
produire, en un mot, sur l'acier, le cuivre, la pierre, toute
sorte de dessins mécaniques, d'ornements, de lignes parallèles ou entre-croisées.

Suivant leur objet, ces machines peuvent être plus ou

moins compliquées : leur prix modéré a de l'importance, car elles sont achetées, en général, par des artistes qui travaillent pour le compte d'entrepreneurs ; jusqu'ici, d'ailleurs, on les faisait venir en grande partie de l'étranger.

M. Neuber construit aussi divers instruments d'optique : le jury lui accorde une mention honorable.

M. DERICQUEHEM, à Paris, rue Jacob, 18.

Le jury rappelle à M. Dericquehem la mention honorable qu'il a obtenue pour son instrument d'arpentage appelé *géodésimètre*; M. Dericquehem le présente, cette fois, avec quelques perfectionnements.

M. PURÉE (Hubert), à Paris, rue Bourti-bourg, 12.

Le jury accorde une mention honorable à M. Purée Hubert pour sa fabrication de compas, qui comprend, outre les objets de commerce ordinaires, des pièces exécutées avec plus de perfection.

M. MABIRE, à Bolbec (Seine-Inférieure).

Le jury accorde une mention honorable à M. Mabire pour ses règles divisées.

M. FOURNET, de Lyon.

Le jury accorde à M. Fournet une mention honorable

pour sa fabrication de mètres pliants divisés sur écaille et portant à leurs extrémités des compas d'épaisseur.

CITATIONS.

M. MARLOYE, à Paris, rue de la Harpe, 59.

Le jury accorde une citation à cet artiste pour son excellente fabrication de règles, d'équerres, et en général, d'ouvrages en bois.

M. TACHET, à Paris, rue St-Honoré, 274.

Le jury accorde une citation à M. Tachet pour des règles, des équerres bien taillées ; une équerre à tracer des parallèles sur la pierre ; une règle flexible à laquelle des vis de pression font prendre telle forme que l'on veut, suivant la nature des courbes à tracer et que l'auteur nomme *curvitrace*.

M. VAUSSIN-CHARDANNE, à Villeneuve-Saint-Georges.

Citation pour son célérimètre.

---

§ 6. GLOBES TERRESTRES ET CÉLESTES, MACHINES PLANÉTAIRES.

MÉDAILLES DE BRONZE.

M. DIEN, à Paris, rue Hautefeuille, 13.

M. Dien, qui s'est occupé à recueillir et à classer lui-même les éléments de catalogues géographiques et célestes, présente des globes terrestres bien sphériques. Les parallèles sont plans, les détails exacts et au courant de la science; la gravure est bonne; la lettre pourrait être mieux proportionnée, et par là le premier aspect serait encore plus satisfaisant, sans que le résultat fût, en réalité, meilleur. Les globes de M. Dien sont formés de deux hémisphères en zinc soudés ensemble. La matière est uniformément répartie, et les globes montés n'ont pas de tendance à revenir vers une position donnée. C'est un procédé nouveau et qui appartient à M. Dien.

Ce qui a surtout fixé l'attention et mérité les éloges du jury, c'est l'énorme abaissement des prix; ceux de M. Dien sont à peine le quart des prix anciens; les plus pauvres écoles pourront se procurer, chez lui, des globes d'un diamètre assez grand, de 11 pouces par exemple.

Le jury décerne à M. Dien une médaille de bronze.

M. DELAMARCHE, à Paris, rue du Jardinet, 12.

M. Delamarche, en continuant à construire en carton ses globes terrestres et célestes, a cependant apporté dans les prix anciens une réduction très-grande. Tous les soins ont été donnés, soit au tracé des fuseaux pour obtenir des raccords parfaits, des parallèles bien plans, soit au dessin des contours géographiques. Les découvertes les plus récentes ont été mises à profit, et l'exécution ne laisse rien à désirer sous le rapport de la netteté et de l'élégance.

Le jury décerne à M Delamarche une médaille de bronze.

Machines planétaires.

MENTIONS HONORABLES.

M. DAUPHIN, à Angers.

Le jury accorde à M. Dauphin, contre-maître à l'école d'Angers, une mention pour une machine planétaire, tout en insistant sur ce qu'il ne peut désormais y avoir qu'une sorte de mérite réel dans ces machines ; c'est la plus grande, la plus extrême simplicité : elles ne peuvent, en effet, maintenant avoir qu'un but, celui de donner, tant bien que mal, quelques notions d'astronomie dans les écoles élémentaires.

Le frère CALIXTE, à Paris, maison des Frères, rue du Faubourg-St-Martin, 375.

Le jury accorde également une mention au frère Calixte pour une machine planétaire qui n'a que le défaut d'être beaucoup trop bien faite et de viser ainsi à une précision inutile.

SECTION III.

ÉCLAIRAGE.

M. le baron Séguier, rapporteur.

Considérations générales.

Deux grandes divisions s'établissent naturellement dans l'industrie de l'éclairage : les appareils d'éclairage composent l'une, l'autre comprend les substances gazeuses liquides ou solides dont la combustion engendre la lumière.

La commission des arts chimiques a été chargée de cette seconde partie du rapport; le rôle de la commission des arts de précision, dans les attributions de laquelle une délibération spéciale du jury a placé, en 1839, les appareils destinés à l'éclairage, a dû se borner à discuter et juger le mérite respectif des divers systèmes de lampes opposées.

Disons que depuis longtemps l'on n'avait pas vu autant d'efforts pour faire faire des progrès à une branche d'industrie qui intéresse si vivement et les services publics et l'économie domestique. Sans avoir le projet de passer en revue les nombreuses tentatives, dont plusieurs sont toutes récentes, pour trouver de nouveaux modes d'éclairage, comme, par exemple, l'emploi de la lumière des gaz hydrogène et oxygène dirigés simult. ément sur ur morceau de chaux, nous signalerons cependant, comme premier pas .ait dans cette direction nouvelle, l'ingénieux moyen d'empêcher les deux gaz de se combiner avant la combustion, moyen qui valut à l'ingénieux M. Galy-Cazalat, son inventeur, une honorable distinction en 1834. Nous citerons aussi la méthode simple de fair- varier continuellement le point de contact du jet de gaz sur la chaux puisé par M. Keenne dans l'application du moyen hydraulique connu sous le nom de *cataracte*. Nous indiquerons encore les becs à récipients de M. Gaudin. Le gaz obtenu de la décomposition de l'eau par le zinc et l'acide sulfurique, si peu éclairant par lui seul, acquiert, en traversant une huile minérale quelconque contenue dans ce bec, un très-grand pouvoir éclairant. Nous profitons de cette occasion pour témoigner nos regrets qu'une omission d'explication de la part de M. Gaudin n'ait point permis au jury départemental d'apprécier suffisamment le mérite de son nouveau mode d'éclairage pour autoriser l'exposition de ses appareils. Cette omission enlève au jury central la possibilité de récompenser M. Gaudin de ses persévérants efforts.

Le rapport du jury sur l'éclairage doit donc se borner aux divers appareils exposés. Si leur grand nombre, leur variété, le besoin de bien comprendre les principes de construction de chacun d'eux pour juger de leur mérite res pectif, ont imposé à la quatrième commission un examen assez long, son rapporteur s'est efforcé de se montrer sobre des instants du jury, en ne provoquant son attention que sur les plus importants appareils d'éclairage classés et divisés, pour plus d'ordre et de méthode, en deux grandes catégories.

La première a embrassé l'éclairage public. Une lacune fâcheuse s'est fait sentir à l'exposition dans cette branche de service; le jury n'ayant eu à examiner aucun appareil destiné à l'éclairage des lieux publics. Cette catégorie ne comprend donc que les lampes des phares et celles d'un usage plus restreint dont le but spécial est de projeter la lumière sur les cadrans des horloges publiques.

L'éclairage domestique forme la seconde catégorie subdivisée en autant de séries qu'il y a eu de principes de construction différents adoptés par les nombreux lampistes dont les produits figuraient à l'exposition.

Tous les appareils d'éclairage domestique peuvent se diviser en cinq séries : la première comprend les lampes fixes à réservoir unique distribuant l'huile dans des becs immobiles groupés en lustres ou répartis en candélabres ou appliques (nouveau mode d'éclairage destiné à employer l'huile circulant dans des conduits se rendant à des becs immobiles comme pour l'éclairage au gaz).

La deuxième série se compose des lampes dites mécaniques, dans lesquelles l'huile est incessamment montée vers le bec par un moteur à mouvement continu qui reprend l'huile de dégorgement pour la faire rentrer dans l'alimentation.

La troisième série embrasse les lampes que nous désignons sous le nom de lampes mixtes, parce que leur huile est montée par la pression d'un ressort ou d'un poids exerçant une action lente sur la totalité de l'huile à la fois. Dans ces lampes, l'huile de dégorgement ne rentre qu'une fois dans le réservoir d'alimentation et au moment du service.

La quatrième série contient les lampes hydrostatiques ; dans ces appareils d'éclairage, l'huile est élevée vers le bec au moyen de la contre-pression d'une colonne de liquide plus pesante que l'huile, comme de l'eau saturée de sulfate de zinc, ou seulement par des colonnes d'huile et d'air conjuguées suivant le principe de la fontaine de Héron.

Dans la cinquième série, enfin, ont été rangées les lampes à réservoir supérieur à niveau constant avec ou sans dégorgement ; dans ces lampes, la combustion est réglée et alimentée par l'application du tube de Mariotte.

PREMIÈRE CATÉGORIE.

ÉCLAIRAGE PUBLIC SPÉCIAL.

Service des phares.

MÉDAILLE D'ARGENT.

Voy. le rapport sur l'horlogerie, page 240 de ce vol.

M. HENRY, à Paris, rue Saint-Honoré, 247.

M. Henry a reçu la récompense de ses travaux, comme horloger. Le jury ne se croit pas, pour cela, dispensé de parler de l'appareil d'éclairage destiné aux phares, et déposé par lui dans les salles de l'exposition. Remarquable par sa disposition, cette énorme lampe, à mèches concentriques, présente, pour l'élévation de l'huile, l'emploi d'une force motrice réglée dans sa détente par la contraction seule de la veine fluide. Cette construction n'a pas le seul mérite de simplifier le mécanisme, elle assure la durée de ses fonctions en diminuant notablement l'usure des parties dont les mouvements sont très-ralentis. L'appareil élévatoire d'huile, exécuté avec soin sur des principes mécaniques rationnels, vient se joindre aux autres travaux remarquables de M. Henry pour justifier la médaille d'argent qui lui est décernée pour son horlogerie.

Service des horloges publiques.

MENTION HONORABLE.

M. Glachet, à Paris, rue Dauphine, 12.

M. Glachet a présenté, à l'exposition, divers appareils destinés à l'éclairage, soit privé, soit public ; des lampes à réservoir supérieur, à soupape interne pressée par un ressort spiral , interceptant d'elle-même la communication entre le bec et le réservoir, dès qu'on en ouvre l'orifice pour le charger d'huile. Des appareils semblables à ceux fournis par lui à diverses administrations pour l'éclairage du cadran des horloges figurent dans son exposition. Ce lampiste s'est efforcé de diriger la lumière de façon à n'éclairer que le cadran ; le but a été atteint par lui en sacrifiant une partie des rayons projetés ; une combinaison plus savante aurait concentré, dans l'espace déterminé, la totalité de la lumière fournie par le foyer d'éclairage.

Le jury a pensé, néanmoins, que la lanterne à horloge, confectionnée par M. Glachet, remplit suffisamment bien sa destination pour rendre ce lampiste digne d'une mention honorable.

Éclairage public général.

RAPPEL DE MÉDAILLE.

Voy. le rapport sur les charrues, page 174 de ce vol.

M. Rozé, à Paris, rue Feydeau, 16.

M. Rozé est l'inventeur des appareils de transport pour l'éclairage au gaz hydrogène portatif non comprimé. Ce fut la ville d'Elbeuf qui vit naitre cette industrie ; elle est exploitée avec succès, tant par l'inventeur que par M. Houzeau-Muiron, devenu cessionnaire du brevet, dans plus de douze villes de France, et plus de cinq mille becs à Paris même sont en ce moment alimentés par ce procédé. M. Rozé a déposé, dans les salles de l'exposition, des récipients à soufflet en toile imperméable, destinés à contenir et à transporter le gaz.

Le jury pense que l'invention de procédés tendant à généraliser l'emploi de l'éclairage au gaz mérite d'être prise en considération ; il croit donc que les travaux de cet exposant, qui a été honorablement indiqué dans le rapport sur les instruments aratoires, à l'occasion d'une charrue qui porte son nom, sont justement récompensés par le rappel de la médaille qui lui a été précédemment accordée.

DEUXIÈME CATÉGORIE.

ÉCLAIRAGE DOMESTIQUE.

Première série. — *Lampes fixes.*

MÉDAILLES D'ARGENT.

M. ROBERT, à Paris, impasse de la Boule-Rouge, 4.

L'esprit inventif de M. Robert est bien connu; en 1834, il fut jugé digne d'une médaille d'or pour l'invention d'un fusil de guerre; cette arme, non employée comme arme militaire, n'en continue pas moins à mériter tout l'intérêt du jury pour les services qu'elle peut rendre à la défense du pays. Il présente, cette année, une curieuse solution du difficile problème qu'il s'est posé d'alimenter avec de l'huile, contenue dans un réservoir général, unique, des becs de lampe placés à tous les étages d'une maison, laissant au consommateur la détermination de la position du réservoir, soit au grenier, soit à la cave, soit enfin à un étage intermédiaire; l'intérêt du jury s'est accru lorsqu'il a reconnu que ce problème était résolu par M. Robert par les seules applications des lois hydrostatiques qu'il connaît bien, et dont il comprend bien toutes les ressources.

L'ancien principe de la fontaine de Héron, l'application du tube de Mariotte, l'emploi du siphon, une méthode toute nouvelle de son invention d'établir des pressions uniformes aux divers points d'une même colonne, sont les moyens qu'il met en usage pour faire arriver l'huile à tous les becs, quels que soient leurs niveaux ; ils sont tous à dégorgement, et l'huile surabondante de chacun d'eux retourne au réservoir général pour rentrer dans l'alimentation de l'étage immédiatement inférieur. Ce système est déjà sanctionné par deux années d'expérience, notamment aux Batignolles, au passage des Panoramas, etc. Le jury a pensé que l'emploi utile et nouveau que M. Robert a su faire des ressources indiquées par la science, pour un service domestique, en élevant et distribuant l'huile destinée à l'éclairage par les seuls moyens hydrostatiques, méritait de fixer son attention. M. Robert a fondé un vaste atelier où de nombreux ouvriers exécutent, sous ses ordres, par des procédés particuliers et sur des modèles spéciaux, de nombreux appareils d'éclairage suivant son système.

Le jury, qui aime à rencontrer des applications nouvelles, se montre juste envers M. Robert en lui décernant, tant pour son nouveau mode d'éclairage que pour la bonne fabrication qu'il dirige avec succès, une médaille d'argent.

Deuxième série. — Lampes mécaniques.

M. CARREAU, à Paris, rue Croix-des-Petits-Champs, 27.

A M. Carreau, fils du coassocié de l'inventeur Carcel, a été réservé l'honneur de faire subir à la lampe mécanique le plus important perfectionnement qu'elle ait reçu depuis son invention. La lampe à mouvement d'horlogerie, œuvre bien étudiée de l'habile horloger dont elle porte encore le nom, était restée longtemps telle que son auteur l'avait combinée ; son prix élevé demeurait stationnaire, limitait son emploi ; M. Carreau, animé du désir de faire participer aux avantages d'une lampe mécanique un plus grand nombre de consommateurs, a cherché le moyen de résoudre le problème de l'élévation de l'huile vers la mèche d'une manière plus économique. Frappé de l'inconvénient des fréquentes réparations auxquelles la rapidité des fonctions expose les derniers organes des lampes mécaniques ordinaires dont les parties, façonnées à la grosse, sont maintenant bien loin de cette précision que leur donnait l'inventeur Carcel, M. Carreau a su trouver dans l'écoulement seul du liquide la régulation du ressort ; c'est l'huile même de la lampe qui lui a offert, par son passage au travers d'une ouverture convenablement graduée, la solution simple du problème qu'il s'efforçait de résoudre. Ce nouveau mode de régulation lui a permis de supprimer tous les rouages intermédiaires ; son moteur se trouve ainsi réduit au barillet et à la pompe, et, comme celle-ci, reçoit son action directement du barillet : la force, très-peu divisée, peut agir énergiquement sur des pistons de grand diamètre ; ceux-ci n'ont plus besoin que d'un mouvement extrêmement lent pour élever, sans intermittence, l'huile vers le bec. L'invention de la lampe Carreau suppose la connaissance des lois de l'écoulement des liquides à travers un orifice. Comment oser appliquer directement à l'huile une force aussi variable que celle d'un ressort, si l'on ignore que l'écoulement s'opère suivant la loi des carrés, et qu'ainsi des variations notables dans la puissance motrice n'apportent que de petites différences dans le produit de l'écoulement ? Le jury n'a point été étonné en remarquant que ce sont deux docteurs en médecine qui, cette année, ont apporté aux appareils d'éclairage les perfectionnements les plus notables qu'ils aient depuis long-temps éprouvés. M. Carreau ne s'est point borné à imaginer les modifications qui font de sa lampe une lampe toute nouvelle ; il a voulu que le public pût jouir, à bas prix, des avantages de son œuvre ; dans cette intention, il a fondé, dans la vallée de la Bièvre, un grand atelier où le principe de la division du travail, mis en pratique avec intelligence, permet de confectionner, au prix le plus modique, ses appareils d'éclairage. Grâce à son extrême simplicité, la lampe Carreau peut être livrée à meilleur marché que toute autre ; la lenteur avec laquelle son mécanisme fonctionne la soustrait aux chances de fréquente réparation.

Diminution du prix d'achat, économie des frais d'entretien, constituent le service rendu à l'éclairage domestique par M. Carreau, jugé digne par le jury de la médaille d'argent.

MÉDAILLE DE BRONZE.

Voy. le rapport de la commission des beaux-arts, 3e vol.

M. GAIGNEAU, à Paris, faubourg Saint-Denis, 17.

M. Gaigneau est l'inventeur de la disposition de lampe qui permet, tour à tour, de poser sur une table ou de suspendre en l'air l'appareil d'éclairage. Cette invention simple, mais éminemment commode et utile, a eu un tel succès qu'elle a été, à elle seule, l'occasion d'un notable accroissement de fabrication dans ce genre d'industrie.

Des appareils à double usage, variés de toutes sortes de manières, ont réuni l'industrie du bronzier à celle de lampiste ; aussi l'exposition de **M.** Gaigneau est-elle remarquable autant par les modèles riches et variés de ses lampes que par le mérite de leur ingénieux moteur ; dans ce mécanisme, l'une des très-nombreuses inventions du fécond **M.** Cochot, les fonctions sont empruntées aux organes de la circulation du sang : les belles productions des ateliers de **M.** Gaigneau, lampiste-bronzier, sont rentrées dans l'examen de la commission des beaux-arts ; aussi n'est-ce que pour mémoire que la médaille de bronze, dont il a été jugé digne, est rappelée ici.

NOUVELLE MÉDAILLE DE BRONZE.

M. Gotten, à Paris, place des Victoires.

M. Gotten s'est livré des premiers à l'exécution de lampes mécaniques, à l'expiration du brevet Carcel ; aussi **M.** Gotten, par une longue expérience dans cette branche d'industrie, est-il un de ceux qui ont le mieux reconnu les points où doivent porter les perfectionnements dont la lampe mécanique est susceptible. Le premier, il a obtenu la régularité dans l'élévation de l'huile en multipliant les pompes et distribuant leurs fonctions à des intervalles égaux. Frappé de l'inconvénient des fuites par le communicateur traversant le fond, il a voulu diminuer la hauteur de la colonne de pression en plaçant l'arbre qui transmet le mouvement aux pompes le plus haut possible dans la paroi latérale du réservoir. Le liége a été par lui substitué au cuir, comme moyen d'assurer la fermeture. **M.** Gotten a cherché aussi à diminuer la vitesse des organes en puisant une cause de régulation dans un milieu plus dense que l'air; sa pensée de faire tourner le volant dans l'huile même est ingénieuse, elle lui permet de supprimer un mobile.

Le jury pense que M. Gotten, par les efforts qu'il ne cesse de faire pour le perfectionnement de la lampe mécanique, par le double avantage que présentent ces lampes à volant immergé plus simples et plus économiques de prix d'achat et des frais d'entretien, s'est bien montré digne, en 1839, d'une nouvelle médaille de bronze.

MÉDAILLE DE BRONZE.

M. Breuzin, à Paris, rue du Bac, 13.

M. Breuzin présente, à l'exposition, des produits variés, tous recommandables par leur très-bonne exécution. Le jury a remarqué d'abord ses lampes mécaniques; elles diffèrent des autres principalement par une fermeture rodée, qui permet de les démonter et remonter sans craindre les fuites d'huile dans le mouvement. M. Breuzin, par le rodage des parties, assure le lutage du fond mobile sans l'emploi incommode de la cire fondue; ses éolipyles à flammes concentriques présentent un des moyens commodes, expéditifs et économiques de se procurer de l'eau bouillante; ses nouvelles lampes sans mèches, destinées à la combustion d'un liquide éclairant d'une composition nouvelle, méritent d'être signalées comme une invention non éprouvée, mais destinée peut-être à former un nouveau mode d'éclairage.

Le jury s'est plu à reconnaitre les soins que cet industriel apporte dans tous les articles de sa fabrication ; l'étendue qu'il a su donner lui-même, par de persévérants efforts, à son commerce, la variété et le très-grand nombre de produits qu'il débite annuellement, le placent au premier rang parmi nos fabricants de lampe.

Le jury juge M. Breuzin, devenu, par son seul travail de simple ouvrier, chef d'un établissement important, **digne d'une médaille de bronze.**

MENTIONS HONORABLES.

M. GRANGER, à Paris, rue Neuve-des-Mathurins, 12.

Le jury mentionne honorablement M. Granger pour une lampe mécanique se démontant avec facilité dans toutes ses parties, à plusieurs becs de rechange de divers calibres, à corps de pompe en verre, afin d'éviter l'oxydation du métal par les huiles chargées d'acide. Le jury n'a pu attacher à cette substitution l'importance que M. Granger lui suppose ; ce qui ne l'empêche pas de rendre justice aux autres modifications utilement apportées par M. Granger à la lampe mécanique ordinaire.

M. BOUSSARD, de Toulouse.

M. Boussard est mentionné honorablement pour sa lampe

mécanique à mouvement placé dans la partie supérieure de la colonne. Le mécanisme moteur et la pompe de cet artiste ne forment qu'un même ensemble susceptible d'être enlevé avec le bec, chaque fois qu'on garnit la lampe ; cette disposition rend simples et faciles la visite et la réparation des organes mécaniques d'une telle lampe ; elle est fort goûtée dans les départements où les ouvriers, accoutumés à démonter et réparer les lampes mécaniques, sont encore peu répandus.

M. MENGAL, à Paris, rue de Ponthieu, 16.

M. Mengal est mentionné honorablement pour une lampe mécanique dans laquelle la communication entre le moteur et les pompes est ménagée dans un tube vertical s'élevant jusqu'à la partie supérieure de la lampe. Ce tube est bouché de façon à ce que l'huile de dégorgement ne puisse s'y introduire. Le but de M. Mengal est d'éviter l'inconvénient des fuites et les pertes de force par les communicateurs placés dans les parois des réservoirs.

M. GRIVARD, à Paris, rue Neuve-des-Petits-Champs, 79.

Le jury cite honorablement M. Grivard pour les modifications qu'il a apportées dans la vis sans fin, organe le plus délicat de la lampe mécanique ; la force du ressort, divisée par tous les rouages intermédiaires, ne suffit plus pour faire tourner le volant, dès que le frottement de la vis sans fin contre les dents de la dernière roue change de nature. M. Grivard, pour assurer la régularité et la durée des fonctions de ces derniers mobiles, a donné aux dents de la dernière roue plus d'épaisseur et de solidité ; il a réduit, à cet effet, le nombre des hélices de la vis sans fin.

M. Décourt, à Paris, passage Choiseul, 28.

M. Décourt est cité honorablement pour ses lampes, dont toutes les parties sont si bien mises en rapport, que la régularité et la continuité de leurs services sont attestées par de nombreux et honorables certificats, émanés spontanément de toutes les personnes auxquelles il fournit les lampes qui sortent de ses magasins.

M. Dombrowski, à Paris, rue Saint-Honoré, 343.

Le même honneur est accordé à M. Dombrowski pour des lampes exécutées par lui suivant les modèles de l'ancienne maison Carcel, dont il a été ouvrier. La bonne exécution de toutes les parties, le soin apporté dans le montage de ces lampes, dont les corps de pompe sont quelquefois, par ce lampiste, placés dans une position verticale, ont fait juger son nom digne d'être cité dans le rapport du jury.

M. Chabrier, à Paris, rue de la Monnaie, 9.

M. Chabrier obtient du jury la même faveur pour une lampe dite à cascade, à plusieurs étages de becs, dans laquelle l'huile, montée mécaniquement au seul bec le plus élevé, retombe par dégorgement pour alimenter les becs inférieurs. Ses petites lampes de bureau, brûlant avec du blanc à la mèche, ont paru dignes d'être remarquées à un double titre, leur bonne construction et leur bon marché.

RAPPELS DE MÉDAILLES DE BRONZE.

M. JOUANNE, à Paris, rue Sainte-Avoie, 33.

M. Jouanne avait été, en 1834, jugé digne d'une médaille de bronze pour l'invention d'une lampe dont l'huile était élevée par la seule pesanteur d'un poids comprimant la surface. La difficulté de maintenir l'écoulement régulier, à mesure que la colonne changeait de hauteur, avait été ingénieusement levée par l'addition d'un flotteur régulateur placé dans un réservoir de distribution interposé entre le bec ou les becs et l'extrémité de la colonne comprimée. Les produits de M. Jouanne, exposés cette année, sont du même genre ; cependant le jury a remarqué dans ses lampes l'addition d'une espèce de cône métallique placé au centre de la mèche pour forcer le courant d'air intérieur à frapper plus vivement la flamme ; ses lampes-chandelles, destinées à remplacer par l'huile l'éclairage au suif avec avantage dans bien des cas, notamment lorsque les chandelles doivent être exposées à l'action du vent, ont aussi été vues avec intérêt par le jury, qui continue à juger M. Jouanne digne du rappel de la médaille qu'il a précédemment reçue.

Quatrième série. — Lampes hydrostatiques.

M. SERRUROT, à Paris, rue du Bouloy, 4.

M. Serrurot avait obtenu, en 1834, en commun avec

M. Thilorier, une médaille de bronze pour des lampes dont l'huile était élevée vers le bec par la contre-pression d'une colonne de liquide plus pesant ; la bonne fabrication que continue M. Serrurot seul, l'importance de son commerce de lampes hydrostatiques, lui méritent, en 1839, le rappel de la médaille qu'il a obtenue en 1834.

MÉDAILLES DE BRONZE.

MM. Rouen et c^{ie}, rue Ménilmontant, 43.

M. Rouen est un des fabricants de lampes qui donne le plus d'extension à sa fabrication ; non-seulement les produits des ateliers de M. Rouen sont vendus chez un grand nombre de débitants, mais encore ils sont exportés, et figurent sur les marchés européens. M. Rouen fabrique différents genres de lampes ; celles dites mécaniques, que l'étendue de sa fabrication lui permet de livrer à des prix très-bas ; celles dites hydrauliques, suivant le principe de la fontaine de Héron ; celles dites à réservoir, principe du tube de Mariotte, se remplissant sans avoir besoin d'être retourné. Les becs des lampes à réservoir supérieur ont été l'objet de l'étude de M. Rouen ; après les avoir confectionnés de diverses manières, il a fini par adopter une construction qui a paru au jury réunir toutes les conditions nécessaires pour remplir le but proposé. M. Rouen a présenté, en outre, un régulateur à gaz comprimé. Préoccupé de l'emploi possible du gaz comprimé, ce fabricant a cherché à débarrasser ce mode d'éclairage des inconvénients qui éloignent de son usage ; c'est ainsi qu'il s'est efforcé de parer au danger des explosions par des réservoirs à double enveloppe. Les pompes à comprimer le gaz ont aussi reçu de lui de notables améliorations dans la disposition de leurs soupapes. Par l'addition d'un liquide dans la pompe, M. Rouen a su éviter les pertes de force occasionnées par les quantités de gaz comprimé, et décomprimé à chaque battement de la pompe, lorsque le piston laisse entre lui et la soupape un espace libre.

Le jury estime que M. Rouen, par ses inventions, par l'importance de sa bonne fabrication, par la réduction de ses prix, s'est bien montré digne d'une médaille de bronze.

M. Dubain, à Paris, galerie Colbert, 4.

M. Dubain expose des lampes hydrauliques, principe de la fontaine de Héron tellement modifié, cependant, que l'huile de dégorgement rentre incessamment dans le réservoir d'alimentation. Une expérience déjà prolongée a bien fait ressortir le bon service de ces lampes connues dans le commerce sous le nom de lampes hydrauliques. M. Dubain présente, en outre, des plateaux en carton verni d'une très-bonne et très-belle fabrication; la France, longtemps tributaire de l'étranger pour ce genre de produit, n'aura plus rien à lui envier, grâce à la fabrication développée par M. Dubain. Supériorité de qualité, infériorité de prix, sont les deux avantages par lesquels la fabrication française se recommande spécialement au jury. La bonne construction des lampes hydrauliques, aussi remarquables par l'élégance de leurs formes que par le bon goût de leur décor, la beauté des vernis, l'élégance des dessins et la qualité du carton des plateaux exposés par M. Dubain, fait penser au jury qu'il se montre bien digne, pour l'ensemble des produits qu'il soumet à son examen, d'une médaille de bronze.

MENTIONS HONORABLES.

M. Catez, à Arras.

Parmi les fabricants de lampes hydrostatiques et hydrauliques, le jury mentionne honorablement M. Catez pour des lampes, principe de la fontaine de Héron, dans lesquelles l'addition d'un troisième réservoir supplémentaire permet à la pression d'être constamment la même, en compensant continuellement les différences de hauteur de colonne qui résulteraient de l'abaissement du liquide dans le réservoir de pression. L'ingénieuse disposition soumise à l'examen du jury par M. Catez est l'œuvre de M. Gobert, officier distingué du génie.

M. Silvant, à Paris, rue Croix-des-Petits-Champs, 43.

Le jury accorde le même honneur à M. Silvant pour ses excellentes lampes hydrostatiques, système Girard, ne contenant que de l'huile ; la parfaite exécution des produits de M. Silvant est attestée et garantie par l'engagement contracté par ce fabricant de réparer, pendant cinq années, gratuitement toute détérioration résultant d'un vice de fabrication.

M. Thilorier, à Paris, place Vendôme, 31.

Le jury aime à retrouver dans ses examens des produits de l'esprit inventif de M. Thilorier ; aussi est-ce avec une

vive satisfaction qu'il mentionne honorablement une lampe,
système Girard, à renversement, mais sans aucun bouchon
ni robinet métallique. Une connaissance approfondie des
lois de l'hydrostatique a permis à M. Thilorier, par la disposition seule des colonnes et des tubes de communication,
de remplacer, par des soupapes hydrauliques, les obturateurs solides.

M. Bernet, à Paris, rue Saint-André-des-Arcs, 78.

Le jury mentionne aussi honorablement M. Bernet pour
une lampe du même genre, dans laquelle les bouchons sont
également remplacés par des moyens hydrauliques. L'invention des lampes exposées par M. Bernet appartient à
M. Chapuis, qui n'est point inscrit au concours. M. Chapuis a aidé de ses conseils M. Jouanne, auquel il a fourni
un moyen de régler l'écoulement de l'huile d'une lampe à
ressort direct, exerçant sa pression sur la surface entière
du liquide.

Cinquième série. — Lampes à réservoir supérieur.

M. Coessin, à Paris, rue Saint-Honoré, 290.

Le jury mentionne honorablement, parmi les fabricants
des lampes à réservoir supérieur, M. Coessin; l'un des premiers, il a fait subir aux becs des lampes et à leurs verres
d'utiles modifications. La pensée heureuse qu'il eut d'oser
régler plus haut le niveau de l'huile dans le bec lui permet
de faire brûler la mèche avec une petite quantité de blanc
entre l'extrémité du bec et la partie enflammée; cette dis-

position avantageuse, puisqu'elle évite l'échauffement du porte-mèche, expose, néanmoins, à un dégorgement, lorsde l'élévation de la température de l'air contenu dans le réservoir. L'invention de son bec à fond tournant a été pour les lampistes le point de départ d'une foule d'améliorations dans la construction des becs de lampe. Parmi les objets exposés par M. Coessin se trouvait aussi une lampe à colonne, dite par lui héliostat; dans cette lampe l'huile est élevée vers le bec par la pression d'une masse soulevée, au moment du service, par une insufflation d'air et le niveau réglé par une disposition simple et ingénieuse. Le jury, qui en industrie domestique prend en grande considération le bon marché des objets fabriqués, regrette que M. Coessin ait cru devoir, depuis longtemps, tenir ses produits à un prix très-différent de ceux de ses nombreux concurrents.

M. Jarrin, à Paris, rue Saint-Honoré, 341.

Pour une lampe à réservoir supérieur, à dégorgement rendu sans secousses par l'interposition d'une capacité d'un volume convenablement calculé entre le bec et le réservoir pour que les oscillations du liquide, à chaque rentrée des bulles d'air, puissent s'y amortir. M. Jarrin a exposé aussi un bec de lampe en fer-blanc, dont toutes les parties se démontent; le nettoyage, ainsi que les réparations partielles en sont rendus faciles; la modicité de son prix est remarquable.

M. Cabeu, à Paris, rue de la Grande-Friperie, 21.

Pour un ajustement de réservoir à niveau constant qui

permet de tenir l'huile alimentaire beaucoup au-dessus du bec; cette disposition débarrasse de l'ombre habituellement projetée par le réservoir; elle permet de donner à l'éclairage à l'huile toute l'élégance et la légèreté de l'éclairage au gaz.

LE JURY CITE HONORABLEMENT:

M. Bonnet, à Paris, rue de la Perle, 4.

Pour une lampe à réservoir, dont la bouteille, remplie par en haut, n'a plus besoin d'être retournée; la communication entre le réservoir et le bec est interceptée au moment du service par la fermeture d'un robinet intérieur opérée par le seul fait de l'ouverture du bouchon.

M. Viesneg, à Paris, rue Saint-Jacques, 72.

Pour des lampes à niveau constant, à réflecteur parabolique argenté mat, pour obtenir une plus grande diffusion de la lumière.

SECTION IV.

ARQUEBUSERIE.

M. le baron Séguier, rapporteur.

———

Considérations générales.

L'industrie des armes a occupé dignement sa place à l'exposition ; de nombreux arquebusiers se sont présentés au concours : c'est moins cependant par la nouveauté ou l'originalité de leurs inventions que par la bonne et belle exécution de leurs œuvres qu'ils se sont recommandés cette année. Un seul perfectionnement pour les armes de guerre s'est fait remarquer ; le jury l'a accueilli avec un haut intérêt ; les progrès devenus généraux ont rendu les décisions difficiles ; pour se montrer juste, même en restant sévère, il a fallu faire porter les récompenses sur un assez grand nombre d'exposants.

Si les armes de haut luxe, enrichies de tout ce que l'art du ciseleur et du damasquineur peut fournir de plus varié et de plus élégant, ont été le fruit du travail d'un petit nombre d'exposants, les fusils se chargeant par la culasse, avec des moyens divers d'inflammation et de fermeture, ont exercé l'esprit et la main de la plupart des armuriers. Éviter les fuites de gaz au moment de l'inflammation a été le but de quelques-uns ; d'autres ont été au-devant des imprudences et des malheurs qui en sont la suite ; ils ont joint à leurs fusils un mécanisme dit de sûreté. Si tous n'ont pas eu le même bonheur dans la solution des divers problèmes qu'ils s'étaient posés, tous ont rivalisé d'efforts pour faire faire de notables progrès à leur industrie, et le jury est heureux de proclamer le nom de ceux dont le succès est déjà venu couronner les travaux. L'attention du jury a porté d'abord sur la branche la plus importante de l'industrie des armes, celle néanmoins qui a tenu la moindre place à l'exposition, nous voulons parler de la fabrication des armes de guerre.

NOUVELLE MÉDAILLE D'ARGENT.

M. DELVIGNE, à Paris, rond-point des Champs-Élysées, 1.

Le jury n'a pas cru pouvoir mieux commencer l'examen des armes que sur la carabine de M. Delvigne ; les efforts tentés pour la défense de la patrie ont toujours trouvé une vive sympathie ; la première des récompenses avait été spontanément accordée, en 1834, à un fusil de guerre d'une construction toute nouvelle. Au jury n'appartient point de rechercher les causes qui ont détourné de l'emploi d'une arme dont les incontestables avantages

avaient été reconnus dans de nombreuses épreuves, ré-
pétées en présence des officiers supérieurs de tous les corps
de la garnison de Paris, juges certainement compétents.

Le jury n'hésite pas à offrir, encore cette année, une
médaille d'argent comme juste récompense du nouveau et
ingénieux moyen de charger les armes à balle forcée, imaginé par M. Delvigne, et appliqué par lui à une carabine
militaire d'un nouveau modèle. Le problème que M. Delvigne s'était proposé, et qu'il a complétement résolu, était
celui-ci : après avoir introduit librement une balle dans
un canon rayé, faire qu'elle ne puisse sortir que de force,
avec une augmentation de volume suffisant pour remplir
les rayures. Dans la carabine de M. Delvigne, la balle, librement descendue dans le canon, repose sur l'extrémité
d'une chambre pratiquée dans la pièce de culasse. Un seul
coup de baguette de fer, convenablement appliqué sur la
balle, suffit pour l'aplatir et changer ses dimensions.
M. Delvigne a pu, non sans de nombreux et persévérants
efforts, joindre à l'honorable récompense que le jury lui
décerne la satisfaction longtemps retardée de voir enfin
son invention concourir à la défense de la patrie par l'ar-
mement d'un bataillon.

Des balles-obus éclatant dès qu'elles ont pénétré dans
le corps contre lequel elles ont été tirées, portant à la fois
la destruction et l'incendie, ont encore provoqué l'attention du jury ; ces deux inventions lui ont prouvé la fertilité
de l'esprit inventif d'un officier animé du plus vif patriotisme.

MÉDAILLES D'ARGENT.

MM. Brunon frères, à Saint-Étienne (Loire).

Entrepreneurs de la fabrique d'armes de guerre à Saint-Étienne, MM. Brunon frères occupent, en cette ville, plus de cinq cents ouvriers. Ces fabricants, dont les fusils militaires sont soumis au contrôle d'une commission spéciale d'officiers d'artillerie, ont cru pouvoir se borner à faire passer sous les yeux du jury un échantillon de leurs produits en armes de chasse ; le seul fusil qu'ils aient envoyé est bien exécuté, richement damasquiné ; sa monture est en bois exotique : cette arme est remarquable par l'élégance des dessins qui la décorent autant que par la perfection de sa mise en bois.

Le jury, préoccupé surtout des importants moyens de fabrication à l'aide desquels MM. Brunon frères peuvent confectionner annuellement plus de trois cent mille fusils, les juge dignes d'une médaille d'argent.

M. Lepage fils, à Paris, rue de Richelieu, 13.

A la tête de la fabrication des armes de chasse se place la maison Lepage. La réputation justement méritée dont jouit le nom de Lepage date déjà de longues années ; l'étendue des relations que cette maison a su se créer et conserver tant en France qu'à l'étranger ; l'importance de sa fabrication annuelle lui a permis d'exposer aux yeux du public une série d'armes précieuses et de haut luxe, parmi lesquelles le jury a particulièrement remarqué un très-riche nécessaire d'armes, style renaissance, contenant, entre autres choses, des pistolets montés en ivoire gravé, à canons et platines damasquinés et ciselés, des poires à poudre en bronze à bas-reliefs enlevés dans la masse, une épée et un poignard en damas de Luynes richement ornés de ciselure et de damasquine par l'habile M. Lapret; des pistolets, genre turc, des fusils de luxe avec incrustation d'ivoire; des fusils percutants, à marteau intérieur, frappant dans l'axe du canon, et à couvert pour garantir des éclats de capsules, figuraient aussi parmi les nombreuses armes composant la riche et remarquable exposition de M. Lepage.

Le jury croit devoir accorder à ces beaux produits des ateliers de cet armurier une médaille d'argent, et récompenser ainsi le zèle dont M. Lepage fils ne cesse de faire preuve pour soutenir la haute réputation que son père lui a léguée.

MM. Renet et Gastine, à Paris, rond-point des Champs-Élysées, 1.

Le jury avait cru devoir se montrer sévère en 1834 envers M. Renet; après s'être élevé, dans une précédente exposition, à l'honneur d'une médaille d'argent, M. Renet, qui réunit la fabrication des canons au montage et au finissage des fusils, n'avait offert que de très-faibles échantillons de ses produits. Le jury éprouve un vrai plaisir en voyant les heureux fruits portés par l'utile avertissement qu'il s'était cru dans l'obligation de donner. Des canons très-également forgés, dressés avec soin, de beaux fusils de luxe, des fusils moins ornés, mais d'une bonne fabrication et à des prix modérés, des tubes de manomètre d'une grande longueur, ont provoqué, et dans la salle des machines et dans celle des armes, l'attention du jury; il pense donc que MM. Renet et Gastine se sont bien montrés dignes, en 1839, d'une nouvelle médaille d'argent.

M. Pirmet, à Paris, allée d'Antin, 15.

Les armes de chasse exposées par M. Pirmet se font remarquer les unes par le luxe de leurs ciselures, les autres par la bonne et solide confection de toutes leurs parties; des pistolets damasquinés avec goût, montés sur bois d'ébène, genre renaissance, ont provoqué, par le fini et la perfection du mécanisme de leurs platines, l'attention du jury, qui a jugé M. Pirmet digne d'une médaille d'argent.

M. Albert Bernard, à Paris, rue Marbeuf, 22.

M. Albert Bernard a soumis à l'examen du jury des canons damassés, rubanés à rubans de fer et d'acier, des canons d'étoffes composées de fer et d'acier corroyés d'une manière nouvelle; enfin des canons à rubans, où le ruban est soudé de plat au lieu d'être soudé de champ comme à l'ordinaire. La bonne exécution de tous ces canons, les efforts constants que M. Bernard ne cesse de faire pour diminuer le prix des produits de sa fabrique en mettant en usage des moyens mécaniques et en empruntant sa force motrice à une machine à vapeur, ont paru au jury dignes d'être couronnés par une médaille d'argent.

RAPPEL DE MÉDAILLE DE BRONZE.

MM. Delbourse, Perrin-Lepage, Lelion et Cessier, de Saint-Étienne.

Le jury rappelle avec satisfaction les médailles de bronze qui leur ont été précédemment décernées; ces divers arquebusiers n'ont cessé de soutenir la juste réputation qu'ils se sont méritée tant par leurs armes ordinaires que par celles de composition mécanique variée, toutes fort bien exécutées.

MÉDAILLES DE BRONZE.

M. Béringer, à Paris, rue du Coq-Saint-Honoré, 6.

M. Béringer est l'inventeur des cartouches métalliques qui plus tard ont suggéré l'emploi des culots métalliques pour obvier aux fuites de gaz. Des fusils dont l'inflammation se fait soit avec des capsules posées sur des cheminées à la manière ordinaire, soit au moyen d'une percussion intérieure sur une amorce fulminante renfermée dans la cartouche, figurent au nombre des belles armes exposées par ce fabricant. Des pistolets à poudre fulminante se chargeant par la culasse ont fixé l'attention du jury; l'instantanéité de l'explosion du fulminate et le choc violent qui en résulte sont détruits dans ces armes par le soin que cet artiste a eu de laisser un espace occupé par de l'air entre la charge et le projectile. Les avantages d'une telle disposition ont été depuis longtemps reconnus; néanmoins toute la valeur en a été nouvellement signalée et très-utilement appliquée aux armes de gros calibre. Cette manière de charger avec des poudres vives a été instinctivement trouvée par cet ingénieux artiste, tout comme la fermeture autoclave du culot qu'il a rencontrée et appliquée le premier, mais dont toute l'utilité ne fut reconnue que plus tard par l'un de ses nombreux concurrents.

Le jury décerne à M. Béringer, comme une récompense très-bien méritée, une médaille de bronze.

Maison Lefaucheux, à Paris, rue de la Bourse, 10.

La maison Lefaucheux a su donner un grand développement à l'invention de l'armurier dont elle conserve le nom ; ses fusils de Paris se recommandent par une belle et bonne exécution, et ses fusils de fabrique sont suffisamment bien confectionnés et à un prix modéré ; l'esprit d'association dont cette maison a fait preuve en se réunissant à plusieurs autres armuriers, pour l'exploitation du brevet qu'elle a acquis, a paru aux yeux du jury devoir lui mériter une médaille de bronze en 1839, tout comme l'armurier dont elle porte le nom, et dont elle exploite l'invention, en avait été jugé digne lui-même en 1834.

M. Boche, à Paris, passage du Désir.

Le jury décerne une médaille de bronze à M. Boche pour l'ensemble de sa fabrication de poires à poudre, de sacs à plomb et de carabines de tir. Les soins apportés par cet industriel dans l'exécution de toutes les pièces sorties de sa fabrique le rendent très-digne de cette distinction. Son esprit inventif s'exerce sur des amorçoirs et des poires à poudre destinés au service de l'armée. Le jury espère que l'heureuse solution du problème qu'il s'est proposé lui vaudra, à une prochaine exposition, une récompense encore plus élevée.

M. Claudin, à Paris, rue de la Tonnellerie, 9.

M. Claudin, ouvrier arquebusier, après avoir travaillé longtemps à façon pour les autres, s'est déterminé, cette année, à exposer en son propre nom. Ses fusils sont bien montés ; leurs platines, munies de ressorts d'une vivacité remarquable, ont fixé l'attention du jury ; ses armes, quoique parfaitement bien traitées, sont d'un prix moins élevé que celles de la plupart de ses nombreux concurrents. En décernant une médaille de bronze à M. Claudin, le jury trouve une occasion nouvelle de signaler hautement l'intérêt que lui inspirent les artistes qui savent faire bien et se contenter d'un bénéfice modéré.

M. de Larachée, à Paris, rue Saint-Guillaume, 29.

M. de Larachée ne fait pas de l'arquebuserie sa profession ; il présente cependant, à l'exposition, des fusils se chargeant par la culasse, dont le mécanisme de fermeture a le mérite d'une grande simplicité ; mais ce qui a surtout provoqué l'attention du jury, c'est l'heureux résultat des essais auxquels M. de Larachée s'est livré, afin de rencontrer, pour en faire des cartouches, un alliage métallique assez élastique pour se dilater au moment de l'explosion, et revenir ensuite à ses dimensions premières. Le jury a jugé cette invention, applicable à la construction des cartouches de toutes les armes qui se chargent par la culasse, digne d'une médaille de bronze.

M. DESNYAU à Paris, rue J.-J. Rousseau, 5.

M. Desnyau est l'armurier qui fut chargé par M. Robert de confectionner ses premiers fusils de chasse ; aussi est-ce lui qui, après les avoir longtemps étudiés, s'est efforcé de les débarrasser des légères imperfections qu'une pratique de plusieurs années a fourni aux chasseurs l'occasion de reconnaître ; au nombre des modifications apportées par M. Desnyau, le jury a remarqué l'application du culot métallique muni de cheminées et permettant à ces sortes de fusils d'être amorcés avec des capsules ordinaires ; M. Desnyau les a ainsi débarrassés du grave inconvénient d'une amorce spéciale peu répandue et fabriquée en trop petite quantité pour être bien faite à bas prix. D'utiles modifications ont encore été faites par lui aux gâchettes, rendues beaucoup plus liantes. Sans changer les dispositions de l'arme, il l'a pourvue d'un simple et ingénieux mécanisme pour décoller le culot, dans le cas où il viendrait à adhérer dans la chambre ; enfin les nombreuses vis qui servent à fixer les canons des fusils Robert sur leurs bois ont été heureusement remplacées par lui, au moyen d'une disposition analogue au crochet de bascule, par un simple tiroir. Le jury a jugé l'ensemble de ces modifications digne d'une médaille de bronze.

M. Gévelot, à Paris, rue Notre-Dame-des-Victoires, 24.

Les efforts constants que M. Gévelot ne cesse de faire pour perfectionner ses produits et en diminuer le prix ont été déjà couronnés d'un plein succès commercial ; les amorces à la marque G, répandues partout, sont recherchées et employées avec confiance par les chasseurs. Le jury croit devoir donner son assentiment particulier à cette fabrique, et récompenser M. Gévelot par une médaille de bronze.

M. Dugenne, de Saint-Étienne.

Le jury, heureux de pouvoir attribuer des récompenses aux fabricants des départements qui s'en montrent dignes, a vu avec intérêt les produits sortis des ateliers de M. Dugenne. Des fusils aussi remarquables par leur belle et bonne exécution que par leur bon marché lui ont paru mériter, à ce double titre, d'être couronnés d'une médaille de bronze.

M. Léopold Bernard, à Paris, rue Marbeuf, 22.

M. Léopold Bernard a présenté des canons de fusil du même genre que son frère, à rubans de fer et d'acier, à rubans dits *chinois*, à rubans sur plat, tous fabriqués avec beaucoup de soin. Le jury croit se montrer juste en récompensant la bonne et importante fabrication qu'il a développée, quoique sur une moins grande échelle que son frère, par une médaille de bronze.

MENTIONS HONORABLES.

M. LECYR-FRUGER, rue du Cimetière-Saint-André-des-Arcs, 9.

Le jury accorde une mention honorable à M. Lecyr-Fruger, pour le récompenser des efforts qu'il ne cesse de faire afin de construire et faire adopter l'usage d'une arme de gros calibre de son invention. Son canon, spécialement destiné à la marine, se charge par la culasse, à boulet forcé, au moyen de projectiles enveloppés dans une lame de plomb. Le jury regrette que des expériences positives ne lui aient pas permis d'acquérir une plus entière conviction de la réalisation pratique des avantages que le canon-foudre de M. Lecyr-Fruger semble devoir atteindre, pour honorer cet inventeur d'une récompense plus en harmonie avec les importants services qu'un tel canon offrirait pour la défense du pays.

M. DEVISME, à Paris, rue du Helder, 12.

M. Devisme a exposé des fusils gros calibre, genre anglais, dits *fusils à pigeon*. Cet armurier s'est efforcé de débarrasser son pays du tribut que des amateurs, engoués de produits étrangers, allaient payer à une industrie rivale. Le jury reconnaît avec satisfaction qu'il est parvenu à ce but désirable. On distingue parmi les diverses armes, riches et autres, toutes bien confectionnées, qui composent son exposition, des pistolets à deux coups à deux platines, mais à une seule gâchette. Un fusil dont toutes les pièces ont été forgées en damas d'acier par le canonnier Bernard se fait aussi remarquer; cette arme présente, dans toute sa garniture, un caractère d'uniformité qui plait à l'œil; mais cet avantage, obtenu par une élévation considérable dans le prix et un travail de forge étranger à l'exposant, n'a pu être pris en grande considération; le jury décerne à M. Devisme une mention honorable.

MM. Touchard et Martin, à Paris, rue de Bondy, 23.

MM. Touchard et Martin ont exposé des fusils se chargeant par la culasse, soit comme arme de chasse, soit comme arme de guerre; ce qui a surtout attiré l'attention du jury sur l'invention Touchard, c'est le moyen simple et économique employé dans ses cartouches pour obvier aux fuites de gaz. Dans la cartouche destinée au fusil Touchard, le culot métallique est remplacé par une rondelle de carton légèrement emboutie; son aplatissement au moment de l'explosion augmente son diamètre et fait appliquer fortement ses bords sur la paroi du canon; la fermeture devient ainsi hermétique. Le jury, qui se plait à récompenser les procédés simples lorsqu'ils réunissent l'utilité à la nouveauté, décerne à M. Touchard une mention honorable.

M. Lainé, à Paris, rue Saint-Antoine, 233.

Des fusils à un seul canon long et rayé, dits *fusils de tir*, composaient l'exposition de M. Lainé; ce n'est pas sans satisfaction que le jury voit se répandre en France le goût d'un exercice qui, plus généralement pratiqué, développerait une justesse de coup d'œil dont la défense du pays pourrait un jour profiter.

Le jury décerne à M. Lainé, pour l'engager à continuer et à étendre sa fabrication, une mention honorable.

M. CARON, à Paris, passage de l'Opéra, galerie du Baromètre, 29.

M. Caron a exposé des fusils, genre anglais, de gros calibre; cet armurier a prouvé qu'il savait aussi confectionner des armes de luxe. Un fusil richement damasquiné, monté sur corne de rhinocéros, a provoqué l'attention autant par sa belle exécution que par l'originalité de la matière employée à sa monture.

Le jury décerne à M. Caron une mention honorable.

MM. BEAUCHERON-PIRMET, LEFAURE, OUILLER-BLANCHARD, PARIS, PLOMDEUR.

Le jury mentionne très-honorablement ces messieurs pour une bonne et belle fabrication de fusils de chasse.

M. GAUCHE,

Le jury lui accorde une mention honorable particulière pour des fusils à culasses mobiles taraudées.

M. PELÉ, de Lorient,

Pour des pistolets très-bien exécutés, à crosses métalliques ciselées et à mécanisme de percussion adroitement dissimulé, le chien même servant de ponté de sous-garde.

M. LABBÉ, à Niort,

Pour un fusil canon damassé, monture d'érable, établi avec soin pour un prix modéré.

M. MICHEL, amateur d'Orléans,

Pour un fusil brisé sans chiens ni gâchettes apparentes : cette arme est, en outre, pourvue d'un verrou de sûreté.

M. TEISSIÉ-DUMOTTET,

Pour un fusil brisé au-dessus du tonnerre, armant le chien par le mouvement d'ouverture.

M. PÉTIGNY, à Soissons (Aisne),

Pour une carabine de tir richement ciselée et damasquinée.

LE JURY CITE HONORABLEMENT :

MM. CHAUVIN, de Niort, et BOUSSARD, de Toulouse,

Pour des moyens de sûreté appliqués aux fusils.

MM. HONORAT et BESSAY, de Saint-Étienne,

Pour des fusils ployants, dont la poignée et la platine se renferment dans la crosse.

M. GABION, platineur à Saint-Étienne,

Pour des platines d'une très-bonne exécution.

MM. GODDET et ALKIN,

Canonniers qui se présentent pour la première fois et exposent des canons de fusil damassés et rubanés d'une bonne exécution. Le jury encourage ainsi cette première entrée dans la lice industrielle.

SECTION IV.

INSTRUMENTS DE MUSIQUE.

M. Savart, rapporteur.

Considérations générales.

La facture des instruments de musique a fait de grands progrès depuis 1834 : les pianos à queue, les pianinos, les flûtes, les instruments à vent en cuivre et les instruments à archet ont présenté des améliorations qu'il ne semblait pas qu'on pût faire dans un laps de temps de cinq années. C'est surtout par les perfectionnements de détail, par la précision du travail, par l'entente plus complète du mécanisme et du rôle de chaque partie des instruments, que les facteurs se sont généralement fait remarquer. En voyant, dans les salles de l'exposition, un si grand nombre d'instruments de musique : huit grandes orgues, cent quatre-vingt-sept pianos, plus de soixante instruments à archet, et une quantité considérable d'instruments à vent de toute nature, on était, au premier abord, porté à penser que les jurys d'admission s'étaient montrés trop peu sévères, et que beaucoup de ces produits n'auraient pas dû figurer à l'exposition ; mais, à un examen plus attentif, il était facile de reconnaître que, parmi ces produits, bien peu étaient médiocres, et que le plus grand nombre était fort remarquable.

L'essai, la comparaison des instruments de musique présente de grandes difficultés ; il en est toujours ainsi lorsque nos jugements reposent sur les impressions d'un seul de nos sens. La commission a donc dû s'entourer des lumières de compositeurs et d'artistes habiles, et elle a demandé l'adjonction de MM. Berton, Auber, Baillot et Galay, dont la grande réputation et le talent bien reconnu nous dispensent de tout autre éloge. Tous les jugements prononcés l'ont été avec leur concours, et toujours à la majorité des voix, très-fréquemment à l'unanimité.

En 1827, les instruments de musique avaient été essayés dans les salles mêmes de l'exposition, en présence du public ; en 1834, on les avait portés dans les salles du Louvre, et leur examen avait été fait avec un plus grand soin ; mais les noms des facteurs, inscrits sur les instruments, étaient restés à découvert, et, par conséquent, ils étaient connus des membres de la commission. Cette année, nous avons dû satisfaire aux vœux du plus grand nombre des exposants, surtout des facteurs de pianos, qui demandaient que les noms nous restassent inconnus, et, par conséquent, que le jugement portât principa-

lement sur les effets sonores, but final de tout instrument de musique.

Si cette manière de procéder présentait quelques
inconvénients, on ne peut pas se dissimuler qu'elle
offrait aussi de grands avantages. En effet, à une
époque où la théorie de la construction des pianos
n'est pas faite, où les facteurs sont partagés d'opinion presque sur tous les points de leur art, notamment sur la disposition du mécanisme que les uns placent en dessus des cordes, et les autres en dessous ;
sur la disposition des sommiers et des résistances à
opposer au tirage des cordes; sur celle des tables,
sur celle des étouffoirs que les uns placent en dessous des cordes, les autres en dessus, que les uns
font simples et les autres à double tête ou même
doubles, l'un en dessus, l'autre en dessous des cordes : à une pareille époque et dans un tel état de
l'art, et surtout en considérant que des instruments
de dispositions très-diverses paraissent donner les
mêmes résultats, il semble que la marche proposée
par les facteurs et adoptée par la commission, de
juger principalement d'après les effets sonores, était
préférable à toutes les autres.

L'examen des instruments a eu lieu dans les salles
du palais Bourbon; les noms des facteurs ont été
couverts en l'absence des membres de la commission, et un numéro a été placé sur chaque instrument; un ou deux commissaires, pris parmi les fac-

teurs les plus anciens, sont constamment restés présents aux épreuves, afin qu'ils pussent constater et dire à leurs confrères que la plus grande loyauté avait constamment présidé à nos essais. Ce sont ces délégués qui ont, dans tous les cas, découvert eux-mêmes les noms des facteurs dont les instruments avaient paru dignes d'être placés en première ligne.

——

§ 1er. INSTRUMENTS A CORDES.

Pianos.

Les pianos, tant par leur forme que par leurs dimensions et la qualité des sons, peuvent être divisés en quatre classes : en pianos à queue, pianos carrés, pianos droits à cordes obliques, et pianinos, qui sont aussi des pianos droits, mais à cordes verticales. En outre, chacune de ces quatre classes peut encore être subdivisée en deux autres, attendu que pour chacune l'instrument peut être à deux ou à trois cordes.

Soixante-sept facteurs de pianos se sont présentés à l'exposition; nous avons à demander des récompenses pour vingt-sept d'entre eux. Cent cinquante-un pianos ont été soumis à nos épreuves; cent quatre-vingt-sept étaient dans les salles de l'exposition.

Tous ces instruments ont été essayés par M. Auber, qui s'est prêté, avec une patience admirable, que l'amour de la justice peut seul expliquer, à tous les essais que la commission pouvait désirer. D'abord les pianos d'une même espèce étaient essayés d'une manière générale, afin de mettre de côté tout ce qui paraissait d'un ordre inférieur; puis tous ceux qui avaient paru mériter un examen spécial étaient placés à côté les uns des autres, et on les comparait entre eux autant de fois qu'il était nécessaire pour arriver à les classer par ordre de mérite. Il nous suffira de dire que la comparaison de deux pianos a quelquefois duré plus d'une heure.

Pianos à queue.

Vingt-six pianos à queue ont été soumis à notre examen : cinq ou six seulement ont été reconnus pour de médiocres instruments; la classification des autres a demandé un temps fort long et des épreuves variées de bien des manières. Nous devons même dire que, avec le désir de ne faire porter les récompenses que sur six de ces instruments, nous n'avons pu nous empêcher d'en conserver un septième, tant il nous paraissait digne de rester sur les rangs.

Voici les noms des facteurs dans l'ordre où nous les avions rangés sans les connaître :

MM. Érard,
    Soufleto,
    Pleyel,
    Kriegelstein et Plantade,
    Boisselot, de Marseille,
    Roselen.

On peut remarquer que six noms seulement figurent dans cette liste, tandis que sept pianos avaient été réservés; cela provient de ce que M. Érard avait présenté deux pianos à queue, et de ce que tous deux ils ont été mis tout d'abord, et à l'unanimité, en première ligne, sans qu'il nous fût possible de donner la préférence à l'un sur l'autre.

Pianos carrés à trois cordes.

Sur cinquante-trois pianos carrés que la commission a entendus, vingt-deux ont d'abord été mis à part comme étant les meilleurs; puis ensuite, par des comparaisons successives, on est arrivé à n'en conserver que sept qui ont été classés par ordre de mérite; et les noms des facteurs ayant été découverts, la liste suivante s'est trouvé formée :

MM. Érard,
    Kriegelstein, } sur la même ligne.
    Pleyel, ... }
    Wolfel,
    Pape,
    Gaidon,
    Herz.

Le piano de M. Érard, d'un patron un peu plus grand que celui des pianos carrés ordinaires, l'emportait de beaucoup par l'intensité du son. La comparaison des pianos de MM. Kriegelstein et Pleyel a duré plus d'une heure et demie ; quoique ces deux instruments fussent très-différents par la qualité du son et par la construction, celui de M. Kriegelstein étant à *frapper* en dessus, la commission n'a pu se résoudre à placer l'un avant l'autre.

Pianos carrés à deux cordes.

Onze pianos carrés à deux cordes ont été présentés à notre examen : trois ont été distingués. Celui qui a paru mériter d'être mis en première ligne est de M. Pape, le second, de M. Busson, et le troisième de M. Côte.

Pianos droits à cordes obliques.

Vingt-sept pianos de cette espèce ont été entendus et comparés ; nous avons pensé qu'il suffisait d'en réserver quatre qui sont, en les rangeant toujours par ordre de mérite, de MM. Érard, Mermet, Grus et Mercier.

Il est encore à remarquer ici que le piano de M. Érard était plus grand que tous ceux du même genre, et qu'il l'emportait de beaucoup sur les autres par l'intensité et la rondeur du son.

Pianinos ou pianos droits à cordes verticales.

Ces instruments, qui étaient encore très-imparfaits en 1834, ont fait, depuis cette époque, des progrès immenses; on est parvenu à leur faire produire des sons qui, pour l'intensité et la rondeur, peuvent rivaliser avec ce qu'on a fait de mieux en pianos droits à cordes obliques.

Trente-quatre de ces instruments ont été soumis à notre examen : quelques-uns étaient à trois cordes, le plus grand nombre n'en avait que deux.

Parmi ceux qui étaient à trois cordes, deux ont paru supérieurs à tous les autres; celui qui avait été mis au premier rang était de M. Schoen, le second, de M. Koska.

Parmi ceux qui étaient à deux cordes, quatre ont été distingués : le premier était de M. Pleyel, le second de MM. Hatzenbuhler et Faure, le troisième de M. Eslanger, et le quatrième de M. Kriegelstein.

Le pianino de M. Pleyel était extrêmement remarquable par la rondeur, la force et l'égalité des sons.

Tel est l'ordre dans lequel nous avons pu, sous le rapport des qualités du son, classer les pianos de chacune des quatre classes; mais maintenant il est clair que les récompenses à accorder doivent aussi porter sur la bonne confection de ces instruments, sur le fini du travail, sur les perfectionnements apportés à la construction, et qu'il ne faut pas non plus négliger l'importance et la durée des établissements. La liste des récompenses à donner devra donc contenir d'autres noms que ceux des facteurs déjà cités jusqu'ici ; et il pourra même arriver que des facteurs obtiennent des récompenses plus élevées que celles auxquelles ils auraient eu droit si on n'avait eu égard qu'au rang occupé par leurs instruments sous le point de vue de la qualité des sons.

RAPPEL DE MÉDAILLES D'OR.

M. PAPE, à Paris, rue des Bons-Enfants, 19.

M. Pape a exposé un piano à queue, plusieurs pianos en forme de console et de guéridon, un piano vertical, deux pianos carrés, l'un à deux, l'autre à trois cordes.

Plusieurs de ces instruments étaient à *frapper* en dessus et présentaient une disposition nouvelle de la table d'harmonie et du chevalet. Le piano carré à deux cordes de M. Pape a été placé au premier rang de ce genre d'instruments ; il se faisait surtout remarquer par le grand volume des sons qu'il émettait.

Les pianos en forme de console et de guéridon que M. Pape a construits, en vue de réduire, autant que possible,

les dimensions des pianos, n'ont pas dû être comparés avec
d'autres pianos, puisqu'ils sont faits dans un but déterminé,
celui d'occuper moins de place et d'avoir une forme gra-
cieuse. Ils étaient remarquables par la disposition du mécanisme, entièrement de l'invention de M. Pape, et par la
beauté des sons.

Les instruments qui sortent des ateliers de cet habile
artiste sont d'une exécution très-soignée. M. Pape occupe
cent quatre-vingts ouvriers et confectionne quatre cents
pianos par an ; il a obtenu la médaille d'or en 1834, le
jury l'en juge aussi digne qu'à cette époque.

M. Pleyel, à Paris, rue Rochechouart, 20.

Deux pianos à queue, dont l'un, de petit format, a mérité d'être placé en troisième ligne, un piano carré qui
a obtenu le deuxième rang, deux pianinos dont l'un a été
jugé supérieur à tous les instruments du même genre. La
fabrique dirigée par M. Pleyel est la plus considérable de
Paris ; elle confectionne de huit à neuf cents pianos par
an et occupe trois cents ouvriers ; elle est digne, sous tous
les rapports, qu'on lui accorde le rappel de la médaille
d'or qui lui a été donnée aux précédentes expositions.

MM. Roller et Blanchet, à Paris, rue Hauteville, 16.

Cette maison a exposé deux pianos droits à cordes obliques, un piano à queue à deux cordes et un piano à queue
vertical. C'est à MM. Roller et Blanchet qu'on doit la création de ce genre de pianos qu'on appelle droits et dans lesquels les cordes sont obliques ; ces habiles facteurs se

maintiennent toujours au premier rang, et leur établissement est aussi digne que jamais de la médaille d'or qui lui a été accordée en 1834.

––––––––

NOUVELLE MÉDAILLE D'OR.

M. Pierre Érard, à Paris, rue du Mail, 13 et 21.

Neveu du célèbre Sébastien Érard, M. Pierre Érard a pris à tâche de soutenir la grande réputation de l'établissement que son oncle avait créé et qu'il lui a légué. Cette tâche difficile, M. Érard l'a dignement remplie : ses pianos, dans trois genres différents, ont été mis en première ligne, et, nous devons le dire, leur supériorité était marquée.

Les instruments qui sortent des ateliers de M. Érard se distinguent non-seulement par la qualité des sons, mais encore par le fini du travail, par la disposition du mécanisme et par la solidité de toutes les parties qui les constituent.

Le jury décerne une nouvelle médaille d'or à M. Pierre Érard.

––––––––

RAPPEL DE MÉDAILLE D'ARGENT.

M. Pfeiffer, à Paris, rue Montmartre, 132.

M. Pfeiffer, l'un de nos plus anciens et de nos plus habiles facteurs, a exposé un piano carré à trois cordes dans lequel il a cherché à diminuer, autant que possible, la hauteur des sommiers et l'épaisseur du fond, afin d'avoir plus de légèreté sans perdre, d'ailleurs, de la solidité. Cet instrument a paru fort bon et habilement disposé.

Le jury accorde à M. Pfeiffer le rappel de la médaille d'argent qu'il a obtenue à l'exposition de 1827.

NOUVELLES MÉDAILLES D'ARGENT.

MM. KRIEGELSTEIN et PLANTADE, à Paris, boulevard Montmartre, 8.

Ils ont présenté un piano à queue qui a mérité d'être placé en quatrième ligne ; deux pianos carrés, dont l'un a été mis au second rang, et un pianino placé au quatrième rang.

Les instruments qui sortent de cet établissement se font remarquer par leur parfaite exécution. Le piano carré de M. Kriegelstein était à *frapper* en dessus, au moyen d'un mécanisme simple qui ne nuit en rien à la facilité du jeu de l'instrument ; une disposition analogue s'observait dans le piano à queue, où des étouffoirs doubles empêchaient complétement les sons de persister après que la touche avait été abandonnée.

L'établissement de MM. Kriegelstein et Plantade avait obtenu une médaille d'argent en 1834 ; le jury pense qu'il mérite une nouvelle récompense du même genre.

MM. SOUFLETO et cie, à Paris, rue du Faubourg-Saint-Martin, 174.

Ils ont exposé deux pianos droits à cordes obliques et un

piano à queue qui a été jugé digne d'occuper la première place après ceux de M. Érard, et dans lequel on observe plusieurs dispositions nouvelles, notamment une table voûtée et un fond consistant en un barrage extrêmement léger ; ce qui ne paraît cependant pas nuire à la solidité de l'instrument.

M. Souffleto a aussi remplacé la cheville qui sert de guide à la touche et sur laquelle elle se meut, par un axe horizontal porté par une petite tige verticale, le tout faisant système et ayant l'aspect de la lettre T, modification qui paraît heureuse ; car, dans la disposition ordinaire, la mortaise qui reçoit la cheville finit toujours par s'élargir, et il en résulte un mouvement latéral de la touche et de l'échappement qui peut donner naissance à un bruissement désagréable, et, en outre, nuire à la pureté du son. Néanmoins nous ferons observer que c'est à l'expérience à prononcer sur la valeur de cette innovation.

M. Souffleto avait obtenu une médaille d'argent en 1834 pour des pianos droits faits à l'instar de ceux de M. Roller dont il a été l'élève ; le jury, considérant que son piano à queue a été mis au second rang, lui décerne une nouvelle récompense du même ordre.

MM. WOLFEL et LAURENT, à Paris, rue de l'Université, 25.

Ils ont exposé un piano à queue, deux pianinos et un piano carré à trois cordes à *frapper* en dessus qui a été mis au troisième rang des instruments de cette espèce.

Ces facteurs, dont les instruments se sont fait remarquer par leur belle exécution, ont apporté plusieurs modifications dans la disposition de la table d'harmonie et du chevalet qui la met en communication avec les cordes, ainsi que dans celle des mécanismes des divers genres de pianos. Récemment établis, MM. Wolfel et Laurent occupent déjà dix-huit à vingt ouvriers.

Le jury les juge dignes de la médaille d'argent.

MM. Boisselot et fils, à Marseille.

Ils ont établi à Marseille une fabrique dans laquelle ils occupent soixante-dix ouvriers qui confectionnent deux cent cinquante à trois cents pianos par an, dont un grand nombre est exporté en Italie. Parmi les instruments que ces facteurs ont exposés, un piano à queue d'un très-petit patron, a soutenu honorablement la comparaison avec les pianos à queue des meilleurs maîtres et a mérité d'être placé le cinquième parmi les instruments de cette espèce, qui, comme nous l'avons déjà dit, étaient presque tous d'une qualité supérieure.

Le jury décerne une médaille d'argent à MM. Boisselot et fils.

RAPPEL DE MÉDAILLE DE BRONZE.

M. Wetzel, rue des Petits-Augustins, 9.

Il fabrique des pianos de tous genres qu'il livre à des prix très-modérés. Honoré en 1827 d'une médaille de bronze qui lui fut rappelée en 1834, le jury lui accorde de nouveau le rappel de cette distinction.

NOUVELLE MÉDAILLE DE BRONZE.

M. GAIDON jeune, à Paris, rue Moutmartre, 121.

Il expose deux pianos carrés à trois cordes et à sommier prolongé, disposition de son invention. Les instruments qui sortent des ateliers de M. Gaidon sont d'un travail bien soigné ; ils présentent beaucoup de solidité et offrent, par conséquent, des garanties de durée. L'un des deux pianos carrés exposés par M. Gaidon a mérité d'être placé en cinquième ligne, et c'est un grand honneur dans un concours où l'on ne comptait pas moins de cinquante-trois pianos.

M. Gaidon avait obtenu une médaille de bronze en 1834 ; le jury lui décerne une nouvelle récompense du même genre.

MÉDAILLES DE BRONZE.

M. MERCIER, à Paris, rue Basse-St-Pierre, 4.

Ce facteur, l'un des meilleurs élèves de M. Roller, construit des pianos droits à cordes obliques ; il a exposé deux de ces instruments, qui se faisaient remarquer par le fini du travail, par la beauté et la force des sons, par la disposition ingénieuse et en même temps simple du mécanisme, ainsi que par un système de doubles étouffoirs entièrement de son invention. Cet artiste distingué occupe vingt-sept ouvriers et construit cent vingt pianos par an. L'un de ses pianos droits, présenté seul au concour., a été placé au quatrième rang.

Le jury décerne une médaille de bronze à M. Mercier.

M. SCHOEN, à Paris, rue Richer, 42.

Il expose un piano carré à trois cordes et un pianino à trois cordes qui a mérité d'être placé le premier des instruments de cette espèce. Récemment établi, il confectionne par an trente-six pianos et occupe douze ouvriers tant dans ses ateliers qu'à l'extérieur. M. Schoen mérite à tous égards la médaille de bronze que le jury lui décerne.

M. MERMET, élève de Roller, à Paris, rue Hauteville, 43.

M. Mermet fabrique des pianos droits à cordes obliques; établi seulement depuis quinze mois, il a déjà construit trente de ces instruments. Celui qui a concouru a mérité d'être placé en première ligne après le piano de M. Érard. M. Mermet est digne de la médaille de bronze que le jury lui décerne.

M. KOSKA, à Paris, rue Sainte-Croix-de-la-Bretonnerie, 14.

Il expose un piano carré à trois cordes et un pianino également à trois cordes qui a obtenu le second rang au concours. M. Koska est un habile ouvrier qui apporte beaucoup de soins dans la construction de ses instruments. Son pianino se faisait remarquer par la disposition du clavier et des marteaux qui forment un système qu'on peut enlever et replacer à volonté, et aussi par plusieurs perfectionnements de détail. M. Koska occupe ordinairement quatre ouvriers ; il confectionne ses caisses et ses mécanismes.

Le jury décerne une médaille de bronze à M. Koska.

M. Côte, à Paris, rue Grange-Batelière, 21.

Il expose deux pianos carrés à *frapper* en dessus ; celui de ces instruments qu'il a présenté au concours était à deux cordes, il a été placé au troisième rang ; mais il aurait mérité d'être placé au deuxième rang, si son clavier n'avait pas paru un peu dur, défaut que M. Côte connaissait, auquel il pouvait facilement remédier et qu'il n'avait laissé à son instrument que sur de mauvaises indications qui lui avaient été données.

M. Côte est un artiste habile, qui a imaginé le mécanisme à *frapper* en dessus qui est dans ses pianos, et diverses dispositions qui semblent heureuses ; c'est ainsi qu'il a mis de doubles étouffoirs aux cordes qui forment les trois octaves les plus graves et qu'il a établi un mécanisme au moyen duquel on peut étouffer le son de l'une des deux cordes de chaque touche tandis qu'on accorde l'autre.

Le jury décerne une médaille de bronze à M. Côte.

MM. Hatzenbuhler et Faure, à Paris, faubourg Saint-Antoine, 63.

Ils exposent un piano carré, un piano à queue, deux pianinos et un piano droit. L'un des pianinos que ces fabricants avaient mis au concours a mérité d'être placé le deuxième, et, en conséquence, le jury décerne une médaille de bronze à MM. Hatzenbubler et Faure.

M. Busson, à Paris, rue Mandar, 3.

Ce fabricant a exposé un piano carré à deux cordes et à *frapper* en dessus. Il occupe habituellement dix ouvriers et confectionne trente pianos par an. Le piano qu'il a exposé, et qui a mérité d'être placé au second rang, est une imitation fidèle des pianos de M. Cote, chez qui cet artiste a travaillé pendant plusieurs années.

Le jury accorde à M. Busson une médaille de bronze pour le rang honorable que son piano a obtenu au concours.

M. Bernhart.

Cet artiste distingué occupe soixante-dix ouvriers et confectionne, chaque année, trois cents pianos de tous genres qu'il livre à des prix très-modérés. Honoré de la médaille de bronze en 1827 et en 1834, le jury le juge digne d'une nouvelle récompense du même genre.

MENTIONS HONORABLES.

M. Cluesman, à Paris, rue Favart, 4.

Il expose un piano droit, un piano carré et un pianino; il occupe habituellement trente ouvriers et confectionne environ cent pianos par an. M. Cluesman avait obtenu une mention honorable aux précédentes expositions, le jury lui décerne une nouvelle récompense du même ordre.

M. Gibaut, à Paris, rue de la Chaussée-d'Antin, 38 *bis*.

Il expose deux pianos droits à cordes obliques. Cet artiste est le premier qui ait confectionné des pianos droits dans lesquels toute la partie antérieure s'ouvre à charnières; il fabrique environ cent cinquante pianos par an et il les livre à des prix très-bas. Le jury décerne une mention honorable à M. Gibaut.

M. Grus, à Paris, rue Saint-Louis, au Marais, 60.

Un piano carré, un piano droit qui a mérité d'être placé le troisième au concours de ce genre d'instruments.

M. Grus est digne de la mention honorable que le jury lui décerne.

M. Eslanger, rue Montorgueil, 8.

Un piano carré, un pianino placé en troisième ligne au concours. Cet artiste confectionne vingt à vingt-cinq pianos par an; il occupe huit ouvriers.

Le jury décerne une mention honorable à M. Eslanger.

M. Herz, rue de la Victoire, 38.

Un pianino, un piano à queue, un piano carré à trois cordes, qui a mérité d'être placé au sixième rang de ce genre d'instruments.

M. Hertz occupe quarante-cinq ouvriers et mérite à tous égards que le jury lui décerne une mention honorable.

M. Rosellen, à Paris, passage de l'Industrie, 9.

Un piano carré, un pianino et un piano à queue, qui a été placé le sixième de ce genre d'instruments. C'est à ce titre que le jury décerne une mention honorable à M. Rosellen.

M. Roger, à Paris, rue de Seine-Saint-Germain, 32.

Il expose un piano carré, à trois cordes, et un pianino dont le clavier est à bascule et se relève comme le tablier d'un secrétaire, ce qui fait que l'instrument occupe très-peu de place. M. Roger est un artiste distingué qui apporte beaucoup de soins dans la confection de ses instruments, qu'il livre cependant à des prix modérés. Le jury lui décerne une mention honorable.

Procédés pour faciliter l'accord des pianos.

A diverses époques, les facteurs de pianos ont cherché à perfectionner les procédés employés pour accorder ces instruments. Tout le monde sait que cet accord se fait au moyen de chevilles d'acier, enfoncées dans l'un des sommiers, et autour desquelles les cordes sont enroulées. Ce procédé présente sans doute de graves inconvénients ; mais il offre cet avantage inappréciable que la corde est fixée bien plus solidement que par tous les moyens qu'on a tenté de lui substituer ; et à cette solidité se trouve liée l'intensité du son.

Déjà, en 1827, M. Cluesman avait présenté des pianos où la pointe d'attache était remplacée par un levier auquel la corde était fixée et qu'on faisait marcher par une vis de pression.

Antérieurement, Sébastien Érard avait tenté d'accorder les pianos par des vis de rappel, procédé qui était employé bien avant lui dans certains luths, dans les guitares , etc. Ce célèbre facteur, si bon juge en cette matière, avait cru devoir renoncer à ce procédé. Son neveu, Pierre Érard, a présenté un pianino où l'accord se fait par un mécanisme analogue ; seulement un pignon mû par une vis sans fin a été substitué à la vis de rappel. Cette disposition a aussi été employée dans les guitares, et elle l'est habituellement dans les contre-basses. M. Boisselot de Marseille a également exposé des pianos où ce même mécanisme a été appliqué. M. Pfeiffer (Émile) de Versailles a employé, mais seulement pour régler l'accord, une vis de pression dont le bout appuie sur la portion de la corde qui est comprise entre le sillet et la cheville, ce qui permet de faire monter ou baisser le son avec facilité, sans craindre les secousses qu'on observe fréquemment quand on n'emploie que la cheville seule. M. Pape a obtenu le même résultat par un procédé encore plus simple , au moyen d'une vis qui entre plus ou moins dans le sommier et dont le dessous de la tête presse sur la corde. Enfin M. Roller a exposé des pianos dans lesquels on trouve une disposition fort ingénieuse pour accorder à l'œil, à l'aide d'un repère, une fois que l'instrument a été réglé par un habile accordeur. Ce mécanisme est de l'invention de M. Lepère, architecte fort distingué.

On peut faire sur tous ces procédés les mêmes observations, excepté peut-être sur celui de M. Pape : 1° s'il casse une corde, il arrivera presque toujours qu'on ne pourra plus jouer, parce que les pièces qui servent à tendre la corde, qui sont devenues libres, pourront frapper l'une contre l'autre et donner naissance à un bruit désagréable, qui se produira encore, même sans qu'une corde soit cassée, lorsque le mécanisme sera un peu usé ; 2° la corde n'étant pas fixée si solidement, par ses extrémités, qu'elle l'est par la disposition ordinaire, l'intensité du son est notablement diminuée.

3° Le prix de l'instrument est toujours beaucoup augmenté.

Malgré ces observations, comme il serait très-important de perfectionner le procédé actuellement employé pour accorder le piano, le jury n'aurait pas hésité à décerner une mention honorable aux facteurs qui viennent d'être cités, si tous, hors un seul, n'étaient déjà récompensés à d'autres titres. M. Pfeiffer (Émile) de Versailles, faisant seul exception, le jury lui accorde une mention honorable pour le procédé qu'il a imaginé.

Quant au système si ingénieux de M. Lepère, le jury pense qu'il est nécessaire que le temps et l'expérience prononcent sur sa valeur.

§ 2. INSTRUMENTS A CORDES ET A ARCHET.

Les instruments à archet comprennent le violon, l'alto, la basse et la contre-basse. Les instruments de chacune de ces quatre classes ont été essayés, à part, en prenant les mêmes précautions qui ont été indiquées plus haut pour les pianos ; c'est-à-dire que les noms des luthiers sont restés inconnus aux membres de la commission, et qu'un facteur, M. Lacote, a assisté à toutes les épreuves. Huit concurrents se sont présentés pour les instruments à archet.

Violons.

Vingt-trois violons ont été soumis à notre examen ; ils ont été essayés par notre célèbre violoniste Baillot, membre de la commission : les cinq meilleurs ont été mis à part et classés par ordre de mérite.

Les deux premiers étaient de M. Vuillaume ;

Le troisième, de M. Chanot ;

Le quatrième, de M. Bernardel ;

Et le cinquième, de M. Chanot.

Le premier violon de M. Vuillaume a été comparé à l'excellent violon de Stradivarius que possède M. Baillot, et il a soutenu ce redoutable rapprochement avec un succès qui nous a paru bien remarquable. Déjà, en 1834 et 1827, les violons de M. Vuillaume avaient subi cette épreuve et ils en étaient sortis avec honneur.

Altos.

Huit altos ont été présentés à la commission ; trois ont paru dignes d'être distingués :

Les deux premiers sont de M. Vuillaume ;

Le troisième est de M. Bernardel.

Basses.

Huit basses ont été examinées ; trois ont été réservées pour être l'objet de récompenses à décerner :

La première, de beaucoup au-dessus de toutes les autres, était de M. Vuillaume ;

La deuxième de M. Chanot, et la troisième de M. Bernardel.

Contre-basses.

Un seul instrument de cette espèce a été soumis à notre examen : il n'a pas paru digne de faire l'objet d'une récompense.

Nous ferons observer, à ce sujet, qu'il est fâcheux que les luthiers n'attachent pas plus d'importance à la confection des contre-basses. On fait de ces instruments de toutes dimensions, comme s'il n'y avait pas là des dimensions rigoureuses comme pour le violon. Les contre-basses sont l'âme des orchestres ; il est indispensable qu'on apporte des perfectionnements à leur construction et, surtout, qu'on les rende plus faciles à jouer.

Les progrès de l'acoustique permettent aussi de dire que les dimensions des altos ne sont pas ce qu'elles devraient être : c'est là la cause du peu de son de la quatrième corde et de la difficulté qu'on a à le tirer. Le jury appelle l'attention des luthiers sur la construction des contre-basses et des altos.

Archets.

Deux facteurs, M. Vuillaume et M. Pecatte, nous ont présenté des archets bien faits et que M. Baillot a essayés avec tout le soin possible.

En général, les archets de M. Vuillaume ont paru d'une qualité un peu supérieure ; cependant, parmi ceux de

M. Pecatte, il s'en est trouvé un fait à la manière de Tourte, qui a semblé meilleur que tous les autres.

En conséquence de l'examen dont nous venons de rapporter les résultats, le jury décerne les récompenses suivantes aux facteurs d'instruments à archet :

A M. Vuillaume, une médaille d'or, pour avoir confectionné des i... 'ruments qui, à l'exposition de 1827, à celle de 1834 et à celle de cette année, ont soutenu avec succès la comparaison avec les instruments des plus grands maîtres.

M. Vuillaume occupe habituellement huit ouvriers et confectionne annuellement six cents archets et cent cinquante instruments dont une partie passe à l'étranger.

A M. Chanot, une médaille d'argent ;

A M. Bernardel, une médaille de bronze ;

A M. Pecatte, pour ses archets, une mention honorable.

A ces récompenses, le jury en réunira deux autres qui lui paraissent également bien méritées, mais sous d'autres points de vue.

M. Buthod, à Mirecourt, ancien ouvrier de M. Vuillaume, fait huit cents violons par an, quarante altos et cinquante basses. Le prix de ses violons varie depuis 5 fr. jusqu'à 40 fr. Le jury décerne une médaille de bronze à M. Buthod.

M. Derazey, à Mirecourt, confectionne des instruments à archet qui ont paru d'une belle exécution, et qui ont, en général, une belle qualité de son.

Le jury décerne une mention honorable à M. Derazey.

Jusqu'ici la médaille d'argent avait été la plus haute récompense accordée à la lutherie, et c'était avec justice. Tant qu'on pouvait dire que les violons italiens étaient supérieurs à ce qui se faisait en France, la première récompense de l'industrie, la médaille d'or, ne pouvait pas être accordée à ce genre de produits; il n'en est plus de même aujourd'hui : M. Vuillaume a apporté dans la construction des instruments à archet une précision que, jusqu'ici, on y aurait inutilement cherchée; c'est par des moyens mécaniques qu'il détermine les épaisseurs de ses tables et qu'il en façonne les surfaces courbes : par là il est toujours certain de la régularité de ces surfaces et de leur parfaite identité dans tous les cas. Ces procédés lui ont permis de copier les grands maîtres avec une scrupuleuse exactitude, et maintenant que la théorie des instruments à archet est faite, sinon dans ses dernières particularités, au moins dans tout ce qu'elle a d'un peu général; maintenant qu'on connaît les conditions que les grands maîtres ont constamment remplies, on peut dire que M. Vuillaume y a également satisfait, et que l'art des Amati et des Stradivarius a été retrouvé en France.

Harpes.

Quatorze harpes, tant simples que doubles, ont été soumises à notre examen ; elles étaient de quatre facteurs différents : on en distingue trois à double action et une à simple action.

M. Érard a obtenu le premier rang dans l'un et l'autre genre ;

M. Chaillot, le deuxième pour les harpes à double action ;

M. Domeny, le troisième.

POUR MÉMOIRE.

M. Pierre ÉRARD, rue du Mail, 13 et 21.

La réputation de la maison Érard, pour la fabrication des harpes, a été faite par Sébastien Érard, qui a apporté tant de perfectionnements à la construction de cet instrument : cette réputation se soutient toujours et elle est pleinement méritée. Si M. Pierre Érard n'avait pas obtenu une médaille d'or pour ses pianos, le jury lui en aurait décerné une pour ses harpes.

RAPPEL DE MÉDAILLE D'ARGENT.

M. DOMENY, à Paris, rue du Faubourg-Saint-Denis, 107.

Il expose plusieurs harpes à simple et à double action, exécutées avec talent. Cet artiste avait obtenu une médaille d'argent à l'exposition de 1827 : cette récompense lui avait été confirmée en 1834; le jury lui en accorde encore le rappel.

MÉDAILLE DE BRONZE.

M. CHAILLOT, à Paris, rue St-Honoré, 336.

Fils d'un facteur distingué, qui avait obtenu des récompenses aux précédentes expositions, M. Étienne Chaillot a cherché à apporter quelques perfectionnements utiles à la facture de la harpe ; c'est ainsi qu'il a fixé les cordes à la face droite de la console, au lieu de les fixer à la face gauche, comme on l'avait toujours fait jusqu'ici. Il résulte de cette disposition que l'exécutant peut plus facilement attaquer les cordes les plus aiguës. M. Chaillot a, en outre, allongé la table d'harmonie en la courbant par sa partie inférieure, qui s'étend jusqu'à la colonne, en couvrant la moitié de la cuvette.

Pour ces perfectionnements et pour le rang que la harpe de M. Chaillot a obtenu dans le concours, le jury décerne une médaille de bronze à cet artiste.

RAPPEL DE MÉDAILLE DE BRONZE ET MÉDAILLE DE BRONZE.

Guitares.

M. Coffe, à Mirecourt.
M. Lacote, à Paris, rue Louvois, 10.

Quatre concurrents seulement se sont présentés pour ce genre d'instruments. Une guitare à sept cordes, de M. Lacote, a surtout été distinguée : parfaitement exécutée, elle avait, en outre, une fort belle qualité de son.

Le second rang a été décerné à une guitare de M. Coffe, luthier à Mirecourt. M. Coffe avait obtenu une médaille de bronze en 1834 ; le jury lui en accorde le rappel.

M. Lacote est un luthier fort distingué, qui fabrique des instruments qui sont fort recherchés du public ; le jury lui décerne une médaille de bronze,

§ 3. INSTRUMENT A VENT.

Orgues.

Orgues d'église.

Depuis plusieurs siècles, la fabrication des orgues est restée stationnaire ou à très-peu près, comme on peut s'en convaincre par la lecture de l'*Harmonie universelle*, de Mersenne (1636), et par celle du *Traité des orgues*, de don Bédos (1747).

Du temps de Mersenne, il existait des orgues dans lesquelles il y avait des tuyaux qui faisaient entendre les diverses voyelles et qui prononçaient des syllabes. Sous ce point de vue la facture des orgues aurait rétrogradé. On peut dire avec vérité que la science de l'acoustique est en avant de l'art du facteur d'orgues : c'est l'inverse de ce qui a lieu pour les autres instruments à vent. Depuis un demi-siècle, on ne s'est guère occupé, en France, de la fabrication des grandes orgues : on n'avait vu jusqu'ici, aux diverses expositions, qu'un orgue d'Érard, destiné à une chapelle, et un orgue de M. Davrainville ; ce n'est que depuis cinq ou six ans que la facture des orgues a repris faveur.

Les galeries de l'exposition renfermaient, cette année, deux grandes orgues d'église, l'un de M. Abbey, l'autre de MM. Daublaine et Calinet ; cinq orgues de moi s dimensions, l'un de MM. Cavaillé-Coll, deux autres de MM. Darche et Grandjon, deux autres de M. Lélé de Mirecourt ; enfin un orgue appelé *milacor*, et qui est construit de manière à pouvoir être joué par des personnes étrangères à la musique : cet instrument est de l'invention de M. Laroque.

Toutes ces orgues ont été jouées en présence de la commission par M. Lefébure, artiste fort distingué ; chaque jeu a été entendu à part, et un certain nombre de tuyaux ont été enlevés de dessus les sommiers et examinés en détail, tant pour la construction que pour les qualités du son. Enfin le mécanisme et la soufflerie ont aussi été l'objet d'un examen spécial.

MÉDAILLES DE BRONZE.

M. ABBEY, à Paris, rue Saint-Denis, 319.

L'orgue de M. Abbey, destiné à la cathédrale de Tulle, est le plus complet de toutes celles qui étaient à l'exposition ; il renferme 2014 tuyaux, constituant 31 jeux : on y remarque un mécanisme au moyen duquel on peut faire varier l'intensité du son à volonté, en ouvrant plus ou moins, à l'aide d'une pédale, des espèces de jalousies. Nous devons cependant dire qu'à l'exposition de 1834 se trouvait un piano droit de M. Mercier, dans lequel une disposition analogue avait été pratiquée. L'orgue de M. Abbey est d'une belle exécution, et les matériaux qui entrent dans sa composition ont été choisis avec soin.

Le jury décerne une médaille de bronze à M. Abbey.

MM. Cavaillé-Coll, père et fils, à Paris, rue Notre-Dame-de-Lorette, 42.

Un orgue de chœur ou d'accompagnement, dit *huit pieds*, à deux claviers, renfermant seize jeux. Parmi ces seize jeux, il en est deux tout à fait nouveaux : dans l'un, que MM. Cavaillé-Coll appellent la *flûte octaviante*, les tuyaux, qui sont ouverts aux deux bouts, sont embouchés de manière à donner, non le son fondamental, mais le premier harmonique; dans l'autre, ils sont embouchés de manière à faire entendre les uns le premier, les autres le deuxième, le troisième, le septième harmonique. Ces deux jeux sont d'un très-bel effet; ils imitent, le premier, la petite flûte, le second la flûte traversière. Le mécanisme de cet instrument est disposé avec intelligence; il en est de même de la soufflerie. On ne peut également que donner des éloges au choix des matériaux et à la main-d'œuvre.

Le jury décerne une médaille de bronze à MM. Cavaillé-Coll.

M. Lété, à Mirecourt.

Il expose deux orgues sans buffet. En 1832, cet artiste a créé, à Mirecourt, une fabrique d'orgues de toute espèce, dans laquelle il occupe de 20 à 25 ouvriers. Les orgues qu'il a exposées ont paru bien confectionnées, et les tuyaux qui les composent ont surtout fixé l'attention de la commission par la force et la pureté des sons qu'ils faisaient entendre. M. Lété prétend avoir été le premier qui ait adapté des jalousies à l'orgue pour faire varier l'intensité du son : un orgue à cylindre, construit dans ses ateliers en 1825, présentait, dit-il, cette amélioration importante.

Les efforts de M. Lété, pour créer une grande fabrique d'orgues dans la ville de Mirecourt, méritent d'être encouragés ; le jury les croit dignes d'une médaille de bronze.

MENTION HONORABLE.

MM. Daublaine, Calinet et c^ie, à Paris, rue Saint-Maur-Saint-Germain, 17.

Ils exposent un orgue de vingt-six jeux, dont quelques-uns sont imités des orgues d'Allemagne et sont peu connus en France. Soit vice d'exécution, soit qu'en effet quelques-uns de ces jeux ne fussent pas de nature à produire de beaux sons, la commission n'a pas trouvé cette innovation heureuse. En général, ces jeux manquent d'intensité et de pureté de son ; mais, à part cela, l'orgue de MM. Daublaine et Calinet était fort bien construit et d'un mécanisme bien entendu.

Le jury décerne une mention honorable à MM. Daublaine et Calinet.

Orgues expressives.

RAPPEL DE MÉDAILLE DE BRONZE.

M. MULLER, à Paris, rue de la Ville-l'Évêque, 42.

Il expose un orgue expressif dans le genre de celles de défunt M. Grénier, dont il a été l'élève ; toutefois il ne se borne pas à copier les instruments de son maître, et il leur a fait subir de nombreuses et importantes modifications. Déjà, en 1834, il avait remplacé les porte-vent carrés de Grénier par des porte-vent cylindriques formés d'une feuille très-mince de bois enroulée plusieurs fois sur elle-même et collée ; il avait adapté dès lors une vis de rappel à chaque rasette, ce qui donne beaucoup de facilité pour accorder l'instrument. M. Muller ayant observé, depuis cette époque, que sa rasette n'était pas encore assez fixe dans les orgues qu'il avait jusque-là construites, il a imaginé de la consolider par une pièce à vis qui presse la tige même de la rasette près de sa tête ; par là, la partie de la languette qui vibre étant mieux déterminée de longueur, les sons sont plus purs et plus nerveux.

M. Muller est toujours digne de la médaille de bronze que le jury lui a décernée en 1834.

---

§ 4. INSTRUMENTS A VENT EN CUIVRE.

Cors, cornets à pistons, trombones, ophicléides, trompettes.

La commission a eu à examiner dix-sept cors, tant sans

piston qu'à deux ou à trois pistons. Pour les cors sans piston, M. Raoux a été placé au premier rang, et M. Labbaye père au second. Pour les cors à deux pistons, M. Raoux a encore obtenu le premier rang, M. Halary le second. Le cor en maillechort et à trois pistons, de M. Jahn, a mérité d'être placé en première ligne.

Seize cornets à pistons ont été présentés à la commission ; quatre ont paru de qualité supérieure, tant sous le point de vue de la justesse que sous celui de la pureté et de l'intensité des sons : le premier est de M. Raoux, le second de M. Halary, le troisième de M. Guichard, le quatrième de M. Labbaye père.

Trois trombones seulement ont été mis au concours ; celui de M. Halary a paru supérieur aux autres. Un trombone-alto, de l'invention de M. Iahn, a mérité l'attention de la commission tant par l'exécution que par la beauté des sons.

Les ophicléides ne pouvant émettre des sons justes que quand l'artiste qui les joue s'en est servi pendant quelque temps, il a été impossible à la commission de se former une opinion bien arrêtée sur le mérite relatif des sept instruments de cette espèce qui lui ont été présentés, et ce n'est qu'avec hésitation qu'elle a donné le premier rang à l'ophicléide de M. Labbaye fils, et le second à celui de M. Labbaye père.

M. Guichard avait, en outre, présenté un instrument nouveau qu'il appelle *clavicor* et qui est destiné à remplacer le basson ; un grand nombre d'instruments de cette espèce sont déjà sortis des ateliers de cet artiste : ils sont employés avec succès dans les musiques militaires. M. Guichard avait également présenté une trompette avec une rallonge pour corriger le *fa* et le *si-bémol*, qui a paru fort bonne.

MÉDAILLE D'ARGENT.

M. Raoux, à Paris, rue Serpente, 11.

Ayant été placé trois fois au premier rang pour la confection des instruments à vent en cuivre, et cet artiste se distinguant d'ailleurs par le soin qu'il apporte à la construction de ces instruments, le jury lui décerne une médaille d'argent.

MÉDAILLE DE BRONZE.

M. Halary, à Paris, rue Mazarine, 37,

Ayant été placé le premier pour les trombones et le second pour les cors à deux pistons, ainsi que pour les cornets à pistons, a paru digne de la médaille de bronze.

LE JURY MENTIONNE HONORABLEMENT :

M. Labbaye père, à Paris, rue du Faubourg-Poissonnière, 53,

Qui a été le second pour les cors sans piston ;

M. Guichard, à Paris, rue Cloître-Notre-Dame, 6,

Pour son instrument appelé clavicor, et sa trompette à

rallonge, ainsi que pour l'étendue de son établissement;

M. IAHN, à Paris, rue de la Lune, 6,

Pour son cor à trois pistons, qui a été placé au premier rang, et aussi pour son trombone-alto;

M. LABBAYE fils, à Paris, rue du Faubourg-Poissonnière, 53,

Qui a été le premier pour les ophicléides.

Flûtes, clarinettes, flageolets.

Flûtes.

Depuis quelques années, diverses tentatives ont été faites pour améliorer la flûte dite *traversière;* mais la modification la plus remarquable qu'on ait apportée à la construction de cet instrument est, sans contredit celle que M. Boehm lui a fait subir. Cet artiste, établi à Munich, a pensé que, si l'on augmentait beaucoup le diamètre des trous latéraux de la flûte, les sons seraient plus purs, plus forts, et surtout plus justes; et que, à mesure qu'on déboucherait les trous, à partir du bout opposé à l'embouchure, le son deviendrait graduellement plus aigu; en un mot, que ce serait comme si la portion du tube qui est au delà du dernier trou débouché était supprimée.

Sans examiner ici jusqu'à quel point cette manière de voir peut être fondée, nous nous bornerons à dire que les flûtes construites d'après les principes de M. Boehm ont des sons plus purs, plus nerveux et plus intenses que ceux de la flûte ordinaire, et que le doigté en est plus simple.

Plusieurs instruments de cette espèce nous ont été présentés ; mais, malheureusement, il nous a été impossible de les classer par ordre de mérite : chaque facteur ayant cherché à améliorer la flûte de Boehm à sa façon, toutes celles qui nous ont été présentées avaient une embouchure et un doigté différents ; il a donc été impossible de les faire essayer par le même artiste, et dès lors toute comparaison devenait impraticable.

Une tentative si importante d'amélioration ne pouvait cependant être passée sous silence, et les facteurs qui ont le plus contribué à introduire en France la flûte de Boehm et à lui faire subir des modifications plus ou moins heureuses devaient être cités avec éloges : ce sont MM. *Godefroy aîné* et *Buffet jeune*.

Les flûtes ordinaires ayant pu être essayées par le même artiste, il a été possible de les classer par ordre de mérite.

Celle qui a été placée au premier rang était de M. Tulou ;

La seconde, de M. Godefroy aîné ;

Et la troisième, de M. Buffet fils.

Clarinettes.

Plusieurs clarinettes ont été présentées à la commission : celle de M. Buffet jeune a paru supérieure à toutes les autres ; le second rang a été assigné à une clarinette de M. Buffet fils, neveu du précédent.

Flageolets.

Ces petits instruments ont été essayés avec autant de soin que les autres, et ils ont pu de même être classés par ordre de mérite : un flageolet de M. Buffet fils a paru supérieur à tous les autres, tant par la justesse que par la pureté des sons.

RAPPELS DE MÉDAILLES DE BRONZE.

M. TULOU, à Paris, rue des Martyrs, 27.

Il a exposé plusieurs flûtes qui ont paru bien faites et d'une grande justesse : l'une d'entre elles, la seule qui ait subi le concours, a été mise au premier rang.

M. Tulou avait obtenu une médaille de bronze en 1834, le jury lui en accorde le rappel.

M. MARTIN, à la Couture (Eure).

Il expose un assortiment de flûtes, de clarinettes et de flageolets de divers systèmes. Les instruments que M. Martin livre au commerce sont bien faits, et ils sont vendus à des prix très-modérés.

M. Martin avait obtenu une médaille de bronze à l'exposition de 1834, le jury lui en accorde le rappel.

MÉDAILLES DE BRONZE.

M. GODEFROY aîné, à Paris, rue Montmartre, 67.

Il expose des flûtes ordinaires, des flûtes de Boehm, des clarinettes et des flageolets qui se font remarquer par leur belle exécution. Cet artiste distingué occupe vingt ouvriers, tant dans ses ateliers qu'au dehors ; ses instruments sont très-estimés ; les professeurs les plus célèbres en font usage.

Le jury décerne une médaille de bronze à M. Godefroy aîné.

M. Buffet jeune, à Paris, rue du Bouloy, 4.

Il expose des clarinettes et des flûtes ordinaires, une clarinette-basse, des flûtes et des petites flûtes dans le genre de celles de Boehm, et une clarinette construite d'après le même système, mais que M. Boehm n'avait pas cherché jusqu'ici à appliquer à la clarinette.

Placé au premier rang pour les clarinettes ordinaires, M. Buffet jeune est tout à fait digne, par les efforts qu'il fait pour perfectionner son art, de la médaille de bronze que le jury lui décerne.

MENTIONS HONORABLES.

M. Buffet fils, à Paris, passage de l'Ancien-Grand-Cerf, 2.

Il expose des flûtes, des clarinettes et des flageolets : pour les flûtes, il a été mis au troisième rang, au deuxième pour les clarinettes, et au premier pour les flageolets ; cet artiste mérite une mention honorable.

MM. Lefèvre et cie, à Nantes.

M. Lefèvre a cherché à résoudre ce problème difficile, de faire en sorte que les quatre clarinettes usitées en *mi*^{b}, en *la*, en *si*^{b} et en *ut* pussent être jouées avec le même bec. Les quatre instruments qu'il a présentés à la commission étant restés pendant deux mois dans les salles de l'exposition, et étant, par conséquent, desséchés, il a été impossible de juger de leur valeur absolue ; mais on a pu constater, cependant, que le même bec, adapté à toutes les quatre, les faisait parler facilement dans toute leur étendue. Ce résultat pouvant être utile, surtout pour les musiques militaires, le jury décerne une mention honorable à M. Lefèvre, de Nantes.

MM. Hérouard frères, à la Couture (Eure).

Ils ont élevé dans le village de la Couture, depuis plusieurs années, une fabrique dans laquelle ils occupent habituellement de trente à quarante ouvriers ; ils confectionnent et ils livrent, à des prix très-bas, des flûtes, des clarinettes, des hautbois et des flageolets qui sont d'une exécution assez soignée pour qu'on ne puisse pas s'expliquer comment on peut les livrer à des prix si faibles.

La mention honorable que le jury décerne à MM. Hérouard est méritée sous tous les rapports.

M. Leroux aîné, à Mirecourt (Vosges).

Il a monté à Mirecourt une fabrique d'instruments à vent en bois qu'il livre à des prix très-modérés. Les flûtes qu'il avait mises à l'exposition ont été considérées comme de bons instruments, surtout en ayant égard aux prix auxquels elles sont livrées.

Le jury décerne une mention honorable à M. Leroux.

M. Ferry, à Mirecourt (Vosges).

Cet artiste a le mérite d'avoir créé à Mirecourt la premiére fabrique d'instruments à vent en bois ; il occupe dix ou douze ouvriers.

M. Ferry est digne de la mention honorable que le jury lui décerne.

Hautbois, cor anglais.

Trois concurrents seulement se sont présentés pour ce genre d'instruments : le premier rang a été accordé à M. Brod, artiste distingué, que les arts viennent de perdre; le second à M. Triebert.

RAPPEL DE MÉDAILLE DE BRONZE.

M. TRIEBERT, à Paris, rue Montmartre, 13½.

Il avait exposé des hautbois et des cors anglais qui ont paru fort bons et d'une belle exécution.

Honoré de la médaille de bronze en 1827 et en 1834; cet artiste paraît toujours digne de cette récompense.

MÉDAILLE DE BRONZE.

M. BROD, à Paris, rue de la Rochefoucauld, 22.

Une médaille de bronze est accordée à défunt M. Brod, dont le hautbois a paru remarquable, non-seulement par la qualité du son, mais encore par la disposition de toutes les parties qui le constituent. M. Brod avait, en outre, exposé une petite machine extrêmement simple et bien conçue, à l'aide de laquelle on peut raboter les languettes de roseau qui forment l'anche du hautbois.

MENTION HONORABLE.

M. Paris, de Dijon.

Un instrument qui n'est point un hautbois, mais qui est destiné à suppléer le hautbois dans les orchestres, a été présenté par M. Paris. Cet instrument est une sorte d'accordéon qu'on fait parler en soufflant avec la bouche par le moyen d'un tube flexible, et qui porte un clavier à touches comme celui du piano. Il est susceptible de donner tous les sons qu'on peut tirer du hautbois, mais il est beaucoup plus facile à jouer. Quant à la qualité même des sons, elle a paru analogue à celle du hautbois, et d'ailleurs assez belle.

Le jury décerne une mention honorable à M. Paris.

Bassons.

Deux bassons ont été soumis au jugement de la commission, l'un de M. Winnen, l'autre de M. Adler.

RAPPEL DE MÉDAILLE DE BRONZE.

M. WINNEN, à Paris, rue Saint-Denis, 398.

Le basson de M. Winnen renferme une colonne d'air dont le diamètre est beaucoup plus grand que celui de la colonne d'air du basson ordinaire; il est d'ailleurs terminé par un pavillon. Cet instrument émet des sons d'une intensité et d'une vigueur remarquables; mais M. Winnen n'a pas pu y mettre la dernière main, quelques notes sont encore un peu fausses ou parlent mal.

Le jury accorde à M. Winnen le rappel de la médaille de bronze qu'il avait obtenue en 1834.

MÉDAILLE DE BRONZE.

M. ADLER, à Paris, rue Mandar, 8.

Le basson de M. Adler diffère du basson ordinaire en ce qu'il est un peu plus long, qu'il se termine par un petit pavillon, et qu'au moyen de deux nouvelles clefs on peut en tirer deux sons aigus de plus; le ré et le mi-bémol. Il a une fort belle qualité de son, quoiqu'un peu différente, par le timbre, de celle du basson ordinaire, auquel il semble supérieur surtout par la justesse, la pureté et l'égalité des sons. Du reste, le doigté en est ou plutôt peut en être le même que celui du basson ancien; aussi plusieurs de nos artistes les plus distingués se sont-ils empressés de l'adopter.

M. Adler est digne de la médaille de bronze.

Nouvel instrument appelé mélophone.

MÉDAILLE D'ARGENT.

M. Leclerc, à Paris, rue des Enfants-Rouges, 2.

Un instrument à vent, récemment inventé, a été mis à l'exposition par un horloger, M. Leclerc, qui a désiré que le mécanisme de cet instrument ne fût pas encore communiqué au public : le rapporteur de la commission en a seul pris connaissance. Nous pouvons seulement dire que c'est un instrument à vent qui a la forme d'une guitare dont le manche serait très-court et fort large, et que le corps presque entier de cet instrument est une caisse à vent dans laquelle se meut un piston d'un jeu très-libre.

La partie du manche sur laquelle est placé le clavier présente une surface plane et rectangulaire sur laquelle on voit sept rangées parallèles et longitudinales de petits boutons saillants ou touches qui s'enfoncent quand on les presse avec les doigts, et qui communiquent aux organes du son. Chacune de ces rangées renferme treize touches qui font parler autant de sons dont l'ensemble embrasse une octave entière, marchant par semi-tons moyens. Enfin ces sept séries de sons sont accordées entre elles à la quinte comme les cordes d'un violon ou d'une basse. Il résulte de cette disposition ,

1° Que le doigté de l'instrument est exactement le même pour tous les tons; 2° que le même son peut toujours être fait à deux places différentes, toutefois sans qu'on puisse obtenir des unissons, attendu que c'est le même organe sonore qui est en communication avec les deux touches qui peuvent donner le même son ; 3° qu'on peut faire à la fois autant de sons qu'on a de doigts à la main gauche qui tient le manche. Une particularité remarquable du mécanisme permet, en outre, de faire des octaves avec une facilité extrême et de doubler, par là, tous les sons aussi longtemps qu'on le désire, et cela au moyen d'une simple touche placée sous le manche et qu'on presse avec le pouce.

Quant aux sons considérés en eux-mêmes, ils sont certainement très-beaux dans toute l'étendue du clavier : leur intensité peut être nuancée à volonté par le moyen du piston qu'on fait mouvoir avec la main droite, et dont, par conséquent, on peut accélérer ou retarder la vitesse à volonté. L'instrument se prête d'ailleurs à tous les mouvements, et il ne paraît pas douteux qu'un artiste habile pourrait en tirer un grand parti.

Par ces motifs, le jury décerne une médaille d'argent à M. Leclerc, tout en regrettant, d'une part, que cet artiste n'ait pas jugé à propos de donner de la publicité à son mécanisme, et de l'autre que son instrument n'ait pas subi l'épreuve du temps, ce qui aurait peut-être permis de décerner à son auteur une récompense plus élevée.

§ 5. INSTRUMENTS ACOUSTIQUES.

MENTIONS HONORABLES.

M. PASSERIEUX, à Paris faubourg Poisson- nière, 15.

Il a exposé des tuyaux flexibles destinés à porter la voix à de grandes distances dans les appartements.

Pour atteindre ce but, un système de sonnettes est combiné avec celui des tuyaux, de manière que la personne à qui l'on veut parler soit avertie, résultat qui peut être aussi obtenu au moyen de sifflets.

Depuis bien longtemps on sait que des tuyaux cylindriques peuvent porter la voix à des distances considérables, mais jusqu'ici personne n'avait fait un emploi aussi bien entendu de ce procédé que M. Passerieux ; aussi le jury décerne-t-il une mention honorable à cet artiste.

MM. GATEAU et DÉON, à Sens (Yonne).

Ils ont exposé des cornets acoustiques qui s'adaptent exactement dans la conque et le conduit auditif, et qui s'y maintiennent par la simple réaction élastique de cette partie de l'organe de l'ouïe. Ces cornets, de très-petite dimension, sont tantôt terminés extérieurement par une cavité presque hémisphérique, tantôt par une sorte de conque en spirale ; ils sont formés d'un alliage dur et élastique dont la composition ne nous est point connue et que M. Gateau, inventeur de ces cornets et atteint lui-même de surdité, préfère à l'argent et à tout autre métal. Nous avons fait diverses expériences sur un sourd avec les petits appareils de M. Gateau; ils l'ont constamment emporté sur les cornets acoustiques ordinaires, et les progrès récents de la science permettaient de prévoir qu'il en devait être ainsi.

Le jury décerne une mention honorable à MM. Gateau et Déon, tout en regrettant de ne pas leur accorder une récompense plus élevée; mais la prudence indispensable en pareille matière lui faisait un devoir de laisser au temps à prononcer définitivement sur la valeur de ces instruments acoustiques.

POUR MÉMOIRE.

§ 6. CORDES D'INSTRUMENTS DE MUSIQUE.

M. MIGNARD, à Paris, boulevard de la Chopinette, 26.

Il expose un assortiment de cordes harmoniques pour le piano. Presque toutes les cordes en acier viennent d'Angleterre; il s'en consomme une quantité considérable, et ce serait sans doute rendre à la France un grand service que de l'affranchir du tribut qu'elle paye à l'étranger pour ce genre de produits.

Les cordes de M. Mignard ont été essayées et employées par plusieurs facteurs de pianos, elles ont été trouvées de bonne qualité.

Cet artiste distingué, ayant obtenu, à d'autres titres, le rappel de la médaille d'argent, nous ne pouvons que nous borner à dire que ce rappel est mérité à tous égards.

RAPPEL DE MÉDAILLE DE BRONZE.

M. SAVARESSE, à Nevers.

Il expose un assortiment de corde à boyaux très-belles est très-bien faites. En 1826, il a reçu de la Société d'encouragement une médaille d'or de première classe; à l'exposition de 1827, il a obtenu une médaille de bronze qui lui a été rappelée en 1834 et que le jury se plaît à lui rappeler encore.

MENTION HONORABLE.

M. NAVEAU, à Paris, place Saint-Sulpice, 7.

Il expose un assortiment de cordes harmoniques en soie, parfaitement cylindriques et composées de plusieurs brins réunis par torsion et à l'aide d'une matière glutineuse. Ces cordes offrent une grande résistance à la traction; elles peuvent être employées pour les guitares et les harpes, même pour le violon, mais elles paraissent alors un peu moins sonores que les bonnes cordes à boyau; cette différence se fait surtout sentir pour les chanterelles.

Le jury accorde une mention honorable à M. Naveau.

---

§ 7. CLOCHES, TIMBRES.

RAPPEL DE MÉDAILLE DE BRONZE.

M. HILDEBRAND, à Paris, rue Saint-Martin, 202.

Il expose des cloches de diverses grandeurs, parfaitement bien venues à la fonte, dont quelques-unes sont tournées et accordées chromatiquement ; des timbres et des cymbales.

Cet artiste avait obtenu, en 1823, une médaille de bronze qui lui a été confirmée en 1827. et en 1834 et dont le jury lui accorde encore le rappel.

---

§ 8. BOITES A MUSIQUE.

MENTION HONORABLE.

M. PAUR, à Sainte-Suzanne (Doubs).

Il expose des boîtes à musique de diverses dimensions, fort bien faites et marchant bien : le seul reproche qu'on pourrait peut-être leur faire, c'est que les basses ne se font pas assez entendre.

Presque toutes les boîtes à musique qu'on emploie en France viennent de Suisse ; c'était donc rendre un service au pays que de l'affranchir de ce tribut. C'est ce que M. Paur a fait en créant, à Sainte-Suzanne, un établissement où il fait des boîtes à musique de toute espèce, et où il emploie déjà plusieurs ouvriers.

Le jury décerne une mention honorable à M. Paur.

---

§ 9. APPAREILS D'ACOUSTIQUE.

MENTIONS HONORABLES.

M. Deleuil, à Paris, rue Dauphine, 22 et 24.

Cet artiste, qui a reçu la médaille d'argent pour sa fabrication d'instruments de physique considérée en général, doit être spécialement cité ici pour la confection des appareils d'acoustique : il avait exposé un assortiment de plaques acoustiques en laiton parfaitement bien faites, des tuyaux d'orgues également en laiton, des sirènes et divers appareils récemment introduits dans la science et qu'il a été le premier à construire.

M. Marloye, à Paris, rue de la Harpe, 59.

Il a exposé différents appareils d'acoustique en bois très-bien exécutés, tels que tuyaux d'orgues et souffleries; des vases renforçants avec leurs timbres, des plaques d'une bonne exécution pour les figures acoustiques et pour les lois des vibrations.

M. Marloye est un artiste éclairé, intelligent et habile, qui est digne, à tous égards, de la mention honorable que le jury lui décerne.

CINQUIÈME COMMISSION.

CHIMIE.

MM. le baron Thénard, président, Berthier, Brongniart, Clément Desormes, Chevreul, d'Arcet, Dumas, Gay-Lussac et Payen.

SECTION PREMIÈRE.

M. d'Arcet, rapporteur.

Considérations générales.

C'est dans ce chapitre que se trouvent classés ces nombreux produits auxquels l'application de la chimie donna naissance, et qui sont ensuite employés comme matières premières, dans la pratique de presque tous les arts et métiers.

On se rappelle que c'est à la création de cette branche de la chimie, dans les temps malheureux et sous l'influence des besoins les plus urgents, que la France doit son incontestable supériorité en ce genre, et que c'est à cette supériorité, dans l'application de la chimie, qu'il faut attribuer en très-grande partie les succès obtenus dans nos fabriques et le développement de notre industrie : il nous a paru nécessaire de rappeler ici ces faits, d'abord parce que les produits chimiques, n'ayant point de caractères extérieurs remarquables, représentent mal, à l'exposition, l'industrie qui les fabrique, mais, aussi, parce que de grands centres de production en ce genre n'ont point cru devoir se présenter à l'exposition de 1839, ce qui tendrait à affaiblir injustement, dans l'opinion publique, le mérite réel de cette branche de fabrication et les grands services qu'elle rend, chaque jour, à l'ensemble de notre industrie manufacturière.

---

§ 1er. ACIDES, ALCALIS, SELS ET AUTRES PRODUITS CHIMIQUES.

RAPPELS DE MÉDAILLES D'OR.

M. GUIMET, à Lyon (Rhône).

M. Guimet, qui, le premier, est parvenu à imiter l'outremer et qui a obtenu, pour cette découverte, les récompenses du premier ordre à l'exposition de 1834, a amélioré, depuis lors, ses procédés de fabrication; il peut, maintenant, préparer l'outremer en grand et suffire à toutes les demandes ; il a, en outre , notablement diminué le prix de ses produits : le jury se plaît à reconnaître que M. Guimet est de plus en plus digne de la médaille d'or qu'il a obtenue à la dernière exposition.

MM. ROARD DE CLICHY et c^{ie}, à Clichy, près Paris.

La Hollande fournissait la presque totalité de la céruse qu'employaient nos peintres à l'époque à laquelle M. Roard commença à s'occuper de cette fabrication. Ayant adopté un procédé nouveau qui lui procurait des céruses plus blanches et plus pures que ne l'étaient les céruses étrangères, il eut à lutter contre des difficultés réelles et contre des préventions qui l'obligèrent à consacrer une longue suite d'années à établir la réputation commerciale de ses produits ; c'est en fabriquant la céruse par trois procédés différents et en pouvant ainsi satisfaire à tous les désirs des acheteurs que M. Roard parvint à son but et qu'il s'éleva au premier rang de cette branche d'industrie.

M. Roard joignit bientôt la fabrication de la mine orange et du minium à celle de la céruse et prit encore ici le rang le plus élevé.

Ce qui distingue la fabrication de M. Roard, c'est une grande pureté et une égalité constante dans ses produits, c'est la loyauté dans ses transactions, et les soins continuels qu'il prend pour se conformer aux désirs des acheteurs : aussi voyons-nous, malgré une concurrence active, les principaux fabricants de verre, de cristal et de poterie continuer à employer les miniums de M. Roard et n'avoir qu'à se féliciter d'avoir pris ce parti.

Pour se faire une idée exacte des succès obtenus

en France dans la fabrication de la céruse, il suffira de rappeler qu'en 1817 la Hollande nous en fournissait un million de kil. ; qu'en 1838 il n'en a plus été importé que 20 mille kil., et d'ajouter que, sans le droit de 5 fr. 50 c. dont sont grevés les plombs étrangers, qui, seuls, approvisionnent nos usines, les fabriques de céruse, actuellement établies en France et qui peuvent fournir bien au delà de nos besoins, seraient en état d'exporter des quantités considérables de leurs produits.

Considérant que M. Roard a puissamment contribué à cet état de choses par l'exemple qu'il a donné et par la persévérance qu'il a eue, le jury central rappelle en sa faveur la médaille d'or qu'il a obtenue aux expositions précédentes, et saisit avec empressement l'occasion qui se présente de lui donner un témoignage d'estime spécial pour les divers services qu'il a rendus à notre industrie nanufacturière.

NOUVELLES MÉDAILLES D'OR.

Fabrique royale de Saint-Gobain, à Saint-Gobain et à Chauny (Aisne).

L'administration de la manufacture de Saint-Gobain, si connue par la fabrication de ses belles glaces, a établi, il y a une quinzaine d'années, dans son voisinage, une manufacture de produits chimiques des plus remarquables; aidée des grands capitaux qu'elle a à sa disposition et par les hommes distingués dont elle a su s'entourer, elle a bientôt donné à cet établissement un développement très-considérable et l'a rendu l'un des plus importants que la France possède en ce genre.

On s'occupe principalement, dans cette manufacture, de la fabrication de l'acide sulfurique et de tous les produits secondaires résultant de la décomposition du sel marin, tels que l'acide hydrochlorique, le chlorure de chaux, les sels de soude et le carbonate de soude cristallisé : tous ces produits y sont préparés très en grand et vendus à des prix avantageux pour les consommateurs; aussi les opérations de cette fabrique ont-elles pris, surtout depuis la dernière exposition, un développement fort remarquable.

La manufacture de Saint-Gobain obtint, en 1819, la médaille d'or pour la fabrication de ses glaces, et cette médaille lui fut confirmée, pour les mêmes produits, en 1823 et 1827.

A l'exposition de 1834, elle obtint le rappel de la médaille d'or pour la fabrication des glaces et la médaille d'argent comme récompense pour les succès qu'elle obtenait déjà dans sa manufacture de produits chimiques.

Le jury, considérant que les deux industries bien distinctes qu'exerce l'administration de la manufacture de Saint-Gobain marchent aujourd'hui de front quant à leur importance, est d'avis de ne plus les séparer dans la distribution des récompenses qui leur sont dues; et, ayant égard au grand développement donné par cette administration à la fabrication des produits chimiques depuis l'exposition de 1834, le jury central décerne la médaille d'or à la manufacture royale de Saint-Gobain pour l'ensemble de ses produits.

MM. Pelletier, Delondre et Levaillant, vieille rue du Temple, 19.

Ces exposants, qui, en 1834, fabriquaient séparément le sulfate de quinine, ont, depuis, réuni leurs intérêts ; ils opèrent maintenant pour le compte social et vendent en commun les produits de leurs trois établissements.

On se rappelle que la découverte de la quinine, due à MM. Pelletier et Caventou, a fait époque dans la science et a procuré à la médecine le fébrifuge le plus sûr et le plus énergique qu'elle possède.

MM. Pelletier et Caventou présentèrent les produits de leur découverte à l'exposition de 1834 sans avoir rempli les formalités préalables et durent être mis, par ce fait, hors de concours ; mais le jury central, qui les voyait avec peine privés de la récompense qu'ils avaient si bien méritée, dit, en rappelant ces faits dans son rapport, « qu'il « déclarait que, sans le défaut de formes qui les a fait « exclure, MM. Pelletier et Caventou eussent obtenu une « médaille d'or. »

Le jury central regrette de ne pas pouvoir récompenser M. Caventou, qui a partagé l'honneur de la découverte de la quinine avec M. Pelletier, mais qui n'est ni fabricant ni exposant de ce produit : obligé de prendre les choses dans l'état où elles se trouvent à l'exposition actuelle, il croit juste d'accorder une médaille d'or à M. Pelletier, et de confirmer à MM. Delondre et Levaillant les médailles de bronze qui leur ont été accordées à l'exposition de 1834.

L'administration des mines de Bouxviller, à Bouxviller (Bas-Rhin).

Cette manufacture de produits chimiques est, en son

genre, la plus importante de toutes celles qui existent en France ; sa position géographique lui a permis de développer ses opérations et ses ventes sur le plan le plus vaste, et la fabrication, dirigée avec un grand talent, y produit successivement toutes les combinaisons chimiques que peut réclamer notre industrie ; c'est ainsi qu'on y a développé la fabrication du prussiate de potasse, à l'époque où nos teinturiers ont commencé à employer une grande quantité de ce sel, et qu'on y fabrique maintenant, pour les besoins du commerce, jusqu'à 3,000 kil. de phosphore par an.

Cette manufacture a obtenu une médaille d'argent en 1823, une nouvelle médaille d'argent en 1827 et le rappel de cette médaille en 1834 ; le jury central, considérant la manufacture de Bouxviller comme étant en première ligne et comme ayant perfectionné et développé son industrie depuis la dernière exposition, lui décerne la médaille d'or.

MM. Buran et cie, à Grenelle, près Paris.

La manufacture de MM. Buran et compagnie est l'une des plus considérables en ce genre, et l'une de celles qui, depuis 1789, ont le plus contribué au développement de l'application de la chimie.

M. Buran est directeur et l'un des propriétaires de cette fabrique, qui est la première où l'on soit parvenu à préparer économiquement le sel ammoniac, jusque-là tiré d'Égypte, l'alcali volatil et le sulfate de soude par double décomposition ; où l'on ait raffiné en grand le camphre et préparé les produits mercuriels, et où l'on ait épuré l'acide borique et fabriqué le borax de toutes pièces, en utilisant tout l'acide borique de la grande exploitation créée en Toscane par M. le comte l'Arderelle.

C'est encore dans cette fabrique où l'on s'est occupé, en

premier lieu et avec succès, de l'emploi et de la désinfection :

1° En 1808, du sang des animaux de boucherie, utilisé, sans déperdition, à l'engrais des terres ;

2° En 1812, des chevaux abattus ;

3° En 1830, des produits de la vidange des fosses d'aisance.

Les procédés de désinfection dus à M. Salmon, et si bien étudiés et développés dans la fabrique de Grenelle, sont appelés à jouer un grand rôle dans l'assainissement des villes et en agriculture ; approuvés par l'Académie des sciences, ils ont mérité à leur auteur un des grands prix Montyon, et leur application, depuis 1834, s'étend de plus en plus en France et à l'étranger.

M. Buran, qui fabrique, aussi très en grand, divers autres produits chimiques, avait obtenu une médaille de bronze en 1823, et le rappel de cette médaille en 1834 ; associé à MM. Salmon et Payen, il reçut, en outre, un rappel de médaille d'argent et une nouvelle médaille d'argent à la dernière exposition : le jury central croit juste de récompenser de tels antécédents et des travaux si remarquables, en décernant la médaille d'or à MM. Buran et compagnie.

MM. Bobée et Lemire, à Choisy-le-Roi, près Paris.

La fabrique de MM. Bobée et Lemire est bien connue : c'est elle qui, presque seule, en France, a su maintenir la fabrication du vinaigre de bois en prospérité et obtenir, sans perte, tous les produits pyrogénés que donne le bois carbonisé à vases clos.

MM. Bobée et Lemire fabriquent en grand l'esprit de

bois, qui est souvent préféré à l'alcool dans la fabrication des vernis ; ils fabriquent aussi les acétates de plomb et de cuivre, le vert métisé dit de Schweinfurt, et le vert métisé surfin. M. Bobée, propriétaire de la fabrique, avait obtenu, sous son nom seul, une médaille d'argent en 1819, et le rappel de cette médaille en 1823 : cette récompense fut confirmée, en 1834, à MM. Bobée et Lemire ; le jury central leur décerne une médaille d'or.

RAPPELS DE MÉDAILLES D'ARGENT.

MM. Poissenet et c^{ie}, à Clichy-la-Garenne, près Paris.

Ces fabricants de produits chimiques, qui ont succédé à M. Pluvinet, continuent à exploiter les matières animales pour en obtenir l'ammoniaque, les sels ammoniacaux et le noir animal. Ils soutiennent l'ancienne réputation de cette fabrique, et le jury rappelle pour eux la médaille d'argent qui a été décernée en 1819 à MM. Pluvinet et Payen, et qui leur a été confirmée aux expositions de 1823 et 1834.

M. Leroux, à Vitry-le-Français (Marne).

M. Leroux, qui, le premier, est parvenu à extraire la salicine de l'écorce de saule et à la faire employer comme succédanée du sulfate de quinine, a obtenu une médaille d'argent à l'exposition de 1834. Le jury central pense qu'il serait à désirer que les propriétés de ce fébrifuge fussent bien étudiées, et que, dans le cas de succès, la fabrication de la salicine reçut un grand développement pour s'opposer au renchérissement du quinquina et du sulfate de quinine ; il rappelle en faveur de M. Leroux la médaille d'argent qui lui a été accordée à l'exposition de 1834.

MM. Houzeau-Muiron et Velly, à Reims (Marne).

Les produits exposés par ces fabricants sont du sulfate d'ammoniaque, du sel ammoniac, du noir animal, du phosphore, de la gélatine d'os, de l'huile extraite des vieilles eaux savonneuses et des savons à base de potasse et de soude fabriqués avec cette huile. Le jury rappelle, en faveur de ces fabricants, la médaille d'argent qui a été accordée en 1834 à **M.** Houzeau-Muiron, pour la fabrication des trois derniers de ces produits.

NOUVELLE MÉDAILLE D'ARGENT.

MM. Théodore Lefèvre et c^{ie}, aux Moulins, près Lille (Nord).

Cet exposant, qui a le mérite d'avoir introduit la fabrication de la céruse, par le procédé hollandais, dans le département du Nord, et d'avoir ainsi puissamment contribué à repousser les produits de ce genre que nous tirions de l'étranger, fabrique annuellement de 12 à 1,500,000 k. de céruse ; il emploie souvent jusqu'à deux cents ouvriers, et a, dans ses ateliers, une machine à vapeur de la force de vingt chevaux. Il est à remarquer que cet habile fabricant livre à lui seul presque autant de céruse que nous en fournissait la Hollande il y a douze ans.

M. Théodore Lefèvre a obtenu une médaille d'argent en 1827, et une nouvelle médaille d'argent à l'exposition de 1834; ayant, depuis cette époque, considérablement augmenté sa fabrication et fait des travaux remarquables pour assainir ses ateliers et rendre moins dangereuses les opérations qui s'y pratiquent, le jury le considère comme étant bien digne d'une nouvelle médaille d'argent, et lui décerne cette récompense.

MÉDAILLES D'ARGENT.

MM. KESTNER père et fils, à Thann (Haut-Rhin).

MM. Kestner père et fils ont exposé une collection de produits chimiques provenant de leur fabrique, qui est l'une des plus importantes et des mieux dirigées que nous ayons en France. Cette fabrique est fort utile aux manufactures du département du Haut-Rhin, qui emploient de grandes quantités de produits chimiques.

MM. Kestner père et fils vendent, par an, pour 1,400,000 fr. de produits, et emploient 115 ouvriers; le jury récompense les travaux de ces habiles manufacturiers en leur décernant la médaille d'argent.

MM. DELAUNAY, VILDIEU, COUTURIER et Cie, à Cherbourg et Tourlaville (Manche).

Ces fabricants exploitent en grand la soude de varech

et en extraient tous les produits utiles qu'on peut retirer : cette industrie est complète et bien digne d'encouragement. En 1834, ils fabriquaient 80 kil. d'iode par an ; ils en fabriquent maintenant 800 kil., et livrent annuellement au commerce de très-grandes quantités de sulfate et de muriate de potasse, qui contribuent puissamment à augmenter la somme de nos produits en salpêtre. Ils font vivre trois cents familles en les employant, soit à la récolte et à l'incinération des varechs, soit à l'extraction de tous les produits qu'on peut retirer de l'espèce de soude obtenue par la combustion de cette plante. M. Couturier, fondateur de cette industrie, avait obtenu des mentions honorables aux expositions de 1827 et 1834 ; le jury, considérant le grand développement qu'a pris cette usine et le bien qu'elle fait dans le pays, décerne une médaille d'argent à MM. Delaunay, Vildieu, Couturier et compagnie.

MM. Kulmann frères, à Loos, près Lille (Nord).

MM. Kulmann frères ont envoyé à l'exposition deux collections distinctes de produits chimiques : l'une composée des produits ordinaires de leur fabrication, et l'autre formée des produits obtenus en essayant, soit au laboratoire, soit en grand, la composition ou la décomposition de certaines substances par le moyen de l'éponge de platine. On remarque, dans cette dernière collection, de l'acide sulfurique anhydre, de l'acide sulfurique fumant, de l'acide nitrique produit par la réaction de l'air sur l'ammoniaque, de l'ammoniaque obtenue par l'action de l'éponge de platine sur un mélange de vapeurs nitreuses et d'hydrogène : ces derniers produits, qui témoignent de la haute capacité de M. Kulmann, fondateur de l'établissement, font naître de grandes espérances ; le jury central apprécie bien la portée de ces essais, et il est heureux de trouver, dans l'importance de la fabrique de MM. Kulmann frères, dans la perfection de leurs produits et dans l'utilité dont elle est au département du Nord, l'occasion de décerner la médaille d'argent à ces habiles fabricants.

M. Delacretaz, à Grasville-l'Heure (Seine-Inférieure), et à Vaugirard, près Paris.

M. Delacretaz, fabricant de produits chimiques à Vaugirard, près Paris, a établi une nouvelle manufacture de ce genre dans le département de la Seine-Inférieure, pour les besoins des nombreuses manufactures de cette localité. Il prépare, dans ces deux fabriques, et avec une grande perfection, tous les produits chimiques qui lui sont demandés ; il s'occupe, en outre, de la fabrication du nitrate de potasse par le nouveau procédé, de l'acide stéarique de première qualité, et de quelques combinaisons chimiques servant de réactifs ou employées comme couleurs.

La fabrique de Vaugirard a obtenu successivement une médaille de bronze en 1827, sous le nom d'Ador, Bonnair et Monneau, et une nouvelle médaille de bronze en 1834, sous la raison Bonnair et Delacretaz. Le jury central décerne la médaille d'argent à M. Delacretaz, successeur de MM. Ador, Bonnair et Monneau, et fondateur de l'usine de Grasville-l'Heure.

Fabrique de produits chimiques d'Épinal, à Épinal (Vosges).

Cette fabrique fait en grand l'acide sulfurique et tous

les produits secondaires provenant de la décomposition du sel marin; elle prépare, en outre, l'acide tartrique, les chromates, les sels de plomb et l'acide nitrique : ses produits sont très-estimés et rendent de grands services aux papeteries des Vosges et à quelques établissements du Bas-Rhin; le jury central lui décerne une médaille d'argent.

M. FAVREL, à Paris, rue du Caire, 27.

M. Favrel a exposé de l'or, du platine, de l'argent et du bronze réduits en feuilles ou en poudre; c'est le fabricant le plus avancé dans cette partie : il emploie de 130 à 150 ouvriers, tandis qu'il n'en employait au plus que 105 en 1834. A cette époque, il ne livrait annuellement que 3 à 900,000 fr. de ses produits, tandis que ses ventes s'élèvent aujourd'hui à 12 ou 1,500,000 fr.

Ce qu'il y a surtout de remarquable dans les ateliers de M. Favrel, ce sont les moyens mécaniques qu'il emploie pour réduire les métaux en feuilles; les presses chauffées à la vapeur servant à la compression des outils ou livrets, et surtout l'emploi continu et régulier de tous ses ouvriers, par suite de la mesure que M. Favrel a prise d'exporter, souvent sans bénéfices, la partie de ses produits qui excède les besoins de notre industrie. M. Favrel, qui avait obtenu une médaille d'argent à l'exposition de 1834, est de plus en plus digne de cette récompense : le jury lui décerne une nouvelle médaille d'argent.

RAPPELS DE MÉDAILLES DE BRONZE.

MM. DELAUNAY et cie, à Saint-Symphorien (Indre-et-Loire).

Ces fabricants ont succédé à **MM.** Pallu jeune et fils, qui ont obtenu une médaille de bronze à l'exposition de 1834; ils préparent la céruse par le procédé français, font à la mécanique toutes les opérations où la main-d'œuvre de l'homme peut être évitée, et vendent leur céruse réduite en poudre impalpable, ce qui diminue la gravité des accidents auxquels les broyeurs de couleurs sont exposés : le jury confirme à **MM.** Delaunay et compagnie la médaille de bronze qui a été accordée à leur établissement, lors de la dernière exposition.

M. DUPRÉ, au Pecq (Seine-et-Oise).

Cet exposant a présenté des céruses de belle qualité; il en fabrique 350,000 kil. par an, et occupe jusqu'à trente ouvriers : le jury rappelle en sa faveur la médaille de bronze qui lui a déjà été accordée deux fois aux expositions de 1827 et 1834.

Nota. On voit, au chapitre des *Nouvelles médailles d'or*, qu'il a été accordé deux rappels de médailles de bronze, l'un à **M.** Delondre, et l'autre à **M.** Levaillant, tous deux associés de **M.** Pelletier pour la fabrication du sulfate de quinine

MÉDAILLES DE BRONZE.

MM. Brosson frères, à Vichy (Allier).

MM. Brosson frères ont pris à ferme la gestion de l'établissement thermal de Vichy, dans le but d'y développer toute l'industrie à laquelle la chaleur et la constitution de ces eaux peuvent donner naissance : bien que contrariés dans l'exécution de leurs projets, ils ont su établir, dans le pays, une fabrication considérable d'eau gazeuse et de bicarbonate de soude, préparés au moyen de l'acide carbonique que les sources fournissent en grande abondance. Ils fabriquent, dans leur établissement d'Hauterive, très-voisin de Vichy, du carbonate et du bicarbonate de soude parfaitement purs, et font, avec ce bicarbonate, des pastilles digestives de première qualité : quant au bicarbonate de soude pur, leurs appareils sont montés de manière à pouvoir satisfaire à toutes les demandes et à pouvoir vendre ce sel à raison de 1 fr. 50 c. le kil., au lieu de 4 et 5 fr. qu'il se vendait avant la création de leur établissement. Le jury, satisfait de voir MM. Brosson frères dans une aussi bonne direction, leur décerne la médaille de bronze pour leur fabrication du bicarbonate de soude pur, et pour le grand abaissement de prix qu'ils ont fait éprouver à ce produit.

M. Capdeville-Lillet, à Budos (Gironde).

M. Capdeville-Lillet, ancien officier de marine, maire de Barsac, a fait établir une huilerie mécanique dans un pays où cette industrie n'était pas connue ; il emploie, par an, 10 ou 12,000 hect. de graines oléagineuses fournis par les agriculteurs des environs, ce qui tend à améliorer le sort des vignerons du pays et l'agriculture des landes de Bordeaux. Il a été fait plusieurs rapports favorables sur l'usine de M. Capdeville-Lillet par le comice agricole, par l'Académie des sciences, des belles-lettres et des arts de la Gironde, et par la Société philomathique de Bordeaux. Le jury du département dit, en outre, dans son rapport, que M. Capdeville-Lillet, en se livrant à cette entreprise aussi importante pour l'agriculture qu'elle l'est pour l'industrie manufacturière, a donné un bon exemple et une grande preuve de son amour pour le bien public. Le jury central, manquant de renseignements sur l'époque à laquelle a été créée cette fabrique, et sur le développement qu'elle peut recevoir, ajourne M. Capdeville-Lillet à la prochaine exposition, et encourage ce fabricant en lui décernant la médaille de bronze pour ses utiles travaux.

MM. Thiboumery et Dubosque, rue de Sèvres, 180, à Vaugirard, près Paris.

MM. Thiboumery et Dubosque ont présenté, à l'exposition, du sulfate de quinine très-bien fabriqué : ils ont dit, dans leur notice, qu'ils extrayaient la quinine soit en employant l'alcool, soit au moyen des huiles volatiles ; mais le jury, n'ayant pas eu assez de renseignements sur l'emploi du second procédé, qui, jusqu'ici, a été regardé comme peu avantageux, croit devoir n'accorder maintenant que la médaille de bronze à MM. Thiboumery et Dubosque.

M. Ducoudré, rue du Coq-Saint-Jean, 5, à Paris.

M. Ducoudré occupe l'un des premiers rangs parmi les

fabricants de prussiate de potasse et de bleu de Prusse;
c'est lui qui a maintenu la fabrication du prussiate de potasse en France, alors qu'elle ne donnait que des pertes
aux fabricants qui l'entreprenaient : c'est en portant une
activité remarquable et une économie sévère dans ses travaux, en étudiant mieux qu'on ne l'avait fait les matières
premières qui pouvaient lui servir, et en organisant même
en grand la préparation des matières animales, que M. Ducoudré est arrivé aux heureux résultats qu'il a obtenus et
qui n'ont pas peu contribué au développement de la fabrication du prussiate de potasse au moment ou l'emploi de
ce sel dans la teinture en a exigé de grandes quantités ; le
jury, appréciant la persévérance et le mérite de M. Ducoudré, lui décerne une médaille de bronze.

MM. Milius frères et c^{ie}, rue Traversière-Saint-Antoine, 15, à Paris.

Ces exposants fabriquent le chromate de potasse au four
à réverbère, et en recueillant les vapeurs nitreuses qui se
dégagent pendant l'opération ; ils ont exposé du bichro-
mate de potasse et du chromate de plomb de belle qualité.
Ils font pour 500,000 fr. d'affaires par an, et occupent
vingt ouvriers : le jury central leur décerne la médaille de
bronze.

MM. Cartier et Grieu, rue du Chaume, 17, à Paris.

On remarque, dans la belle collection des produits chimiques exposés par ces fabricants, du nitrate de potasse,
préparé au moyen du nitrate de soude et du muriate de
potasse et du nitrate de potasse *indigène dans toutes ses*

parties, qui provient probablement de la réaction des vapeurs nitreuses sortant des chambres de plomb sur la potasse.

MM. Cartier et Grieu, qui occupent un rang distingué parmi les fabricants de produits chimiques, avaient obtenu une médaille de bronze en 1827, et le rappel de cette médaille à l'exposition de 1834 : le jury pense qu'ils méritent une nouvelle médaille de bronze, et leur décerne cette récompense.

M. Tilloy-Bérard, à Marsannay-le-Bois (Côte-d'Or).

Le prussiate de potasse cristallisé, qui a été envoyé à l'exposition de 1839 par M. Tilloy-Bérard, est pur et toujours fabriqué sans cordes au centre des masses de cristaux, et sans mélange de sels étrangers. Il livre, par mois, au commerce, 700 kil. de prussiate de potasse de première qualité, et vend toujours ce sel un peu au-dessous du cours : le jury, se rappelant que c'est à M. Tilloy que l'on doit l'extraction de l'acide citrique, du jus de groseille et de la morphine, des têtes de pavots de France, est satisfait de trouver l'occasion de récompenser les efforts qu'il a faits pour être utile, et c'est dans ce but qu'il lui décerne la médaille de bronze.

M. Hulot, à Monceau, près Paris.

Les liqueurs ammoniacales provenant des usines de gaz étaient une cause d'infection bien redoutée par les voisins de ces établissements ; M. Hulot a eu l'heureuse idée de les acheter, d'en centraliser l'exploitation et de les convertir en sels ammoniacaux qui ont une grande valeur dans le commerce. Le jury central, considérant que M. Hulot a ainsi contribué puissamment à l'assainissement de l'une des industries les plus nuisibles à leurs voisinages, et se rappelant que ce manufacturier a déjà obtenu une mention honorable en 1834, croit juste de lui décerner la médaille de bronze comme récompense de ses utiles travaux.

M. Guichard, à Nantes (Loire-Inférieure).

La fabrique de céruse en poudre et en pain, que M. Guichard exploite à Nantes, a fait de grands progrès depuis l'exposition de 1834, où elle avait obtenu une mention honorable. M. Guichard a su améliorer ses produits, étendre sa fabrication et baisser ses prix : cette fabrique est la seule de ce genre qui existe dans le département de la Loire-Inférieure ; elle fournit la marine royale à Rochefort, l'Orient, Brest et Cherbourg, et a obtenu toutes ces fournitures par des adjudications publiques. Le jury du département de la Loire-Inférieure dit, dans son rapport, « que cet exposant a des droits bien établis pour « prétendre aux récompenses que le gouvernement accorde à l'industrie. » Le jury central décerne la médaille de bronze à M. Guichard.

M. Mérolhon-d'Anchel, à Médine, près Nevers (Nièvre).

M. Mérolhon-d'Anchel est le seul fabricant qui exploite, à Nevers, les débris des animaux et qui s'occupe de la préparation des engrais. Cet établissement a une grande importance locale, car il utilise tout le sang des abattoirs de la ville et fait vivre les pauvres du pays, qui sont employés à ramasser les os, les cornes et les autres débris d'animaux.

M. Mérolhon-d'Anchel fabrique du noir animal, du noir d'ivoire, du charbon animalisé pour engrais et du bleu de Prusse. Le jury du département de la Nièvre dit dans son rapport : « que cet exposant, par ces engrais « artificiels, a eu une bien heureuse influence sur le per- « fectionnement de l'agriculture du pays, et il ajoute que « ce fabricant mérite une attention particulière pour ses ef- « forts soutenus, pour les services qu'il rend à la classe pau- « vre et pour les produits qu'il obtient. » Le jury central, satisfait de la bonne direction que M. Mérolhon-d'Anchel a donnée à son industrie, lui décerne la médaille de bronze.

M. GALLET, à Ingouville (Seine-Inférieure).

M. Gallet, appliquant le procédé de MM. Salmon, Payen et Buran, a établi une fabrique de noir animalisé et de poudre désinfectante à Ingouville près le Havre. Il livre au commerce 4,000 hectol. de ses produits par an et occupe quinze ouvriers. Les rapports qu'il a joints au noir animalisé et à la poudre désinfectante qu'il a présentés à l'exposition prouvent que ses produits sont bien appréciés dans le département de la Seine-Inférieure ; on voit dans les notes remises que l'emploi de la poudre désinfectante se généralise au Havre, où la proximité de la mer et le peu d'élévation du sol ne permettent pas d'établir des fosses d'aisance : pour 15 fr. par an, M. Gallet s'engage à fournir à ses abonnés la poudre désinfectante nécessaire et à remplacer, chaque semaine, les vases remplis de matières désinfectées par des vases vides et prêts à servir. Le jury central récompense cette bonne direction et ce succès en accordant une médaille de bronze à M. Gallet.

RAPPELS DE MENTIONS HONORABLES.

M. Louis Faure, à Wazemmes (Nord).

M. Louis Faure fabrique la céruse en poudre et en pains : ses produits sont estimés ; le jury central rappelle en sa faveur la mention honorable qui lui a été décernée en 1834.

MM. Perard et c^{ie}, à Paris, rue d'Antin, 6.

Ces fabricants, qui ont succédé à MM. Bernheim frères, ont envoyé à l'exposition de 1839 de l'huile de pied de bœuf et des oléines de diverses autres huiles ; la pureté de leur huile de pied de bœuf provient de la régularisation des cuites qu'ils font au moyen de la tourbe ; de la division des cuites et de l'emploi des parties des pieds de bœuf qui donnent la plus belle huile. Ils livrent annuellement au commerce 4 à 500 tonneaux d'huile de pied de bœuf. Le jury central acorde à MM. Pérard et compagnie le rappel de la mention honorable décernée en 1834 à MM. Bernheim frères, créateurs et longtemps propriétaires de cette fabrique.

M. Goyon, à Paris, rue des Vieux-Augustins, 40.

Les différentes préparations que cet exposant livre au commerce sont destinées à conserver leur brillant aux meubles, à l'argenterie, ainsi qu'à plusieurs objets de luxe ; ses constants et heureux efforts pour développer son utile industrie lui méritèrent une citation en 1827 et une mention honorable en 1834 ; le jury rappelle cette mention honorable en faveur de M. Goyon.

NOUVELLES MENTIONS HONORABLES.

MM. Tribouillet et c^{ie}, à Saint-Amand et Turcoing (Nord).

MM. Tribouillet et compagnie ont suivi le bon exemple donné par M. Houzeau-Muiron, à Reims, et extraient l'huile des eaux provenant du lavage des draps et des laines huilées ; ils ont exposé des échantillons de l'huile qu'ils obtiennent, des savons faits avec cette huile et des engrais préparés avec les résidus de leurs opérations. Le jury central, considérant que cette industrie contribue à l'assainissement du pays et fait rentrer, dans le commerce, des produits qui , sans elle, seraient perdus , accorde la mention honorable à MM. Tribouillet et compagnie.

M. Bresson, à Dijon (Côte-d'Or).

Cet exposant fabrique, depuis une quinzaine d'années, de l'huile de pepins de raisin ; il exploite ainsi 200 hectol. de pepins de raisin , qui lui fournissent 2,000 kil. d'huile, qu'il livre à 1 fr. le kilog. ; il sépare facilement les pepins du raisin au moyen d'un cylindre et de cribles appropriés , et emploie les tourteaux avec avantage pour la nourriture des bestiaux. Le jury du département de la Côte-d'Or a fait observer , dans son rapport , que la séparation des pepins peut apporter une amélioration notable dans la distillation des marcs de raisin, et que, d'ailleurs, il était utile de ne plus laisser perdre l'huile des pepins, qui pouvait trouver des applications utiles; le jury central, partageant cette opinion et sachant que l'huile de pepins bien fabriquée convient pour les usages alimentaires, désire encourager la fabrication de cette huile, et accorde, dans ce but, la mention honorable à M. Bresson.

M. Dupré, à Forges-les-Eaux (Seine-Inférieure).

Le département de la Seine-Inférieure, qui posssède un grand nombre d'ateliers de teinture et de manufactures de toiles peintes, tirait ses couperoses colorées en brun, de Beauvais et des fabriques de ce genre qui entourent cette ville. M. Dupré a pensé qu'il conviendrait aux manufactures rouennaises que ce sel fût fabriqué dans leurs environs, et il a monté, à Forges-les-Eaux, un établissement dans lequel il prépare du sulfate de fer chargé de persulfate de fer, comme l'est celui que l'on fabrique à Beauvais. La Société libre d'émulation de Rouen, appréciant l'introduction de cette industrie dans le département, a décerné une médaille d'argent à M. Dupré, en 1827; le jury central récompense les efforts que cet exposant a faits pour être utile à sa localité, en lui accordant la mention honorable.

M. Capplet, à Elbeuf (Seine-Inférieure).

Cet exposant est parvenu à extraire, avec avantage, la potasse des vieux bains de cuves d'indigo; divers rapports faits à des Sociétés savantes prouvent que le but que s'est proposé M. Capplet a été parfaitement atteint. Le jury central, considérant l'utilité qu'il y a à économiser la potasse que nos fabriques tirent de l'étranger, récompense les utiles travaux de M. Capplet en lui décernant une médaille de bronze. (Voyez aussi le rapport de la huitième commission.)

RAPPEL DE CITATION.

M. Lefébure, à Paris, quai de l'École, 20.

M. Lefébure a obtenu une citation en 1834 pour une pâte dite *augustine*, employée pour faire couper les rasoirs; cette citation est rappelée en faveur de cet exposant.

CITATIONS.

M. Maire (Charles), à Wacken, banlieue de Strasbourg (Bas-Rhin).

Ce fabricant a présenté, à l'exposition, de l'acétate de plomb bien blanc et bien cristallisé, qui a cela de particulier, qu'il est fabriqué avec les vinaigres les plus inférieurs et par un procédé qui permet de les employer à cet usage. M. Maire fabrique aussi de la céruse par le procédé hollandais, du vert de Schweinfurt et du chromate de plomb; le jury central, regardant cette industrie comme naissante, ne peut accorder à M. Maire qu'une simple citation.

M. Meynadier, à Montrouge, près Paris.

Cet exposant a présenté une nouvelle espèce de verdet ou acétate basique de cuivre qui a la propriété de ne pas changer de ton après avoir été broyé à l'huile et employé en peinture; il a joint à ses produits des certificats favorables dont l'un est signé par M. Ciçéri; mais, cette fabrication étant à peine commencée, le jury central ne peut accorder qu'une citation à cet exposant.

MM. Simonin et Toquaine, à Remiremont, (Vosges).

Le sulfate de magnésie, que nous tirions en grande partie de l'étranger, commence à être fabriqué avec succès en France, au moyen de la dolomie et de la serpentine. MM. Simonin et Toquaine sont probablement les premiers qui aient fabriqué en grand ce sel de toutes pièces au moyen de roches ou de pierres contenant de la magnésie; ils se servent, pour cela, de la serpentine, qu'ils traitent par l'acide sulfurique; le sulfate de magnésie qu'ils obtiennent est pur et a les caractères extérieurs qu'on remarque dans ce même sel préparé en Angleterre. Leur fabrication a été, en 1838, de 25,000 kil., et ils vendent le sulfate de magnésie pur à 80 fr. les 100 kil. au lieu de 160 fr. Ils sont déjà parvenus, presque entièrement, à repousser les sulfates de magnésie d'Angleterre. Le jury central cite honorablement les travaux de MM. Simonin et Toquaine.

§ 2. PRÉPARATION ET CONSERVATION DES SUBSTANCES ALIMENTAIRES.

Il s'agit ici des produits d'une industrie qui contribue à éloigner le malheur des disettes, qui met à la portée des classes pauvres des aliments sains, peu coûteux, qui améliore considérablement le régime alimentaire des marins, des voyageurs et des grandes réunions d'hommes, et qui fournit, enfin, aux classes riches le moyen d'augmenter le luxe des repas, et d'avoir, en tout temps, des fruits ou des aliments de choix qu'on ne pouvait servir, autrefois, sur les tables qu'en de certaines saisons ou même que dans des circonstances souvent très-rares : cet art mérite certainement toute l'attention du jury, et, s'il y a, à ce sujet, un vœu à émettre, c'est de voir cette industrie se propager de plus en plus, et arriver promptement au haut point de perfection et de développement où sa grande importance doit la faire atteindre.

RAPPEL DE MÉDAILLE D'OR.

M. Prieur-Appert, à Paris, rue du Faubourg-du-Temple, 109.

Les travaux de M. Appert sont trop bien connus et appréciés pour qu'il soit nécessaire d'entrer, ici, dans beaucoup de détails sur les produits présentés par M. Prieur-Appert.

M. Appert a été le créateur de l'industrie dont il est question : son successeur, tout en soutenant la haute réputation de la maison Appert, est parvenu à en augmenter l'importance, en multipliant le nombre de ses produits, et en employant des boîtes qui peuvent être utilisées après avoir servi à la conservation des aliments.

Le jury rappelle, en faveur de cet exposant, la médaille d'or qui a été décernée à M. Appert à l'exposition de 1827.

NOUVELLE MÉDAILLE D'ARGENT.

M. MÉNIER, à Paris, rue des Lombards, 37.

M. Ménier, qui a obtenu une médaille d'argent en 1834, a tellement développé son industrie depuis cette époque, qu'il est aujourd'hui en première ligne dans sa partie.

L'usine hydraulique que M. Ménier a organisée à Noisielles a été augmentée et portée à un haut point de perfection ; les pulvérisations qu'il opère en grand pour le commerce fournissent des poudres impalpables, et, sous ce rapport, il mérite de plus en plus les éloges que lui a donnés le jury de 1834.

M. Ménier fabrique, par an, 528,000 kilog. de tous produits, et sa fabrication de chocolat s'élève seule à 450 kil. par jour ; il livre des farines médicinales, des orges perlés, des gruaux d'avoine de première qualité : il ne compte pas moins de 7,000 correspondants, et son commerce est arrivé à une prospérité très-remarquable.

Le jury croit devoir récompenser une industrie si développée et si bien conduite, en décernant une nouvelle médaille d'argent à M. Ménier.

MÉDAILLES D'ARGENT.

MM. JONARD et MAGNIN, à Clermont (Puy-de-Dôme).

Le jury du département du Puy-de-Dôme a fortement

recommandé ces fabricants à l'attention du jury central ; il a dit : « que l'industrie qu'ils ont développée et qu'ils « soutiennent est essentiellement agricole et l'une de celles « qui méritent le plus d'être encouragées. »

MM. Jonard et Magnin ont envoyé, à l'exposition, une belle collection de farines de légumes cuits et de pâtes dites de Gênes : ces produits sont supérieurs à tous ceux de ce genre qui figurent à l'exposition ; les pâtes sont cependant fabriquées avec les blés d'Auvergne, que l'on croyait, pour cela, inférieurs à ceux de Tangarock et d'Italie. MM. Jonard et Magnin sont parvenus à ce but utile à l'agriculture du pays, en rendant leur fabrication indépendante du climat et de la qualité du blé par un bon moyen de chauffage et par de bonnes manutentions.

Ils emploient ordinairement de 120 à 130 ouvriers, et livrent annuellement au commerce 450,000 kil. de pâtes ou semoules, provenant de 14,000 hect. de blé du pays. Leurs pâtes se vendent, dans les magasins de Paris, comme pâtes venant d'Italie, et à un tiers plus cher qu'elles ne devraient être vendues d'après les prix auxquels ces fabricants les livrent.

Le jury signale ce fait en faveur des consommateurs, et récompense l'industrie remarquable dont MM. Jonard et Magnin ont donné l'exemple, en leur décernant une médaille d'argent.

M. RAYBAUD, à Paris, rue Saint-Denis, 125.

M. Raybaud a exposé des savons, de l'amidon, de la moutarde et des pâtes d'Italie. Parmi ses savons, on distingue un savon à très-bas prix, à l'usage des pauvres, et des savons de toilette contenant 20 pour 100 de silice en poudre très-fine, qui nettoient et adoucissent parfaitement les mains : son amidon est d'une grande blancheur et très-bien fabriqué.

M. Raybaud emploie le gluten qu'il retire du blé dans la fabrication de l'amidon, pour doubler la quantité de matière azotée dans les pâtes qu'il prépare à l'instar des pâtes d'Italie; mais, ce qui distingue le plus l'industrie de M. Raybaud, c'est sa fabrication de moutarde, à laquelle il a donné un développement et une perfection vraiment remarquables : il en prépare, par jour, 350 kilog., dont 100 kilog. de moutarde ordinaire, qu'il vend au bas prix de 60 centimes le kilog., pour l'usage des classes pauvres; il a, en outre, formé et exposé la plus belle collection connue d'huiles essentielles.

M. Raybaud a obtenu la médaille de bronze en 1827 et 1834. Le jury, prenant en considération l'industrie remarquable développée par M. Raybaud, lui décerne la médaille d'argent pour l'ensemble de ses produits.

MM. Callaud, cousins, au Gond, près Angoulême (Charente).

Les échantillons de farines et de minoterie présentés par ces exposants ont cela de remarquable que ces produits proviennent d'un grand établissement de meunerie, monté à l'anglaise, avec tous les perfectionnements connus, dans un pays où cette industrie était complétement ignorée. Cette usine livre, par jour, de 5 à 6 mille kilog. de farines premières ou minots, et l'on trouve dans le rapport du jury du département de la Charente ce passage remarquable : « Les services rendus à l'alimentation par les « usines du Gond ne sauraient être mis en doute. Les

« ouvriers de la fonderie royale de Ruelle, qui, il y a deux
« ou trois ans encore, se nourrissaient d'un pain noir,
« humide et malsain, ne consomment plus que d'excel-
« lent pain très-blanc, provenant des minots du Gond :
« un calcul et une observation bien répétés leur ayant
« prouvé que la dépense était la même, et que ce notable
« changement dans la base de leur nourriture ne leur im-
« posait aucun sacrifice pécuniaire. »

Le jury central, appréciant le bon exemple donné par MM. Callaud, cousins, et l'utilité de leur usine pour le département de la Charente, décerne une médaille d'argent à ces fabricants.

MM. Bertrand et Feydeau, à Nantes (Loire-Inférieure).

MM. Bertrand et Feydeau ont succédé, dans la fabrication des conserves alimentaires, à MM. Leidig et compagnie, qui ont obtenu une médaille de bronze à l'exposition de 1834. La fabrique de ces exposants est l'une des plus considérables du département de la Loire Inférieure ; elle a une succursale à Port-Louis pour les sardines et des dépôts à Marseille, à Brest, à Bordeaux, et au Havre. Ces fabricants soudent leurs boîtes de fer-blanc de manière à ne pas introduire de soudure ni de résine dans l'intérieur des boîtes, et, surtout, de telle sorte, que les couvercles sont facilement dessoudés lors de l'emploi, et que les boîtes peuvent ainsi servir, à plusieurs reprises, au même usage. Les conserves alimentaires de ces fabricants ne laissent, d'ailleurs, rien à désirer ; leurs placements nombreux attestent assez leurs bonnes qualités et la modération de leurs prix.

Le jury décerne une médaille d'argent à MM. Bertrand et Feydeau.

MÉDAILLES DE BRONZE.

M. BOUDET-DRELON, à Clermont (Puy-de-Dôme).

M. Boudet-Drelon est successeur d'Auguste Drelon qui a le premier donné la véritable impulsion à l'industrie des pâtes alimentaires en Auvergne : il livre, par jour, de 80 à 100 quintaux de semoule et de vermicelle, ce qui correspond à l'emploi journalier de 100 setiers de blé. Il a fait cultiver en grand le blé de Taugarock dans son département, et il emploie ce blé pour la fabrication de ses pâtes; il fabrique aussi de la fécule et de l'amidon, mais il ne prépare pas de farines de légumes cuits.

Le jury central lui décerne une médaille de bronze.

MM. GRANDEURY frères, à Nancy (Meurthe).

Les pâtes alimentaires et l'amidon que fabriquent MM. Grandeury frères rivalisent avec les meilleurs produits de ce genre. Ils emploient 60 quintaux métriques de blé du pays par jour, et ils préparent journellement, avec cette quantité de blé, 840 kilog. de vermicelle, macaroni, etc.; 400 kilog. d'amidon, 500 kilog. de semoule et 2,400 kilog. de farine première et de gruaux. Ils ont su étendre au loin la vente de leur amidon, ce qui assure le succès de leur fabrique; ils ont, d'ailleurs, été seuls distingués à l'exposition de Nancy, en 1838, quoiqu'ils y eussent trois concurrents du département.

Le jury central pense que MM. Grandeury frères méritent une médaille de bronze, et leur décerne cette récompense.

M. Levraud, à Nantes (Loire-Inférieure).

M. Levraud prépare des conserves alimentaires, et sa fabrication a cela de particulier, qu'il isole, dans un compartiment réservé dans chaque boîte, les assaisonnements qui doivent être mélangés lors de l'emploi des viandes ou des poissons, remplissant le reste de la boîte ; cette séparation assure la conservation des aliments solides, en s'opposant au nombre et à la durée des actions chimiques qui pourraient avoir lieu si les assaisonnements étaient mis longtemps en contact avec les substances solides, qui n'ont besoin de les recevoir qu'au moment de l'emploi.

Le jury du département de la Loire-Inférieure déclare que les boîtes à compartiments ne se vendent pas plus cher que les boîtes ordinaires, et que les mets y conservent mieux leur couleur et leur saveur primitives : l'opinion de ce jury est, d'ailleurs, entièrement favorable à M. Levraud, et fait bien ressortir l'heureuse influence que l'industrie des conserves alimentaires a sur la santé des marins et sur la prospérité du pays.

Le jury central décerne une médaille de bronze à M. Levraud.

M. Drouet, aux Sables-d'Olonne (Vendée).

M. Drouet est le premier qui, associé à M. Tallendeau,

ait introduit, dans la Vendée, la préparation des conserves alimentaires; il prépare en grand les conserves de sardines à l'huile et les sardines pressées, genre d'industrie qui mérite d'autant plus d'encouragement que le produit en est destiné à la nourriture des classes les moins aisées, et qu'il est d'une grande ressource pour le placement de l'immense quantité de sardines qui se pêchent aux Sables-d'Olonne : ces considérations déterminent le jury à accorder une médaille de bronze à M. Drouet.

M. Groult, à Paris, rue Sainte-Apolline, 16.

M. Groult, successeur de M. Duvergier, qui a eu une médaille de bronze à l'exposition de 1827, fabrique toutes les farines de légumes cuits, pour potages et purées ; il prépare aussi la farine de châtaigne cuite, la semoule de riz, la julienne pour la marine, et la farine, ainsi que la semoule d'épeautre cuit à la vapeur. Il a centralisé dans son dépôt de la rue Sainte-Apolline la vente de tous les produits de ce genre, et a ainsi créé la maison de commerce qui se trouve à la tête de cette industrie.

Le jury central décerne à M. Groult une médaille de bronze pour l'ensemble remarquable de ses produits.

MENTIONS HONORABLES.

M. Désorry, à Paris, rue du Faubourg-Poissonnière, 4.

M. Désobry, fabricant de conserves de légumes et de fruits, a exposé une belle collection de ses produits ; la nécessité d'employer des bouteilles de verre blanc et mince, pour donner à ces vases l'apparence que le commerce désire, lui a fait employer un procédé de bouchage qui permet de forcer considérablement les bouchons dans les goulots des bouteilles sans les casser.

Le jury lui accorde une mention honorable pour l'ensemble de ses produits.

M. PICARD-BALLEREAU, à Bourbon-Vendée (Vendée).

Les sardines à l'huile que M. Picard-Ballereau prépare dans sa fabrique de conserves alimentaires sont signalées, par le jury du département, comme étant fort utiles et comme donnant lieu à une fabrication ayant reçu, depuis deux ans, beaucoup d'extension et paraissant appelée à jouir d'une grande faveur. Le jury central, s'appuyant sur la convenance qu'il y a à introduire l'industrie dans le département de la Vendée et sur la bonne direction suivie par M. Picard-Ballereau, accorde une mention honorable à ce fabricant.

M. DEGRAND, à Paris, boulevard du Temple, 38.

M. Degrand, bien connu par des travaux utiles et surtout par la part qu'il a eue dans l'invention des appareils propres à concentrer les dissolutions de sucre à l'abri de la pression de l'air, a présenté, à l'exposition de 1839, une collection de substances alimentaires animales et végétales desséchées par un procédé nouveau. La commission de chimie, qui a essayé avec soin les viandes sèches qui se trouvent dans cette collection et qui ne leur a pas trouvé toutes les qualités désirables, ne peut, dans l'état actuel des choses, que proposer d'accorder à **M. Degrand** une mention honorable : le jury central lui confirme cette proposition.

M. Saniewski, à Blois, rue des Violettes, 23 (Loir-et-Cher).

Cet exposant a introduit, dans le département qu'il habite, les procédés employés en Pologne pour décortiquer les graines du sarrasin, et pour les convertir en gruaux et en farine de bonne qualité.

Le sarrasin, qui est la principale nourriture de la classe pauvre de plusieurs de nos départements, était converti directement en farine fortement colorée et de mauvais goût : les procédés mis en pratique par M. Saniewski changent fort avantageusement cet état de choses ; aussi la Société centrale d'agriculture, la Société d'encouragement et le comice agricole du canton de Romorantin ont-ils approuvé et encouragé les travaux de M. Saniewski. Le jury central lui accorde une mention honorable en regrettant que le peu de développement qu'il a pu donner à son industrie s'oppose à ce qu'il lui soit décerné une récompense d'un ordre plus élevé.

MM. Gaillet et c^{ie}, à Clermont (Puy-de-Dôme).

MM. Gaillet et compagnie ont établi, à Clermont, une manufacture de chocolats broyés à la mécanique.

Le jury du département dit que les produits de cette fabrique sont purs et de bonne qualité, qu'ils peuvent être livrés à bas prix, et que cette industrie, étant importante pour Clermont, centre d'entrepôt et de consommation, a droit à des encouragements. Le jury central accorde une mention honorable à **MM. Gaillet et compagnie.**

M. Chillard, à Brezins (Isère).

Le jury du département de l'Isère dit, dans son rapport, « que M. Chillard est un ancien élève de l'école des mi- « neurs de Saint-Étienne, bien au courant de la fabrication « des produits chimiques ; que sa fabrique a été organisée « avec une grande perfection ; que sa fécule est très-belle « et très-recherchée par les fabricants de papiers des dépar- « tements voisins. » Le jury central accorde une mention honorable à **M. Chillard.**

M. Chochina, au Bourget, près Paris.

M. Chochina, qui a obtenu, en 1827, une citation favorable pour diverses préparations de la pomme de terre imitant le riz, le sagou, le tapioka, etc., et qui a été l'un des premiers à s'occuper de cette fabrication, se trouve encore en première ligne dans cette partie. Le jury central accorde une mention honorable à **M. Chochina** pour la bonne direction dans laquelle il est et pour la perfection de ses produits.

M. Fastier, rue Neuve-Saint-Eustache, 41.

M. Fastier se distingue des autres fabricants de conserves alimentaires, d'abord par la grandeur des boîtes qu'il emploie, et aussi par le mode de fabrication qu'il suit.

M. Fastier se sert de boîtes qui cubent jusqu'à cinquante litres et dans lesquelles il conserve les aliments nécessaires au dîner d'un équipage entier ; quant à ses conserves de légumes et de fruits, il les prépare à la campagne, sur le lieu de production et en changeant de place après l'épuisement de chaque récolte.

: Les conserves que M. Fastier avait présentées à l'exposition ont été trouvées en fort bon état et parfaitement préparées, mais M. Fastier n'a point d'établissement fixe ; les procédés qu'il emploie pour la conservation en grand des matières animales ne sont, d'ailleurs, pas encore bien régularisés. Dans cet état de choses, le jury engage M. Fastier à persévérer dans les recherches qu'il a entreprises et lui accorde la mention honorable.

MM. CHARRIER-BARBETTE frères, à Niort (Deux-Sèvres).

Le jury du département des Deux-Sèvres dit, dans son rapport, « que MM. Charrier-Barbette frères font usage « d'un procédé particulier qui conserve longtemps le par- « fum, la fraîcheur et l'onctueux de l'angélique qu'ils font « confire ; il affirme que la fabrique de MM. Charrier-Bar- « bette frères est la plus considérable du département ; « qu'ils cultivent en grand l'angélique ; qu'ils préparent « celle qui est récoltée par eux. » Le jury central accorde une mention honorable à MM. Charrier-Barbette frères.

M. DE VILLENEUVE, à Vaugirard, près Paris, rue de Mademoiselle, 3.

Tout ce qui peut améliorer le régime alimentaire des

marins et des voyageurs mérite certainement un grand intérêt.

M. de Villeneuve, ancien officier de marine, convaincu de cette vérité, s'est occupé de cette question et a exposé une collection de substances alimentaires sèches préparées au lait; sa collection se compose de chocolat, de café et de thé au lait, en poudres ou en tablettes, et de tablettes de lait pur. Tous ces produits sont préparés avec une grande propreté et leur aspect est des plus séduisants; la commission de chimie, qui les a examinés avec soin, les a trouvés de très-bonne qualité et désire encourager M. de Villeneuve en lui faisant accorder une mention honorable : le jury confirme cette proposition.

M. Dumas, à Limoges (Haute-Vienne).

Le jury du département de la Haute-Vienne fait beaucoup d'éloges des chocolats préparés par ce fabricant et dit « que la bonté de ces produits dépend, en grande partie, « d'un procédé nouveau employé par M. Dumas pour « préparer le cacao. » Ce jury a été unanime pour recommander ce manufacturier à l'attention du gouvernement. Le jury central, s'appuyant sur ces déclarations et ayant eu de bons renseignements sur ce produit, accorde la mention honorable à M. Dumas.

M. Cyprien Dejean, à Montagnac (Hérault).

Cet exposant, qui a séjourné longtemps en Hongrie, a apporté en France des plants de vigne de Tokai et a propagé la culture de ce cépage dans le département de l'Hérault, où il fabrique, chaque année, du vin par les mêmes procédés que ceux qui sont suivis à Tokai. Ces faits sont constatés par de nombreux documents remis à la commission de chimie, et il est certain que les opinions émises par des hommes distingués de la localité sont très-favorables à la culture de la vigne dont il s'agit et à la production de M. Dejean en vin de Tokai ; la commission de chimie a fait déguster ce vin par les meilleurs juges en cette matière, mais elle n'a pu obtenir un avis assez positif pour proposer plus que la mention honorable en faveur de M. Dejean. Le jury central confirme cette proposition.

CITATIONS.

M. GODAIN D'ABBECOURT, aux Batignolles, près Paris.

M. Godain d'Abbecourt a mis, à l'exposition, un grand nombre d'échantillons de viandes desséchées par un procédé qui lui est particulier, et il a présenté, à l'appui de ses produits, un rapport fait au ministre de la marine, par M. Brou, capitaine de vaisseau, commandant la frégate *l'Hermione*, sur laquelle le ministre avait fait embarquer, en 1832, des viandes sèches préparées par M. Godain. Il résulte de ce rapport que ces viandes se sont bien conservées dans les tonneaux, et encore mieux étant exposées à l'air libre, dans la chambre de l'officier en second du vaisseau, mais que ces viandes, ayant été préparées par le cuisinier, ont été trouvées dures et non convenables pour la nourriture des marins.

M. Godain insistant pour que les viandes séchées, mises par lui à l'exposition, fussent de nouveau examinées, la commission de chimie a cru convenable de faire tous les essais nécessaires pour éclairer cette question ; elle a trouvé que les pieds de mouton desséchés par M. Godain, étant gonflés dans l'eau pendant vingt-quatre heures et convenablement accommodés, étaient devenus tendres et formaient un aliment de bon goût et de bonne qualité; mais que la viande de bœuf, préparée pour pot-au-feu, présentait, à l'emploi, les inconvénients signalés dans le rapport du commandant de *l'Hermione*. Dans cet état de choses, le jury central pense qu'il faut ajourner M. Godain à l'exposition prochaine et lui accorde une citation favorable pour l'encourager dans le travail important qu'il a entrepris.

M. LEROUX-D'ARCET, à Beaune (Côte-d'Or).

Le jury du département de la Côte-d'Or dit que le sirop de fécule présenté par M. Leroux-d'Arcet, et qui marque 45 degrés au pèse-liqueur, est, par sa qualité et son bas prix, digne de fixer l'attention. Ce produit est employé pour améliorer les vins faibles récoltés dans le pays, et pour les rendre conservables et propres aux expéditions lointaines : le jury central accorde une citation favorable à M. Leroux-d'Arcet.

----

§ 3. SAVONS.

La fabrication des savons durs, concentrés dans le midi de la France pendant plusieurs siècles, a été établie dans un grand nombre de nos départements à l'époque où la guerre d'Espagne, en nous privant des soudes étrangères, ramena l'attention sur la découverte de Leblanc, et fit adopter l'emploi de la soude factice ; mais l'on s'occupa principalement, dans le centre de la France, de la préparation des savons de toilette et des savons de ménage à bas prix, tandis que le Midi, où les fabriques de soude factice s'étaient promptement multipliées, conserva la fabrication des anciens savons faits avec l'huile d'olive et connus sous le nom de *savons de Marseille*. Ce sont encore les savonneries du Midi qui fournissent le plus de savon à la consommation de la France, et, cependant, ces établissements n'ont rien envoyé à l'exposition de 1839. Le jury a vu avec peine cette négligence et fait des vœux pour que les savonniers de Marseille, appréciant mieux le but élevé des expositions, s'empressent de représenter, au concours industriel de 1844, la grande et belle industrie dont ils sont en possession.

La fabrication des savons de toilette est devenue très-importante pour le département de la Seine. Depuis la dernière exposition, nos savonniers ont multiplié les formes et les variétés de leurs produits ; beaucoup d'essais ont été faits pour employer de nouvelles matières premières, et, si tous ces essais n'ont pas été heureux, ils témoignent du moins d'un grand mouvement industriel dans cette partie. Le jury, qui a examiné avec soin les savons présentés à l'exposition de 1839, en a trouvé quelques-uns faits à froid et trop chargés d'alcali ; il signale cet écueil et n'hésite pas à rappeler le conseil donné par les jurys des expositions précédentes, de bien soigner la fabrication des savons de toilette, pour laquelle les savonniers de Paris sont au premier rang, et de s'occuper, surtout dans les savonneries du centre de la France, de la fabrication des savons de ménage à bas prix et à la portée de la classe la moins aisée de la société.

RAPPELS DE MÉDAILLES D'ARGENT.

M. OGER, à Paris, rue Culture-Sainte-Catherine, 17.

M. Oger a succédé à MM. Decroos et Roëlant, qui ont introduit en France la fabrication des bons savons de toilette, et qui, les premiers, ont fait de bons savons de ménage à Paris. M. Oger est resté dans la bonne voie ; il fait principalement les savons qu'il est convenable de fabriquer dans le nord de la France, et ses produits sont de bonne qualité dans leur genre : le jury central lui confirme la médaille d'argent que sa fabrique a obtenue en 1810, et qui a été rappelée à toutes les expositions.

MM. RENAUD et cie, à Paris, rue Bourg-l'Abbé, 41.

Cet exposant a présenté des savons mous auxquels il a donné le nom d'*oléophane*, et qui ont obtenu une grande vogue dans les départements : le jury rappelle en sa faveur la médaille d'argent qui a été décernée en 1834 à MM. Laugier père et fils, dont il est le successeur.

RAPPEL DE MÉDAILLE DE BRONZE.

Madame BOURBONNE, à Paris, rue de la Verrerie, 95.

L'ancienne maison Demarson, à laquelle madame Bourbonne a succédé, avait obtenu une médaille de bronze en 1823, et le rappel de cette médaille à l'exposition de 1827. Madame Bourbonne a déjà eu le rappel de la médaille de bronze en 1834 : le jury central lui confirme cette récompense.

MÉDAILLES DE BRONZE.

MM. Demarson et Cie, à Paris, rue Saint-Martin, 15.

Les savons que M. Demarson a envoyés à l'exposition sont ceux qui représentent le mieux la grande fabrication en ce genre, c'est-à-dire celle des savons marbrés croûte rouge, croûte blanche, bleu vif et bleu pâle. Ces produits prouvent que M. Demarson connaît bien les procédés de la grande savonnerie, et qu'il joue, pour ainsi dire, avec les difficultés qu'ils présentent. Le jury central considère cet exposant comme étant bien digne de la médaille de bronze qu'il lui décerne.

MM. Bonamy de Conninck et Cie, à Nantes (Loire-Inférieure).

Cet exposant a présenté des savons d'huile de palme et des bougies d'acide stéarique; il livre au commerce 500,000 kil. de savon par an, et favorise, par les grandes quantités d'huile de palme qu'il emploie, le commerce que la ville de Nantes fait avec les côtes d'Afrique. Le jury du département de la Loire-Inférieure a dit, dans son rapport, « qu'il ne pouvait trop recommander les produits de « M. Bonamy de Conninck, et qu'ils étaient, à tous

« égards, dignes de la sollicitude et des récompenses du
« gouvernement. »

Le jury central, appréciant et la bonne direction dans
laquelle est entré M. Bonamy de Conninck, et les services
qu'il rend à la localité dans laquelle il est établi, décerne
une médaille de bronze à cet exposant.

MENTIONS HONORABLES.

M. VIOLET, à Paris, rue Saint-Denis, 185.

M. Violet, qui avait été cité favorablement avec
M. Monpelas, alors son associé, a continué à aromatiser
ses savons de toilette, non dans la mise et avec des huiles
essentielles, comme on le faisait ordinairement, mais en
desséchant les savons et les réduisant en pâte au moyen
de l'alcool aromatisé, ce qui permet d'introduire dans les
savons de toilette les odeurs les plus fugaces, telles que
celles de tubéreuse, de jasmin, etc.

M. Violet a, en outre, aromatisé les savons directement
avec les fleurs. Le jury, considérant la grande extension
qu'il a su donner à sa fabrication, et la variété des savons
qu'il a exposés, lui décerne une mention honorable.

MM. MESNY et FAVART, à Vienne (Isère).

Ces exposants ont établi, à Vienne, au centre d'une
grande fabrication de draps, une savonnerie où ils préparent des savons mous propres au dégraissage des draps et
des laines huilés ; le jury du département de l'Isère dit
« que ç'a été là une découverte inappréciable, et dont le

« besoin se faisait vivement sentir dans la localité. » Le jury central, qui a fait analyser ce savon, n'y a rien trouvé de remarquable ; c'est un savon vert ou mou fait avec la potasse et une huile peu odorante : il craint que la bonne opinion que les fabricants de draps de Vienne ont de ce savon ne soit due qu'à l'ignorance ou à l'oubli des bonnes qualités du savon à dégraisser les draps qui se fabrique à Rouen et qui est connu sous le nom de *pugh*; néanmoins, considérant le service que MM. Mesny et Favart ont rendu à l'industrie de leur ville, et s'appuyant sur l'opinion très-favorable du jury du département de l'Isère, le jury central décerne une mention honorable à MM. Mesny et Favart.

RAPPEL DE CITATION.

M. MONPELAS, à Paris, rue Saint-Martin, 129.

M. Monpelas, qui avait eu, en 1834, une citation favorable avec M. Violet, alors son associé, aromatise ses savons comme nous l'avons dit en parlant des produits de M. Violet ; il paraît, en outre, saponifier directement le suif en branches, et faire un usage convenable de l'huile de coco; le jury lui confirme la citation qu'il a obtenue à l'exposition de 1834.

CITATIONS HONORABLES.

M. CUVELLIER, à Blangy (Seine-Inférieure).

M. Cuvellier est dans une très-bonne voie ; il fabriqu

du savon jaune avec des mélanges de suif et de résine, ou d'huile de palme et de résine, et vend ce savon de 32 à 35 centimes la livre, ce qui le met à la portée des classes pauvres : le jury central lui vote une citation honorable.

M. Lagoutte, à Paris, rue Bourg-l'Abbé, 20.

Le savon de Naples, qui est un savon mou à base de potasse, n'a pas encore été bien fabriqué en France, quoiqu'il se vende à haut prix et qu'il soit employé par un assez grand nombre de consommateurs ; le jury central récompense par une citation les travaux, déjà suivis de succès, entrepris par M. Lagoutte pour organiser à Paris la fabrication de cette espèce de savon servant à la toilette.

----

§ 4. COLLES.

Lors des premières expositions, la fabrication des colles était à peine créée, et ne fournissait que des produits de mauvaise qualité, qui étaient, d'ailleurs, loin de pouvoir suffire à la consommation de la France ; les colles de qualité supérieure se tiraient de l'étranger, mais l'emploi de la gélatine extraite des os par le moyen des acides, la cuisson à la vapeur, et de bons procédés de filtration et de blanchiment, ont rapidement porté cet art à un point de perfection tel que l'on peut dire qu'à ce sujet il ne nous reste plus rien à désirer. Le jury de 1834, qui avait remarqué que plusieurs fabricants avaient abusé des procédés de Papin et n'avaient ainsi produit que des colles trop solubles dans l'eau froide, signala cet écueil dans son rapport : cet avis, et l'intérêt des fabricants, les ont ramenés dans la bonne voie, aussi voyons nous les colles exposées en 1839 être toutes de bonne qualité : cet art a, en outre, pris un grand développement ; la fabrication des colles a été établie dans les grands centres de consommation, et le commerce trouve aujourd'hui à s'approvisionner chez nous des colles de toutes qualités que réclament les besoins de notre industrie manufacturière.

RAPPELS DE MÉDAILLES D'ARGENT.

M. GRENET fils, à Rouen, rue du Renard, 34.

M. Grenet continue à occuper le premier rang parmi nos fabricants de colle ; ses produits sont de la plus grande beauté et ne laissent rien à désirer sous le rapport de leur qualité : on peut dire que M. Grenet est maître des procédés de son art, et qu'il joue, s'il est permis de s'exprimer ainsi, avec les difficultés qu'il a à surmonter : le jury le considère comme étant de plus en plus digne de la médaille d'argent qu'il a obtenue en 1834, et vote, avec empressement, le rappel de cette médaille en faveur de cet habile fabricant.

M. ESTIVANT-DONAU, à Givet (Ardennes).

Cet exposant fabrique avec une grande perfection les colles fortes dites de Givet, qui sont en feuilles épaisses, et leur donne une transparence remarquable ainsi que la belle couleur ambrée rougeâtre que le commerce préfère. Le jury rappelle en faveur de M. Estivant-Donau la médaille d'argent qu'il a obtenue en 1834, étant associé de son père,

M. Estivant-de-Braux , dont il est actuellement le successeur.

M. Estivant fils aîné, à Givet (Ardennes).

Ce fabricant a envoyé, à l'exposition de 1839, des colles fortes de bonne qualité, et qui continuent à soutenir la réputation des colles de Givet. Le jury lui confirme la médaille d'argent déjà rappelée en sa faveur aux expositions de 1823, 1827 et 1834.

MÉDAILLES DE BRONZE.

M. Victor Landini, à Grenoble (Isère).

Les colles exposées par ce fabricant sont d'une grande beauté et de très-bonne qualité : ce sont les produits de ce genre qui approchent le plus de la perfection à laquelle est arrivé M. Grenet. M. Landini a doublé sa fabrication depuis un an ; le jury de son département, en signalant l'importance de la fabrique et la bonne réputation des produits de M. Landini, a émis le vœu qu'il soit accordé une médaille de bronze à cet habile manufacturier. Le jury central, partageant entièrement cette opinion, décerne la médaille de bronze à ce fabricant.

M. Auguste Sigoret, à Marseille (Bouches-du-Rhône).

M. Sigoret a envoyé, à l'exposition, des colles fortes ordinaires, des colles de Flandre et des feuilles de gélatine blanches et de qualité supérieure, pour le collage des vins et l'emploi alimentaire; tous ces produits sont bien fabriqués. Le jury du département des Bouches-du-Rhône, où la fabrication des colles prend un bien grand développement, dit que la production de M. Sigoret a été presque doublée depuis un an, et qu'il livre annuellement au commerce 72,000 kil. de colle ordinaire et 48,000 kil. de colle façon de Flandre. Le jury central, appréciant la bonne fabrication de M. Sigoret, décerne une médaille de bronze à cet habile manufacturier.

RAPPEL DE MENTION HONORABLE.

M. Tesson, à Colombes (Seine).

Ce fabricant a présenté, en 1839 comme aux expositions précédentes, de la colle forte et divers autres produits de son industrie, tels que l'huile de pied de bœuf et de mouton, les plaques de cornes naturelles et d'autres imitant l'écaille; l'ensemble de ces produits maintient cet exposant au rang où il s'est placé et le jury rappelle en sa faveur la mention honorable qui lui a été décernée aux expositions de 1827 et 1834.

MENTION HONORABLE.

M. Firmenich, à Metz (Moselle).

M. Firmenich, qui a exposé des échantillons de colle forte et de gélatine, était contre-maître de M. Gomprez lorsque ce fabricant obtint une mention honorable à l'exposition de 1834, et c'était lui qui préparait la gélatine pour bains et apprêts et pour la clarification des vins qui fut alors distinguée par le jury. M. Firmenich étant devenu propriétaire de la fabrique et ayant développé son industrie d'une manière remarquable, le jury central lui décerne une mention honorable.

RAPPEL DE CITATION.

Madame veuve Hesse, à Puttelange (Moselle).

Le jury rappelle en faveur de madame veuve Hesse la citation qu'elle a obtenue en 1834 pour la bonne qualité de la colle forte et de la colle de Flandre qu'elle a présentées ; il pense que cet exposant continue à mériter cette distinction.

---

§ 5. CIRES A CACHETER.

Les cires à cacheter que le jury a eues à examiner, lors de l'exposition de 1834, ont fait voir que cette fabrication, longtemps restée très-imparfaite en France, y avait été perfectionnée d'une manière remarquable depuis 1819, et que ce n'était plus que pour les premières qualités que les cires à cacheter fabriquées en Angleterre étaient supérieures aux cires françaises ; le plus grand défaut que présentaient nos produits en ce genre était le boursouflement qu'éprouvait la cire en fusion, ce qui gênait lors de l'application du cachet et s'opposait à la pureté ou à la netteté des empreintes ; le jury de 1834 avait signalé cette imperfection et avait engagé les fabricants de cire à donner à leurs produits le degré de fusibilité et d'inflammabilité convenable, au moyen d'une substance moins facilement vaporisable que ne l'est l'essence de térébenthine ordinairement employée dans ce but. Ce conseil a été suivi, et les cires à cacheter, présentées à l'exposition de 1839, témoignent des succès obtenus et prouvent qu'en employant les mêmes matières colorantes, les fabricants français peuvent maintenant rivaliser, même pour les qualités supérieures, avec les cires à cacheter venant d'Angleterre.

RAPPELS DE MÉDAILLES DE BRONZE.

M. HERBIN, à Paris, rue Michel-le-Comte, 21.

M. Herbin occupe encore un rang élevé parmi les fabricants de cire à cacheter : ses cires moussent très-peu à l'emploi ; elles sont convenablement fusibles, bien moulées et polies, et ne laissent rien à désirer quant à la graduation des couleurs. M. Herbin a joint à ses cires à cacheter une belle collection de feuilles de gélatine diversement colorées ou marbrées, et de pains à cacheter transparents faits avec ces feuilles. Le jury central considère ce fabricant comme continuant à mériter la médaille de bronze qu'il a obtenue à l'exposition de 1823, et qui fut rappelée pour lui en 1827 et 1834.

M. Deville - Chabrol, à Paris, rue des Vieux-Augustins, 18.

M. Debraux d'Anglure avait obtenu une nouvelle médaille de bronze en 1834 pour la netteté du moulage, la régularité des formes et la pureté des nuances de ses cires à cacheter ; le jury rappelle cette médaille en faveur de M. Deville-Chabrol, successeur de M. Debraux d'Anglure.

NOUVELLE MÉDAILLE DE BRONZE.

M. V. Roumestant jeune, rue Montmorency, 10, à Paris.

M. Roumestant fabrique des cires à cacheter de première qualité. Le jury a trouvé ses produits supérieurs à ceux de ce genre qu'il a eus à examiner, tant sous le rapport du boursouflement que sous celui de la fusibilité ; ces cires sont parfaitement moulées, polies et timbrées. Le jury décerne une médaille de bronze à M. Roumestant.

RAPPEL DE MENTION HONORABLE.

MM. Thibault frères, à Paris, rue Bar-du-Bec, 3.

Les cires de cet exposant sont bien colorées, mais le moulage en est peu soigné et elles laissent quelque chose à désirer sous le rapport de la fusibilité. Le jury ne peut, au sujet de cet exposant, que rappeler la mention honorable qu'il a obtenue en 1827 et 1834.

NOUVELLE MENTION HONORABLE.

M. Zegelaar, à Paris, rue de la Corderie, 1.

Cet exposant avait obtenu une simple citation en 1834 : les cires qu'il a présentées en 1839 prouvent qu'il a ajouté de grands perfectionnements à sa fabrication. Ses cires rouges sont très-bien moulées, de première qualité sous le rapport de la coloration, et ne moussent pas à l'emploi ; mais elles sont un peu trop fusibles et se déforment facilement lorsqu'elles ne portent pas à plat ; sans ce défaut, elles auraient mérité la médaille de bronze. Le jury invite M. Zegelaar à remédier à cet inconvénient et regrette d'être obligé, par cet état de chose, à ne décerner qu'une mention honorable à cet habile fabricant.

---

§ 6. PAINS A CACHETER.

La fabrication des pains à cacheter, qui ne livrait, il y a peu d'années, que des produits communs, a été grandement perfectionnée dans ces derniers temps par le découpage mécanique, par l'application de nouvelles matières colorantes et par l'emploi de la gélatine, qui donne des pains à cacheter transparents, ne masquant aucune partie de l'écriture et pouvant recevoir les formes, les empreintes et les nuances les plus variées. Les produits de ce genre présentés à l'exposition de 1839 prouvent que cette industrie est arrivée à la perfection désirable.

RAPPEL DE MÉDAILLE DE BRONZE.

Mademoiselle QUENEDEY, à Paris, rue Neuve-des-Petits-Champs, 15.

Mademoiselle Quenedey fabrique très-bien les feuilles de gélatine employées pour calquer les dessins et pour fabriquer les pains à cacheter transparents. Le jury lui confirme la médaille de bronze qui lui a été décernée en 1823 et qui a été rappelée pour elle aux expositions de 1827 et 1834.

NOUVELLE MÉDAILLE DE BRONZE.

MM. GUILLEMIN frères, à Paris, rue Saint-Merry, 46.

MM. Guillemin frères ont exposé des pains à cacheter découpés à la mécanique.

Le découpage des pains à cacheter, à la main, était nuisible à la santé des ouvrières; l'emploi des moyens mécaniques a fait cesser cet inconvénient, tout en perfectionnant les produits et en en abaissant le prix ; MM. Guillemin ont, en outre, diminué, autant que possible, l'emploi des matières colorantes insalubres.

Les pains à cacheter de ces fabricants sont ou simple

ment colorés ou colorés, et portant, en relief, des lettres initiales, des armes ou des devises imprimées en blanc ou dorées. Ces produits, qui ne laissent rien à désirer, se distinguent par une coupe nette et régulière, par la dégradation parfaite des nuances et par la vivacité des couleurs. Le jury, appréciant ces diverses améliorations, décerne une médaille de bronze à MM. Guillemin frères.

SECTION II.

SUCRES ET FABRICATION DES COULEURS, VERNIS, ETC.

M. Dumas, rapporteur.

---

§ 1er. SUCRES.

Parmi les industries chimiques, il en est peu qui puissent rivaliser d'importance et d'avenir avec l'industrie des sucres. L'état de gêne momentané qu'elle éprouve explique le petit nombre de produits qu'elle a adressés à l'exposition ; car, à en juger par la quantité d'usines qui s'en occupent et par l'habileté des hommes qui sont placés à la tête de cette industrie, on devait s'attendre à voir l'industrie sucrière dignement représentée sous le rapport de ses produits.

Il n'en a pas été ainsi ; des préoccupations faciles à comprendre font que le sucre indigène aussi bien que les sucres raffinés se sont tenus à l'écart, comme si ces deux industries n'avaient marqué leur route par aucun progrès digne d'être enregistré depuis l'année 1834.

Si la situation de nos fabriques de sucre indigène eût été moins pénible, nul doute qu'elles auraient traité quelques questions nouvelles, et en particulier la question de la dessiccation par des expériences décisives, dont nous aurions eu à juger les résultats ; mais, dans l'état actuel de cette industrie, il lui est difficile de se livrer à de telles études. On comprend parfaitement, d'autre part, que le raffinage du sucre, qui marche par des méthodes parfaitement arrêtées, n'ait eu à produire aucun fait nouveau de quelque importance.

Si les producteurs de sucre se sont presque tous abstenus, il n'en a pas été de même des ingénieurs qui leur fournissent les appareils en usage dans leurs fabriques. A cet égard, nous aurons, au contraire, à constater des résultats très-satisfaisants.

RAPPEL DE MÉDAILLE D'OR.

M. Pecqueur, à Paris, rue Neuve-Popincourt, 11.

Cet habile industriel a exposé une chaudière de cuite à l'air libre, et une presse continue pour la pulpe de betterave. Sa chaudière à évaporation est chauffée par plusieurs tubes de 18 à 20 lignes de diamètre, tous séparés les uns des autres, prenant tous naissance sur un tuyau général, faisant le tour de la chaudière et aboutissant à un grand tuyau général.

La chaudière tourne sur les deux tuyaux d'arrivée et de sortie de vapeur, ce qui permet de l'incliner pour faciliter l'écoulement du sirop lorsqu'il est cuit. Le serpentin tourne sur les mêmes axes, ce qui facilite aussi le nettoyage de la chaudière. Les tubes chauffeurs étant d'un diamètre assez considérable et parcourant un espace peu étendu, la vapeur en les parcourant ne perd presque pas de sa tension, ce qui produit une égalité convenable de température dans toutes les parties de la chaudière. Mais un second avantage bien plus important, c'est que l'eau et la vapeur non condensée retournent directement au fond du générateur, d'où résulte une économie considérable de combustible.

La presse continue de M. Pecqueur se compose d'un piston refoulant, à chaque coup, un litre de pulpe dans une botte en fonte d'où elle remonte pour passer entre deux cylindres criblés de trous et recouverts d'une toile métallique qui l'expriment fortement. Cette disposition évite une manutention considérable et une dépense de sacs, de claies, etc., que nécessitent les presses hydrauliques. Un inconvénient que pourrait avoir cet appareil serait de retenir la pulpe dans quelque coude. Il paraît cependant qu'il n'a pas lieu, et la preuve c'est que la pulpe sort toujours blanche de l'appareil

Dans la presse Pecqueur, c'est toujours la plus ancienne pulpe qui est pressée la première ; elle oblige, pour ainsi dire, les ouvriers à travailler sans relâche, car si l'entonnoir qui alimente la presse n'était pas toujours au moins à moitié plein, l'air serait refoulé dans l'appareil, qui ne pourrait plus marcher de quelque temps.

M. Pecqueur vend deux modèles de sa presse. Le plus grand fait 200 hectolitres de jus en 24 heures, et coûte 6000 francs.

Le plus petit produit 140 à 150 hectolitres en 24 heures, et coûte 4,500 francs.

La force nécessaire pour faire mouvoir la première est de deux chevaux au plus. Mise en usage dans une fabrique de sucre de betterave, elle a donné, tout compte fait, un produit plus considérable que celui qu'on vient d'énoncer d'après l'inventeur.

Les deux appareils exposés par M. Pecqueur, lui ont mérité de la part du jury, de la manière la plus unanime, le rappel de la médaille d'or déjà décernée à cet habile ingénieur dans l'une des précédentes expositions.

***

MÉDAILLE D'OR.

MM. Ch. DEROSNE et CAIL, constructeurs, rue des Batailles, n° 7, à Paris.

Ces habiles constructeurs ont exposé divers appareils, savoir :

1° Une nouvelle râpe à betteraves, avec poussoirs mécaniques et machine à vapeur destinée à lui donner le mouvement ;

2° Un appareil à évaporer dans le vide, à simple effet, d'après le système d'Howard, perfectionné ;

3° Un appareil d'évaporation dans le vide, à double effet.

La râpe de MM. Derosne et Cail est bien construite ; elle offre, dans la disposition des poussoirs mécaniques, quelques particularités intéressantes. En elle-même, c'est une bonne râpe ; mais on peut regretter que MM. Derosne et Cail cherchent à remplacer, par des machines à vapeur spéciales et adhérentes à chaque appareil, le système généralement suivi d'une machine à vapeur unique, avec transmissions de mouvements pour chaque appareil.

L'appareil d'Howard, perfectionné pour la cuite des sirops dans le vide, est particulièrement destiné aux raffineries. Il est parfaitement construit, et l'on aime à répéter que des appareils aussi vastes, aussi compliqués que l'est celui-là, ou mieux encore l'appareil à double effet dont il va être question, peuvent, en sortant des ateliers de

M. Derosne, garder le vide, à trois ou quatre centimètres près, pendant vingt-quatre heures. De tels résultats signalent un immense progrès dans nos moyens d'exécution pour toutes les parties d'un appareil manufacturier de ce genre, telles que robinets, soupapes, ajustages, etc. La satisfaction qu'on éprouve augmente encore quand on voit, en examinant de près les détails de la construction, que cette perfection des résultats tient à la nature même du travail des pièces, à sa précision, et que, bien loin de s'aider de dispositions propres à corriger leurs défauts, MM. Derosne et Cail ont cherché de plus en plus à simplifier leurs jointures et à produire des pièces radicalement exactes, les seules qui puissent conserver cette qualité longtemps.

L'appareil d'Howard, exposé par MM. Derosne et Cail, est muni, comme leur râpe, d'une petite machine à vapeur destinée à évacuer l'eau condensée et maintenir le vide.

La pièce importante de l'exposition de MM. Derosne et Cail, c'est l'appareil à double effet dont il nous reste a faire connaître tout le mérite.

C'est un appareil où sont venus se confondre des procédés tirés des propres brevets de M. Derosne et d'un brevet de M. Degrand, et auquel, en outre, une expérience de quelques années est venue chaque jour apporter des dispositions de détail nouvelles et plus parfaites.

Le sirop de betterave y est évaporé dans le vide. La vapeur qu'il fournit traverse des tubes repliés sur eux-mêmes, et elle y est condensée par l'évaporation qu'éprouve à leur surface extérieure du jus de betteraves qui tombe en pluie d'un tube à l'autre.

Cet appareil réunit tous les genres de mérite. Il est simple, exact, bien construit. La cuite s'y fait à basse température dans le vide. La concentration s'y opère sans frais à une température basse également. On peut dire qu'à son aide il n'en coûte rien pour amener le jus de betteraves à 25°. Ce n'est qu'à partir de ce terme qu'il faut dépenser du combustible pour le concentrer, car la vapeur perdue par cette dernière concentration amène à 25° une quantité de jus égale à la première.

MM. Derosne et Cail ont placé des appareils semblables dans trente-neuf fabriques de sucre de betteraves, parmi lesquelles on remarque des fabriques dirigées par les hommes qui ont dès longtemps le privilége de marcher à la tête de cette industrie.

A l'aide d'une légère modification dans l'emploi, cet appareil devient très-propre au service des raffineries ; aussi MM. Derosne et Cail en ont-ils placé quatorze dans des établissements de ce genre.

Il est clair que l'appareil dont il s'agit deviendra d'un grand secours dans le travail des colonies. Il présente encore quelques détails un peu compliqués, qui le rendraient d'un maniement et d'une réparation difficiles dans des pays pauvres en ouvriers habiles ; mais cet appareil repose sur de si bons principes, qu'à mesure qu'il vieillit il gagne en perfection, tout en se simplifiant de plus en plus. Encore quelques progrès, et il sera susceptible d'être manœuvré partout.

Le jury central décerne la médaille d'or à MM. Derosne et Cail pour leurs appareils à double effet.

MÉDAILLES D'ARGENT.

M. Pelletan, à Paris, rue de Verneuil, 27.

Les appareils exposés par M. Pelletan se rapportent essentiellement à la fabrication du sucre de betterave; on y remarque :

1° Le lévigateur, appareil destiné au lavage de la pulpe de betterave;

2° Une chaudière de cuite dans le vide;

3° Une machine à vapeur d'un système nouveau qui constitue une annexe de la chaudière de cuite.

Ces divers appareils sont en activité dans plusieurs usines, et en particulier dans celle de Château-Frayé, près Paris, où quelques membres du jury ont pu les voir fonctionner.

Le lévigateur de M. Pelletan est destiné à épuiser la pulpe de betterave de son sucre; cette pulpe y entre par une extrémité et s'échappe par l'autre, tandis que l'eau, arrivant par cette dernière, parcourt l'appareil en sens inverse.

Le lévigateur est un appareil qui, appliqué à la pulpe de betterave, a l'inconvénient d'introduire de l'eau dans le jus; mais, si on voulait s'en servir pour épuiser la betterave sèche, tout porte à croire qu'il réussirait bien, et que là ses avantages ne seraient atténués par aucun inconvénient qu'on puisse prévoir.

Le lévigateur a été introduit et mis en usage dans vingt-six fabriques de sucre. Comme sa construction est assez difficile, il a présenté, dans l'origine, quelques défauts de stabilité qui ont nui à sa propagation dans les usines. Plusieurs fabricants attestent que son travail, tout compte fait, leur a donné au moins autant de sucre que le travail des presses.

Il est d'ailleurs facile de s'assurer que l'eau qu'il ajoute au jus exige, pour son évaporation, une quantité de combustible moindre que celle qui serait consommée par le travail des presses ordinaires.

Le lévigateur exige une surveillance qu'on néglige un peu trop dans les usines où il est mis en usage; il faut que la pulpe de betterave n'y soit jamais en repos.

La chaudière à cuire dans le vide, de M. Pelletan, est nouvelle à tous égards. Le principe, la forme, l'ensemble, les détails, tout lui appartient, et cette chaudière renferme évidemment beaucoup de dispositions destinées à rester dans l'industrie du sucre.

Ainsi, à la forme d'œuf que présentent toutes les chaudières à vide, M. Pelletan a substitué celle d'un cylindre terminé par deux calottes, c'est-à dire la forme des chaudières à vapeur. Ce changement lui a permis de rendre mobile et très-facile à enlever toute la grille à vapeur destinée à chauffer la chaudière; de sorte qu'avec deux grilles de rechange on peut opérer la substitution en un instant et nettoyer ensuite à l'aise la grille enlevée, sans faire chômer l'appareil.

Cette circonstance est importante. Dans tous les appareils à vide, les dépôts calcaires qui se font sur le tuyau à vapeur obligent à des nettoyages fréquents, et il y a tel appareil qu'il faut arrêter pendant une journée entière pour exécuter cette opération.

La disposition de M. Pelletan, pour la grille à vapeur, est une idée acquise désormais à ce genre d'appareil.

La chaudière de M. Pelletan porte un appareil particulier pour extraire, à un instant donné, une portion du sirop, dans le but d'en vérifier le titre. Cet appareil est nouveau, fonctionne très-bien et mérite la préférence sur ceux qu'il est destiné à remplacer.

Pour faire le vide dans sa chaudière, M. Pelletan emploie une propriété découverte dans le jet de vapeur par Manoury d'Hectot; pour l'y maintenir, il se sert de la machine à vapeur de rotation qu'il a inventée; enfin, pour en expulser l'air après la cuite, c'est encore au jet de vapeur qu'il a recours.

Dans tous ces détails, M. Pelletan a fait preuve d'un esprit ingénieux; mais le jury central a dû dépouiller sa chaudière à cuire dans le vide de tout entourage, pour la juger en elle-même. Ainsi simplifiée, elle constitue un appareil très-remarquable par la simplicité de son exécution, de son entretien, de son nettoyage. C'est un appareil éminemment manufacturier.

La propriété d'entraîner l'air que Manoury d'Hectot avait reconnue dans le jet est devenue, par ces dispositions nouvelles, un moyen d'action puissant entre les mains de M. Pelletan. A son aide, il fait le vide dans la chaudière sans avoir besoin d'élever la température à 100°. Il s'en sert pour expulser le sirop en injectant de la vapeur mêlée d'air à la fin de la cuite dans la chaudière.

Il utilise encore cette propriété dans la construction d'une petite machine à vapeur de rotation destinée à mettre en mouvement la pompe qui évacue l'eau condensée et qui maintient le vide dans l'appareil.

Le jury central décerne à M. Pelletan une médaille d'argent.

M. Chaussenot, à Paris, allée des Veuves. 45, aux Champs-Elysées.

Bien connu des industriels à divers titres, M. Chaussenot doit être considéré ici comme l'ingénieur à qui est due la fondation des trois usines qui produisent du sucre de fécule solide, savoir, celles de Rueil et de Neuilly en France. et celle de MM. Michiels et compagnie, en Belgique.

Chacune d'elles peut fournir 5,000 kil. de sucre solide par jour.

On sait que le sucre de fécule solide a été obtenu industriellement, pour la première fois, par M. Mollerat ; mais le bas prix des produits qu'on prépare dans les usines montées par M. Chaussenot et leur beauté en font un produit d'une haute importance.

Ce sucre est introduit dans les cuves pour l'amélioration des vins avec beaucoup de profit ; la Bourgogne en fait une grande consommation. A l'état de sirop, le sucre de fécule entre dans la fabrication de la bière, et facilite beaucoup les opérations du brasseur.

Cent livres de fécule rendent cent livres de sucre solide ou cent quarante livres de sirop.

Le sucre en masse se vend 40 francs les 0/0 kil. Celui qu'on met en pains se vend 50 fr. les 0/0 kil. Le sirop se livre au commerce à 33°, et se vend de 28 à 30 francs les 0/0 kil.

Dans l'état actuel de cette fabrication, elle fournit déjà plusieurs millions de kilog. de produits, qui représentent leur équivalent d'alcool dans le vin ou la bière qu'ils servent à fabriquer ou à enrichir en principe alcoolique.

Parmi les constructeurs qui s'occupent aujourd'hui du

chauffage de l'air des habitations et des séchoirs, aucun n'a mis autant de persévérance, et n'est arrivé à des résultats plus utiles que M. Chaussenot. On lui doit l'invention des *cheminées à foyer mobile* qui ont donné naissance à une importante industrie.

Les perfectionnements apportés par M. Chaussenot à la dessiccation méthodique de l'orge germée et des récoltes de houblon l'ont conduit à faire des applications avantageuses.

Le calorifère exposé par M. Chaussenot est fort bien conçu ; d'une part, le tirage produit au centre de l'appareil lui a permis de faire circuler dans des galeries superposées et redescendre successivement dans chacune d'elles les produits de la combustion ; d'un autre côté, l'air extérieur introduit sous la dernière couronne refroidit la fumée au moment où elle va passer dans la cheminée, il suit en sens inverse les circonvolutions précitées, et s'élance avec l'air chauffé au centre dans le conduit général de l'air chaud.

Les effets avantageux de ce calorifère sont constatés dans le chauffage de vastes salles publiques, dans des étuves et séchoirs de fabriques.

Nous nous sommes assurés que, chez plusieurs manufacturiers habiles, le calorifère Chaussenot a été substitué avec succès à des appareils dus, cependant, à de bons constructeurs.

Ainsi on le rencontre chez des fabricants de cuirs vernis, de fécule, de cartons, de papiers peints, dans des blanchisseries, des teintureries, etc., etc.

M. Chaussenot a exposé, en outre, le modèle d'un séchoir à betterave qu'il a exécuté en grand avec un succès complet en Belgique, et qui repose sur des principes simples et corre   Mais pour juger définitivement un appareil de cette importance, il faut une expérience plus longue et plus étendue.

Le jury décerne à M. Chaussenot une médaille d'argent pour l'ensemble de ses travaux industriels.

MM. Jacob et c^ie, route d'Allemagne, 115, à la Petite-Villette.

La fécule modifiée devenue soluble, telle que la fabrique M. Jacob, a reçu, sous le nom de dextrine, diverses applications dans l'art de guérir. Elle a fourni, dans ces derniers temps, le moyen de produire avec facilité ces bandages inamovibles qui ont porté dans le pansement des fractures des modifications si importantes.

Sous le rapport commercial, la dextrine a reçu des applications du plus haut intérêt, que le rapporteur se félicite d'avoir provoquées.

Les fabricants de toile peinte l'emploient en remplacement, dans la plupart des cas, de la gomme arabique, qui coûte bien plus cher, soit pour épaissir leurs mordants, soit pour donner l'apprêt aux étoffes de belle qualité. Pour l'apprêt des fonds de couleur, la dextrine a été employée avec le plus grand succès ; elle ne change pas les fonds et ne dénature pas les nuances comme le font la fécule ou l'amidon grillé.

Tous les fabricants de Rouen et de Mulhausen, dont nous avons pu connaître l'opinion, sont d'accord sur ce point, que la dextrine remplace la gomme pour l'épaississage des mordants. Tous aussi s'accordent à dire que, dans l'apprêt des indiennes, elle est toujours bien préférable à l'amidon et à la fécule, et qu'elle conserve parfaitement les nuances des étoffes apprêtées.

Le jury central décerne à M. Jacob, pour le développement qu'il a donné à la fabrication de la dextrine, une médaille d'argent.

M. Nilus, au Havre.

M. Nilus présente, à l'exposition, une machine à écraser les cannes à sucre, d'une disposition nouvelle, parfaitement bien entendue. Cette machine a été adoptée par les colonies, où elle rend, depuis plusieurs années, de très-grands services. M. Nilus construit, en outre, des machines à vapeur et tous les outils propres à l'agriculture coloniale; tout ce qui sort de ses ateliers porte le caractère d'une très-bonne construction.

Le jury décerne à M. Nilus une médaille d'argent.

MÉDAILLE DE BRONZE.

M. Bourré, à Boulogne-sur-Mer (Pas-de-Calais).

M. Bourré, ancien officier supérieur d'artillerie, a exposé un laveur pour le noir qui a servi à la décoloration des sirops, et un fourneau disposé pour la revivification de ce noir. Son fourneau est continu.

Plusieurs fabricants qui emploient l'un et l'autre de ces appareils en témoignent de la satisfaction. Le laveur est simple et bien raisonné.

Le four de revivification continue laisse à désirer. Le noir, sortant du cylindre où il est chauffé au rouge, devrait être mieux abrité qu'il ne l'est de l'action de l'air, qui, pour être lente dans cet appareil, n'est pas moins réelle; mais c'est une disposition facile à corriger.

Le jury décerne à M. Bourré une médaille de bronze.

MENTIONS HONORABLES.

M. DE FORBIN-JANSON, à Paris, rue de Grenelle-Saint-Germain, 122.

M. de Forbin-Janson a exposé un pain de sucre de betteraves raffiné de premier jet, et, d'après les détails dans lesquels il est entré, on voit que cette opération a été exécutée en grand dans ses ateliers, et que les produits ont trouvé un placement avantageux dans le commerce.

Sans fournir un sucre aussi pur de goût que le sucre raffiné, cette opération serait d'un haut intérêt en ce qu'elle permettrait de livrer au consommateur un sucre à bien plus bas prix que le sucre raffiné.

M. VIDAL, à Paris, rue du Cimetière-Saint-Nicolas, 28.

Cette chaudière, qui a une forme analogue à celle de M. Pecqueur, est chauffée par deux tubes en spirale concentriques. Comme dans les chaudières de M. Hallette, ces deux tubes viennent se réunir au milieu de la chaudière, de sorte que l'extrémité de l'un est à côté du commencement de l'autre, ce qui fait que la partie la plus froide d'un serpentin est en contact avec la partie la plus chaude de l'autre. En quelque point que ce soit, la moyenne des deux tubes donne une température sensiblement égale. La vapeur entre par un des tourillons de la chaudière, et l'eau condensée sort par l'autre.

M. BLANDIN, à Paris, rue de Charenton, 179.

M. Blandin est parvenu à résoudre un problème qui n'est pas sans importance. Il fait, avec des mélasses de betteraves, un vinaigre qui peut être confondu, par le consommateur, avec du vinaigre ordinaire, et qui revient à bien meilleur marché. Sa fabrique a opéré dans Paris ; elle a travaillé pendant deux ans.

Maintenant, M. Blandin veut transporter dans le Nord son industrie qui y sera mieux placée.

M. BEAUVALLET, à Vaugirard, grande rue, 33,

A exposé des sucres cristallisés, aromatisés, d'une bonne qualité, pour lesquels le jury lui accorde une mention honorable.

MM. CHARRIER-BARBETTE frères, à Niort (Deux-Sèvres).

L'angélique confite de MM. Charrier-Barbette est d'une parfaite fabrication ; le jury, considérant qu'elle est l'objet d'un commerce assez important pour la ville de Niort, accorde à MM. Charrier une mention honorable.

CITATIONS FAVORABLES.

MM. GAUTHIER et ÉMERY, avenue de Villars, 2,

Ont exposé une chaudière à concentration pour la fabrication du sucre; l'idée de continuité qu'elle présente mérite aux exposants la citation favorable.

MM. Dusouich et Lorin, à Paris, petite rue du Bac, 20,

Ont présenté un appareil pour l'extraction du jus de betterave qui n'a pas paru au jury présenter tous les avantages énoncés par les exposants; cependant, comme cet appareil présente quelques dispositions qui, plus convenablement employées, pourront rendre service à l'industrie sucrière, le jury accorde à MM. Dusouich et Lorin une citation favorable.

M. Lemoyne, à Paris, rue des Lombards, 50,

A exposé différentes sucreries d'une bonne confection qui lui méritent la citation favorable.

---

§ 2. COULEURS, VERNIS, PEINTURE, ENCRE D'IMPRIMERIE, CIRAGE.

RAPPEL DE MÉDAILLE D'ARGENT.

Couleurs.

· M. Lange-Desmoulins, à Paris, rue du Roi-de-Sicile, 32.

Déjà distingué par le jury central en 1823 et 1834, qui lui a décerné, à cette époque, une médaille d'argent, cet habile fabricant continue à produire de beau vermillon par voie sèche : celui qu'il livre au commerce donne des cires à cacheter d'une très-belle nuance.

Il s'occupe en grand et avec succès de la fabrication du carmin, ainsi que de celle des divers chromates de plomb.

Il mérite plus que jamais la médaille d'argent qui lui a été décernée en 1834.

MÉDAILLES D'ARGENT.

Madame GOBERT, à Paris, rue d'Enfer.

Madame Gobert a exposé des laques de garance. Il suffit de jeter les yeux sur ses produits pour être frappé de la supériorité qui les caractérise sous le rapport de la variété des tons, de leur pureté, de leur éclat.

Mais, pour s'en faire une idée plus exacte, il faut voir l'effet qu'elles produisent à l'emploi, et, à cet égard, nous laisserons parler les juges compétents.

La commission des beaux-arts, par l'organe de M. Paul Delaroche, nous a transmis l'opinion la plus favorable sur les laques de madame Gobert, sous le rapport de la finesse des tons.

Un de nos plus habiles peintres, M. Couder, qui au génie des arts unit les lumières que donne une étude particulière de la fabrication des couleurs, s'exprime en ces termes à leur égard :

« Ces belles laques nous rendent les couleurs dont les Vénitiens, les Flamands et Rubens ont dû se servir : leur fixité, que j'ai éprouvée, me donne une telle confiance dans ces beaux produits, que je n'hésite pas à les employer comme base colorante de mes tableaux. C'est donc avec une entière conviction que je m'empresse de signaler ces belles et précieuses laques comme l'emportant en intensité, en variété de teintes, ainsi qu'en fixité, sur toutes celles connues depuis plus de vingt ans. »

Voici, de son côté, comment M. Alaux a jugé les laques de madame Gobert :

« Depuis plus de trente ans que je me sers des laques de tous les pays, je n'en ai jamais trouvé d'aussi belles : elles ont un éclat qui surpasse tout ce que j'ai vu jusqu'ici ; mais, ce qui est encore plus précieux, c'est la solidité de ces laques : elles sont inaltérables, même avec du blanc de plomb. Depuis que je m'en sers, je n'ai pas vu le moindre changement. Je pense que les arts ont retrouvé les belles teintes des grands maîtres de la renaissance, que nous n'avions plus. »

Madame Gobert fait valoir, en faveur de ses produits, la préférence dont ils sont l'objet de la part de M. Horace Vernet et Ziegler, qui en ont fait un large emploi, dans les grandes productions de leur pinceau, depuis quelque temps. Cette préférence est un argument très-puissant aux yeux du jury.

On peut dire, d'après cela, que les laques dont il s'agit remplissent les vœux des peintres les plus difficiles sous le rapport de l'emploi. Restait à juger de leur solidité.

A cet égard, pendant la durée même de l'exposition, il a été fait une expérience très-décisive. Deux stores de M. Pérès, peints avec ces laques, ont été placés, dans la salle de l'exposition, en plein midi. A la fin de l'exposition, les nuances du rose le plus faible existaient encore intactes; à plus forte raison, les rouges et les bruns avaient-ils résisté. Cette exposition à l'action de la lumière solaire n'aura pourtant pas duré moins de deux mois.

Enfin restait à se convaincre que les laques de madame Gobert étaient fabriquées d'une manière conforme à ses assertions, et que, du moins, elles étaient exemptes de certains mélanges. Il a été facile de se convaincre de l'absence de couleurs minérales dans ces produits, et même de l'absence de couleurs organiques tirées du carthame ou de la cochenille.

Du reste, les doutes exprimés par quelques personnes sur la pureté des laques de madame Gobert proviennent évidemment de ce qu'en général la fabrication des laques de garance ne s'est pas faite avec régularité ; car il y a dans l'exposition de M. Sœhnée, par exemple, une laque de garance couleur groseille qui est de la plus grande beauté. Tout le monde connaît les laques roses que MM. Mérimée, Robiquet et Colin ont su tirer de la garance. Les artistes, enfin, n'ignorent pas que M. Louis Robert, peintre habile de Sèvres, s'occupe depuis longtemps, avec grand succès, de la préparation de certaines laques de garance, qui approchent plus qu'aucun produit de ce genre des laques nouvelles.

Ainsi d'autres ont fait quelques-unes des nuances de madame Gobert, mais personne n'a offert avant elle une aussi riche palette de couleurs extraites de la garance aux artistes. Personne surtout n'a exploité cette variété de tons en fabrique, et par des moyens sûrs et précis qui permettent de reproduire à volonté chaque nuance.

Madame Gobert n'en est plus aux essais. Elle possède, à Metz, une fabrique de laques extraites de la garance; elle livre aux peintres des produits à bas prix. Ses laques sont assez foncées pour remplacer avec avantage les laques carminées, dont le peu de solidité est bien reconnu, et elles ne cèdent en rien à ces dernières pour la richesse et la pureté des tons ; les pourpres surtout sont d'un velouté et d'une vivacité admirables. Les bruns sont d'une grande beauté, et remplaceront désormais les bitumes employés, jusqu'à ce jour, en peinture, et qui présentent le grave inconvénient de se gercer au bout de peu de mois. Il n'est pas jusqu'à la matière colorante jaune contenue dans la garance, et qui jusqu'aujourd'hui était perdue pour l'industrie, qui n'ait donné, par les soins de madame Gobert, une superbe laque jaune capucine d'une nuance dorée très-solide, précieuse par les beaux tons qu'elle donne mêlée avec le blanc.

Si toutes ces laques, ainsi que les nuances variées qu'elles donnent, sont douées de la grande solidité que nos peintres les plus célèbres n'hésitent pas à leur assigner, et qui les porte à les employer comme base de leurs tableaux, le service rendu aux arts par madame Gobert serait inappréciable.

Qui n'a gémi en voyant ce que sont devenues quelques-unes des plus belles productions de nos grands maîtres les plus modernes? qui n'a déploré les ravages que le temps a déjà fait éprouver, par exemple, à la bataille d'Austerlitz de Gérard?

Et lorsqu'à côté de ces tableaux modernes, déjà défigurés et flétris, on voit les belles productions de l'école vénitienne, ces beaux tableaux de Rubens toujours pleins de fraîcheur, d'éclat et d'harmonie, on comprend que madame Gobert, ou plutôt un de ses parents mort dès longtemps, à qui elle fait remonter l'origine de sa découverte, se soit préoccupé de cette idée que le coloris suave et d'une fraîcheur si durable du peintre dont il s'agit était dû à l'emploi des couleurs particulières. On comprend que, bien convaincu de cette vérité, il ait cherché par des essais à en reconnaître la nature, et qu'il ait pu se convaincre que ces peintres avaient fait usage de laques de garance. Il fallait retrouver, de plus, le moyen de produire toutes ces laques, et de les produire régulièrement à un prix modéré ; c'est là ce que madame Gobert a fait.

Le jury central décerne à madame Gobert une médaille d'argent.

MM. Lefranc frères, à Grenelle.

MM. Lefranc frères dirigent avec le plus heureux succès une manufacture de couleurs qu'ils ont établie à Grenelle. Dans leur vaste fabrique, une machine de huit à dix chevaux met continuellement en mouvement trois machines à blanc de céruse, broyant par jour 15 à 1600 livres de cette substance, et cinquante moulins capables de réduire en poudre d'une finesse extrême de 10 à 50 livres de couleur chacun. La même machine fait mouvoir, en outre, une pilerie de quatre pilons, des tamiseries, des bluteries et des meules à écraser les couleurs sèches.

Tous ces moyens mécaniques devaient nécessairement abaisser le prix quelquefois exorbitant des couleurs. Cette baisse a dépassé toutes les espérances ; elle est telle, que des couleurs qui se vendaient 64 francs la livre sont livrées aujourd'hui au commerce par M. Lefranc pour 6 francs, sans avoir, et bien loin de là, perdu aucune de leurs bonne qualités.

Les témoignages les plus flatteurs de l'industrie et des hommes de l'art prouvent que la bonne qualité des produits de MM. Lefranc ne le cède en rien à la modicité de leurs prix.

Un fait le fera comprendre aisément d'ailleurs. Les couleurs de MM. Lefranc sont broyées à l'eau et séchées ensuite. La poudre qui résulte de ce travail est si fine, qu'il suffit de la délayer sur la palette avec de l'huile et le couteau à palette, pour obtenir en quelques instants une couleur d'un très-bon emploi, comparable à celle que produirait pour les couleurs ordinaires un broyage à la molette longtemps prolongé.

Il ne faudrait pas croire, du reste, que ce résultat soit obtenu facilement, et qu'il suffise de broyer les couleurs à l'eau, au moyen d'une meule ordinaire à broyer pour produire l'effet qui vient d'être indiqué. L'expérience prouve, tout au contraire, qu'il faut, pour en arriver là, que les meules soient construites avec un soin extrême, qu'elles possèdent une forme, une courbure et un grain déterminés.

Toutes les dispositions de l'usine de MM. Lefranc indiquent des manufacturiers habiles, soigneux et hardis dans leurs conceptions. Il en est une qui mérite d'être signalée; car, ici, leur intelligence s'est appliquée à faire disparaître une cause d'insalubrité que les ateliers de broyage présentent presque tous. Il s'agissait, dans le broyage de la céruse, de mettre l'ouvrier à l'abri des poussières qui s'envolent au moment où il opère sa mise en pâte. Le danger cesse dès que la céruse est humectée d'huile. MM. Lefranc se servent, pour la mise en pâte, d'un pétrin mécanique. L'opération marche avec simplicité et sans précaution. La mise en pâte est très-prompte, et elle est parfaite.

Les produits de MM. Lefranc frères réunissent, comme on voit, deux avantages importants : le bas prix, qui permet aux carrossiers et aux peintres en bâtiment d'employer leurs couleurs et la belle qualité qui en fait des matières recherchées par nos peintres d'histoire les plus éminents.

Le jury leur décerne une médaille d'argent.

M Milori, à Paris, rue de la Poterie-des-Arcis, 20.

M. Milori possède une fabrique produisant pour

800,000 francs de produits par an, qui se subdivisent comme suit : 50,000 fr. de carmin par an, 80,000 fr. de bleu de Prusse, 50,000 fr. de vert de Schweinfurt fabriqué à la vapeur, procédé qui présente l'avantage de ne pas incommoder autant les ouvriers que la méthode à feu nu. M. Milori prépare aussi un jaune de chrôme, qui est estimé des fabricants de papiers peints ; ce produit est d'une importance de 25 à 30,000 francs. Le vert composé, que ce fabricant obtient par un tour de main qui lui est particulier, entre dans la consommation pour 80,000 fr. Toutes ces couleurs, et principalement les vertes, sont d'une bonne fabrication, si bien qu'elles ont, dans le commerce, une désignation spéciale qui rappelle leur origine.

M. Milori, par son zèle, sa ténacité, la suite qu'il porte dans ses opérations, est parvenu, en peu d'années, à fonder un établissement très-important, dont les résultats ont paru au jury central dignes de toute son attention.

Il décerne à cet habile manufacturier une médaille d'argent.

Couleurs et vernis.

MM. Soehnée frères, à Paris, rue Neuve-de-la-Fidélité, 22.

Ces habiles et intéressants industriels ont exposé divers produits de leur invention, qui ont paru au jury central très-dignes de ses encouragements.

Ils produisent de la gomme-laque blanchie avec un parfait succès, et pouvant servir, par suite, à former des vernis tout à fait incolores. Cette fabrication a été l'objet de nombreuses imitations.

Ils font en grand diverses laques de garance, parmi lesquelles figure une belle laque groseille dont le ton plein de finesse plaît beaucoup aux artistes.

Mais c'est surtout à titre de fabricants de vernis que MM. Sœhnée frères se recommandent. Leurs vernis pour relieurs s'exportent en quantité assez grande, et il s'en consomme beaucoup à Paris. Ces vernis de leur invention réunissent, au brillant que tout vernis doit posséder, une souplesse et une solidité qui en ont fait le succès.

MM. Sœhnée frères ont imaginé un vernis d'une grande utilité et d'une composition très-particulière, qui permet de retoucher un tableau sans enlever son vernis.

C'est à ces habiles artistes que l'on doit aussi la manière de préparer les couleurs pour la gouache, qui, au moyen d'un encollage que la couleur porte avec elle, permet de peindre à l'eau et de vernir ensuite, absolument comme si on avait peint à l'huile et avec le même résultat. Ce procédé, qui fait disparaître l'odeur de l'huile et tous ses autres inconvénients, a eu beaucoup de succès.

MM. Sœhnée frères livrent d'ailleurs au commerce une grande variété de vernis bien préparés pour les métaux, les bois, etc.

Le jury central leur décerne une médaille d'argent.

M. PANIER, à Paris, vieille rue du Temple, 75.

Cet habile manufacturier a obtenu, en 1834, une médaille de bronze, récompense juste et méritée de ses efforts. Depuis lors, ses ateliers se sont considérablement agrandis, et le nombre de ses produits s'est augmenté de plusieurs objets nouveaux.

M. Panier s'occupe essentiellement du broyage des couleurs à l'eau, qu'il livre au commerce en tablettes libres, en tablettes molles au miel, encaissées dans de petits godets en faïence, en disques, enfin en pâte pour la peinture à l'eau par le procédé de MM. Sœhnée.

Le développement donné par M. Panier à sa fabrique est tel qu'il occupe maintenant 52 ouvriers, et qu'il livre au commerce pour 150,000 francs de produits. Il possède, d'ailleurs, un grand nombre de machines à broyer, tant à meules qu'à cylindre.

Les progrès faits par M. Panier en ce qui concerne la quantité de ses produits, le soin qu'il apporte à leur préparation, lui ont mérité, de la part du jury central, une médaille d'argent.

MÉDAILLES DE BRONZE.

Couleurs.

M. Ferrand, à Paris, rue Montgallet, 7.

Il y a dans cet artiste une instruction que ne possèdent pas toujours les personnes qui se livrent à la fabrication ou à la manutention des couleurs. Aussi se présente-t-il à l'exposition avec des résultats très-intéressants, et une production à qui il ne manque qu'un peu plus de développement industriel.

Ainsi M. Ferrand est en possession de fournir aux peintres une excellente et brillante couleur, le jaune de cadmium, ainsi que ses dégradations, qui se livrent au commerce sous le nom de jaune de Naples brillant.

Il a réussi à préparer de l'outremer en grand, par un procédé analogue à celui que M. Robiquet a publié. La Société d'encouragement lui a accordé un prix de 2,000 f., à condition qu'il donnerait une connaissance exacte de sa méthode de fabrication, qui pourra devenir utile un jour, bien qu'elle donne un outremer inférieur à celui de M. Guimet, qui a gardé son procédé secret.

M. Ferrand s'occupe beaucoup de la préparation des couleurs de fer dites couleurs de mars.

Il livre au commerce de l'huile de pavot parfaitement décolorée.

Le jury lui décerne une médaille de bronze.

M. Poinsot, à Paris, rue Saint-Martin, 73.

Les couleurs de M. Poinsot se délayent bien, sont d'un ton pur, vigoureux et brillant. La finesse de leur pâte et leur bon encollage les placent à un rang distingué parmi les couleurs à l'eau qu'on fabrique en France.

M. Poinsot occupe 20 ouvriers, et livre au commerce pour 120,000 francs de produits.

Le jury lui décerne une médaille de bronze.

M. Langlois, successeur de Chenal, à Paris, rue Planche-Mibray, 6.

Cet habile fabricant a exposé les couleurs pour l'aquarelle, la miniature, etc. Toutes se font remarquer par leur bonne préparation, la pureté et la vivacité de leurs tons; elles se délayent très-bien.

Les sépias de M. Langlois sont très-faciles à délayer, et se recommandent par leur ton chaud et pur.

Ses laques roses de garance sont fort belles.

M. Langlois extrait, par des moyens particuliers, une matière colorante jaune de la gomme-gutte, qui, bien purgée de résine, offre des qualités précieuses au dessinateur.

Le jury central décerne à M. Langlois une médaille de bronze.

M. BINET, à Paris, impasse Saint-Sabin, 8.

A côté des fabricants qui mettent à profit les couleurs tirées du règne organique, et qui cherchent à conserver tout l'éclat qui leur appartient, sans trop s'arrêter à la question de durée, M. Binet se fait remarquer comme s'attachant, au contraire, à produire des couleurs très-solides. C'est à ce titre qu'il offre aux peintres du vert de chrôme, des jaunes d'antimoine et des jaunes de fer.

Cet habile fabricant cherche à composer une palette bien complète en couleurs solides. Aujourd'hui c'est certainement une chose possible.

Son vert de chrôme émeraude est fort beau ; son jaune de Naples est très-bien préparé.

Le jury central lui décerne une médaille de bronze.

Couleurs lucidoniques..

Madame veuve HOÜEL, née COSSERON, à Paris, quai de l'École, 10.

Madame Cosseron avait été mentionnée favorablement par le jury, en 1823, pour ses couleurs lucidoniques, qui, ne renfermant ni huiles, ni essences, sèchent en vingt minutes sans odeur : elles sont toutes préparées en liqueur et servent à peindre les boiseries, carreaux, parquets ; on peut les appliquer sur les murs humides, les plâtres frais, les métaux.

Aujourd'hui, madame Houel, sa fille, expose de nouveau les mêmes produits et fournit des documents propres à fixer l'opinion sur leurs qualités. MM. Vaudoyer et Lebas, membres de l'Institut, déclarent en avoir fait un fréquent emploi et leur avoir reconnu toutes les qualités énoncées par madame Houel ; elles sont solides, brillantes, sans odeur, elles sèchent vite et peuvent s'appliquer sur les murs à l'instant même où les maçons les quittent.

La question étant jugée par une expérience de plus de vingt ans, le jury central décerne une médaille de bronze à madame Houel, née Cosseron.

Vernis.

M. BIGNON, à Paris, rue des Gravilliers, 54.

Il possède une fabrique considérable de vernis à l'alcool, de vernis gras et de gomme-laque blanchie.

M. Bignon a trouvé moyen de séparer en grand la cire que la gomme-laque renferme. Le vernis ainsi préparé possède la propriété de former une couche parfaitement limpide, sans ces stries louches et comme graisseuses que laisse l'évaporation des vernis qui renferment de la gomme-laque.

M. Bignon fabrique en grande quantité et avec un grand succès commercial les vernis gras.

Le jury lui décerne une médaille de bronze.

M. LÉON, à Paris, rue de Crussol, 2,

Fabrique toutes sortes de vernis, mais principalement ceux destinés pour la reliure, la gaînerie, la cravachure et les bois tournés et sculptés, et les instruments de marine.

Il blanchit aussi très-bien les gommes-laques. C'est un

fabricant qui mérite d'être distingué. Le jury lui accorde la médaille de bronze.

M. MAURIN, à Paris, rue Saint-Honoré, 344.

M. Maurin a trouvé le moyen de rendre toutes les peintures à l'huile unies comme une glace avant de les vernir, et cela, cependant, sans détruire aucun des tons de la peinture, et sans donner une grande épaisseur au vernis. En sorte que ses peintures sont inaltérables au soleil, ne s'écaillent pas et peuvent être lavées comme du marbre.

Ses peintures sont bien exécutées et la surface en est d'un poli parfait.

M. Maurin a mis sa peinture en usage dans plusieurs belles boutiques de Paris, et partout elle a résisté parfaitement à l'ardeur du soleil. Le jury lui décerne une médaille de bronze.

Cirages.

MM. JACQUAND père et fils, à Lyon (Rhône).

MM. Jacquand père et fils ont cherché, avec une louable persévérance, une composition de cirage pour la chaussure, qui, sans être acide, pût rendre le cuir d'un beau noir et lui donner le brillant convenable. La présence des acides libres est une condition de destruction pour le cuir, mais tout en évitant d'en mettre trop, MM. Jacquand n'ont jamais pu, malgré tous leurs efforts, s'en passer complétement. Leur cirage est toujours un peu acide.

Ils rendent ce cirage dans des boîtes de sapin; il est en pâte facile à délayer; il en faut très-peu pour produire l'effet recherché. 10 centimes de cirage par mois suffisent pour cirer une paire de souliers deux fois par jour. C'est là le résultat d'une expérience en grand, car MM. Jacquand fournissent le cirage consommé par cinquante-six régiments de notre armée, par la gendarmerie et par six régiments belges. La dépense s'élève, en général, à 6 centimes par mois et par homme.

D'ailleurs ils obtiennent, dans le public, un succès incontesté, non-seulement à Lyon, mais à Paris où l'on consomme beaucoup de cirage de leur fabrication.

MM. Jacquand occupent quatre-vingts ouvriers. Ils emploient une machine à vapeur pour le broyage. Ils produisent 3,000 kilogr. de cirage par semaine. Celui-ci est livré au commerce dans des boîtes de sapin carrées fermant à coulisses et revêtues d'une feuille d'étain.

Le meilleur indice du succès de ce cirage, c'est la promptitude avec laquelle les autres fabricants ont adopté ses insignes, c'est-à-dire la boîte de sapin et la feuille d'étain.

Certes, de l'ancien cirage aux œufs et au noir de fumée aux cirages actuels à la brosse, il y a loin. Mais s'il est facile aujourd'hui de produire un cirage luisant, sans épaisseur et d'un beau noir, il n'est pas moins vrai que presque toujours les cirages à la brosse pèchent par un grand excès d'acide. MM. Jacquand ont su éviter ce défaut autant qu'il peut l'être tant qu'on reste au fond dans le procédé actuel.

Le service rendu par MM. Jacquand est réel. Il est d'autant plus senti qu'on envisage ses effets sur les parties les moins aisées de la population, sur celles pour qui il n'y a pas de petites économies et sur lesquelles il importe tant de favoriser les habitudes de propreté qui conduisent au respect de soi-même et qui annoncent, chez l'homme qui les observe, le sentiment de sa dignité.

Le jury central décerne à MM. Jacquand une médaille de bronze.

MENTIONS HONORABLES.
Couleurs.

M. Colcomb-Bourgeois, à Paris, rue Jean-Pain-Mollet, 24.

A obtenu une mention honorable en 1819 et 1823, pour la bonne qualité de ses couleurs fines ; le jury, reconnaissant qu'il en est de plus en plus digne, la lui accorde de nouveau.

M. Dutfoy, rue du Plâtre-Saint-Jacques, 28.

Il a exposé des couleurs à l'eau, en tablettes.

Cet artiste livre au commerce ses produits à un prix très-modéré, aussi obtient-il la préférence pour les couleurs ordinaires, qui, du reste, sortent de ses ateliers en très-bon état de fabrication.

Il fait également des couleurs fines.

MM. Longchamps, Macle et c^ie, à Paris, rue Saint-Denis, 217,

Emploient dix-sept ouvriers et produisent des couleurs et crayons de bonne qualité. Leurs carmins en bâton sont très-bien préparés.

Ils fabriquent également bien, et en grand, le bleu de Prusse et la sépia qu'ils fournissent à plusieurs de leurs confrères.

Le jury leur accorde la mention honorable.

Veuve Delaruelle et Ledansour, à Paris, rue du Petit-Thouars, 20.

Cette fabrique se fait remarquer comme étant la première qui ait livré au commerce, il y a quelques années, des pastels fins et compactes, qui peuvent se tailler, tout en conservant le moelleux du pastel mou.

Le jury lui accorde la mention honorable.

Encre.

M. BEZENGER, à Paris, rue Saint-Jacques, 22.

L'encre exposée par M. Bezenger a été préparée au moyen du charbon très-divisé et d'une dissolution alcaline, d'après la recette que j'en ai donnée dans le rapport sur les papiers de sûreté fait à l'Académie des sciences.

M. Bezenger a fait subir quelques modifications à sa composition pour la rendre plus économique.

Son but principal n'a pas été de fournir une encre indélébile, mais bien de donner au commerce une encre qui fût en rapport avec les plumes métalliques si généralement employées aujourd'hui. Tout le monde sait combien l'encre ordinaire attaque ces sortes de plumes, et combien l'emploi simultané de ces deux produits est désagréable.

Il n'en est plus ainsi avec l'encre alcaline, depuis fort longtemps je n'en emploie pas d'autre : toutes les personnes à qui j'en ai donné l'ont trouvée d'un usage très-commode ; les plumes métalliques s'y conservent tellement bien, que la même plume peut servir plusieurs mois sans altération.

C'est donc une fabrication à encourager ; elle vient compléter le changement que l'invention des plumes métalliques aura produit dans nos habitudes.

C'est à ce titre que le jury décerne à M. Bezenger une mention honorable.

Peinture.

MM. TRICOTEL et CHAPUIS, à Paris, rue Paradis-Poissonnière, 40.

Ils ont soumis au jury central une peinture qu'ils produisent au moyen d'une liqueur qu'ils désignent sous le nom d'*hydroléine*. Cette peinture est sans odeur ; elle sèche très-rapidement, de sorte qu'au bout d'une demi-heure on peut mettre une seconde couche sur la première. Elle s'applique également sur la pierre, le bois, le plâtre, le ciment romain. Elle prend bien sur la peinture à l'huile ordinaire.

Mais, parmi ses propriétés, il en est une qui mérite d'être remarquée, c'est la propriété de s'appliquer sur le zinc d'une manière si parfaite, qu'après le ponçage il en résulte une couche unie qui adhère si bien au métal, qu'on peut le courber, le ployer de toutes les façons, sans qu'il apparaisse la moindre gerçure. La couche, vue à la loupe, apparaît intacte. Les feuilles de zinc, ainsi préparées, remplaceront, pour beaucoup d'occasions, les toiles dont les peintres font usage. Elles pourront recevoir, en outre, d'autres applications faciles à prévoir.

Le jury décerne à l'auteur une mention honorable.

Peinture sur pierre, plâtre, etc.

M. D'AUBIGNY, à Paris, rue des Rosiers, 7.

Tout le monde connaît le procédé simple et sûr à l'aide duquel MM. Thénard et d'Arcet sont parvenus à préparer la coupole du Panthéon, lorsque Gros fut chargé de la couvrir de la belle composition dont il s'agissait d'assurer la durée. On sait qu'après avoir chauffé la pierre MM. Thénard et d'Arcet la faisaient enduire d'une composition chaude de cire et d'huile cuite capable de se solidifier à froid.

Ce procédé n'est malheureusement pas d'un emploi aussi certain sur le plâtre que sur la pierre. Il arrive souvent qu'après quelque temps les parties du plâtre où a pénétré l'enduit se détachent des autres et tombent.

M. d'Aubigny a cherché un moyen propre à atteindre le même résultat et exempt de cet inconvénient ; il paraît avoir réussi à le découvrir.

Son procédé est ingénieux ; il s'applique à tout, même au plâtre frais. La préparation exige deux couches données à froid : la première d'huile siccative, la seconde d'un mélange d'huile, de litharge et de sable siliceux ; ce qui revient à une couche de peinture au mastic de Dihl.

M. d'Aubigny a préparé ainsi les statues de la fontaine du Temple; la façade de la maison rue Saint-Louis, n° 15, aux Batignolles; la maison de M. Delaneau, architecte à Belleville; divers objets, rue des Rosiers, n° 7, à Paris; d'autres objets chez M. Héricart de Thury, etc.

On a vu avec intérêt, à l'exposition, une vierge peinte à l'huile sur plâtre frais préparé par son moyen. Le jury lui accorde une mention honorable.

Encre d'imprimerie.

MM. François et Arnal, à la Glacière (Seine).

A mesure que les procédés d'impression sont devenus plus rapides, plus économiques, la surveillance des travaux d'une imprimerie a dû se concentrer tout entière sur le mouvement habituel de la composition et du tirage. Nos imprimeurs actuels ont dû renoncer à faire leur encre eux-mêmes, et cependant à combien d'inconvénients n'est-on pas exposé par l'emploi d'une mauvaise encre d'imprimerie, qui sèche lentement et mal, qui macule, qui exhale une odeur désagréable, etc. ?

Si les imprimeurs de Paris veulent y attacher quelque importance, s'ils veulent mettre à l'épreuve les diverses encres qu'on leur propose, ils auront bientôt assuré la fabrication d'une encre d'imprimerie parfaitement bonne.

En attendant, il faut encourager MM. François et Arnal, qui s'occupent de cette préparation, qui emploient cinq ouvriers et font pour 35,000 francs de produits par an. Dans leurs ateliers, ils ont fait quelques dispositions pour condenser ou détruire toute la fumée. Ils méritent la mention honorable que le jury leur décerne.

Vernis.

M. Debourges, à Paris, rue de Fleurus, 10.

Il fabrique des vernis de Spa de bonne qualité qui lui méritent la mention honorable.

M. Pitat, à Valenciennes.

Il a exposé des vernis et surtout des vernis-copals, dont il fabrique 12 à 1500 litres par an.

M. Dubellet, et cie, à Paris, rue Fontaine-Saint-George, 9.

Il a exposé un vernis possédant les propriétés de l'encaustique, sans en avoir l'odeur; ses bonnes qualités le

rendent d'un bon usage pour la propreté des meubles.
Le jury accorde à ces MM. la mention honorable.

Cirages.

M. MONTFORT, à Paris, rue de l'Université.

Il a une fabrique assez considérable de cirage, principalement pour les harnais; ce dernier surtout est apprécié des consommateurs; c'est à ce titre que le jury accorde à M. Montfort la mention honorable.

M. PIHAN, à Paris, rue Saint-Honoré, 118.

Il fabrique principalement des cirages pour harnais d'une bonne qualité et qui résistent bien à l'eau.
Le jury accorde à M. Pihan la mention honorable.

M. FROMONT, à Paris, rue Marbœuf, 27.

Il expose des cirages pour harnais, de bonne qualité, et qui lui valent la mention honorable.

CITATIONS FAVORABLES.

Couleurs.

MM. MONDHER et LE CAPITAINE, à Paris, rue Jean-Pain-Mollet, 24,

Fabriquent des couleurs d'une bonne qualité.
Le jury leur accorde la mention honorable.

M. Baube, à Paris, rue de la Tixéranderie, 25.

Sous le titre de couleurs anosmiques, M. Baube présente des couleurs fort analogues à celles que madame Cosseron désigne sous le nom de couleurs lucidoniques. Du reste, c'est un genre d'industrie qui peut se développer assez pour donner place à plus d'un fabricant.

M. Baube a déjà été cité favorablement en 1834.

Le jury lui confirme cette citation.

M. Dorin, à Paris, rue Grenier-Saint-Lazare, 27,

Fabrique, au moyen du carthame, du rouge de diverses qualités.

M. Jouve, à Paris, rue Neuve-Samson, 8,

S'occupe de la même industrie.

M. Prevel, au Petit-Charonne (Seine),

Fabrique, au Petit-Charonne, du vermillon dit vermillon français.

M. Gauthier, à Paris, rue de la Roquette, 46,

A exposé du jaune de Naples, d'un prix très-modéré.

Ces quatre fabricants reçoivent la citation favorable.

Peinture.

CRONAN (Germain), à Brest (Finistère),

Fabrique une peinture ou vernis, inodore dès le jour de son emploi, qui produit, appliqué, un bel effet.
Le jury lui accorde la citation.

Cirages.

PIAN et Cie, Rive-de-Gier (Loire).

PIGEAULT, à Paris.

GUITTON, à Paris.

Ils exposent des cirages de bonne qualité et méritent d'êtres cité favorablement.

SECTION III.

ÉCLAIRAGE.

M. Payen, rapporteur.

Considérations générales.

En le considérant dans ses rapports avec la chimie, on peut dire que l'éclairage a reçu de cette science les plus utiles secours, et lui doit ses plus remarquables progrès.

La découverte de notre compatriote Lebon fut l'origine de l'industrie contemporaine, et des immenses progrès du gaz-light, dont nous indiquerons plus loin quelques curieuses innovations.

Les huiles de graines, épurées à l'aide d'un agent chimique indiqué par M. Thénard, se sont aussitôt prêtées, en raison de leur fluidité plus grande et de leur composition plus homogène, à toutes les ingénieuses combinaisons de nos plus habiles mécaniciens et décorateurs.

Alors, loin d'avoir rien à envier, soit aux lampes antiques, soit au facile éclairage que donnent les huiles d'olives, le nord put offrir, dans les produits oléagineux plus abondants de son agriculture, une substance capable de développer une belle et constante lumière.

L'éclairage de luxe trouva, dans les résultats de l'épuration mécanique et chimique du blanc de baleine, une substance blanche, translucide et nacrée, dont s'empara l'industrie pour nous offrir le plus beau des produits de ce genre, la *bougie diaphane*; nous examinerons bientôt les causes de la décadence de cette dernière fabrication, les motifs d'utilité publique qui font désirer qu'elle revive, et les moyens d'arriver à ce résultat.

L'ancienne bougie de cire, dont la lumière blanche et pure n'avait point encore eu de rivale, ne fut point éclipsée dans tous les cercles élégants par le produit nouveau, car le cours plus élevé de celui-ci compensait assez ses avantages pour permettre la concurrence.

Mais alors une des plus grandes séries de recherches et de découvertes chimiques, dont la science doive transmettre le souvenir, préparait dans le silence du laboratoire le coup le plus inattendu et le plus redoutable, cependant, à tous les systèmes d'éclairage direct par les substances employées à l'état solide.

On apprit, en effet, que le suif pouvait être divisé en plusieurs substances, les unes solides, cristallisables, les autres fluides à la température ordinaire : on parvint à éliminer économiquement ces dernières, et à transformer les autres en véritables bougies douées des principales propriétés qui conviennent aux éclairages de luxe.

S'appuyant sur les indications précises de la science, des manufacturiers habiles parvinrent à fonder une industrie nouvelle ; trop récente en 1834 pour être définitivement jugée, ses progrès constants, depuis lors, ont assuré son existence et ses développements, en mettant la belle et agréable lumière qu'elle procure à la portée des fortunes moyennes.

MÉDAILLE D'OR.

M. DE MILLY, rue Rochechouart, 40.

MM. de Milly et Motard avaient créé les principaux procédés de la fabrication des acides gras : la saponification en grand, la décomposition du savon calcaire par l'acide sulfurique, les systèmes d'épuration, de cristallisation, de pression à froid et à chaud, de clarification, de coulage en moules et de lustrage ; ils avaient, en outre, réuni les autres conditions de succès, notamment le tressage des mèches et l'apprêt utile à leur combustion intégrale.

Signalés d'abord à l'attention publique par un rapport de la Société d'encouragement, qui propagea la renommée de la bougie de l'Étoile, ils reçurent du jury central en 1834 une médaille d'argent.

Depuis cette époque jusqu'à ce jour, M. de Milly perfectionna ses procédés d'une manière notable et les rendit plus économiques.

Les premiers établissements rivaux, dont la concurrence hâta l'abaissement des prix, avaient trouvé, dans les ouvriers formés par M. de Milly et dans son exemple, tous leurs moyens de fabrication. Aujourd'hui l'importance de l'usine en question est doublée : ses générateurs, machines à vapeur et presses hydrauliques, peuvent suffire à la préparation de 2,000 kilogrammes de bougie par jour, à confectionner 750 et bientôt 1,500 kilogrammes de savon ; une ingénieuse disposition nouvelle a permis de supprimer la dépense, ainsi que l'action du couteau mécanique.

Un seul feu suffit à toutes les opérations, qui s'enchaînent méthodiquement.

En résumé, M. de Milly, l'un des fondateurs de la belle

industrie des bougies stéariques et de ses principaux perfectionnements, se trouve encore à la tête de l'établissement le plus considérable en ce genre; il en a construit
un semblable à Marseille, afin d'ouvrir, sur les deux principaux points de la fabrication et de la vente des savons,
un double débouché aux acides gras fluides, sorte de résidu abondant de la fabrication des acides solides ; de ses
ateliers sont sortis les fondateurs des usines semblables,
qui se sont multipliées non-seulement en France, mais
encore à l'étranger.

Pour cette application, toute française, d'une découverte dont le monde savant reconnait parmi nous l'auteur,
M. Chevreul, le jury décerne à M. de Milly une médaille
d'or.

MÉDAILLES D'ARGENT.

Depuis 1834, des rivaux habiles, comprenant l'avenir de
la fabrication nouvelle, y consacrèrent leurs soins et leurs
capitaux; une aussi active concurrence devait amener
de notables améliorations dans les procédés, la baisse du
prix des produits, une augmentation considérable dans la
consommation en même temps que la hausse des matières
premières.

En effet, à l'époque du premier rapport sur la bougie
de l'Étoile, on consommait annuellement chez nous
16,000 kilogrammes de ce produit, dont le prix était de
4 fr. 50 c. le kilogramme, le cours du suif étant, en
moyenne, de 120 fr. Quelques années plus tard, la fabrication de M. de Milly atteignit 60,000 kilogrammes.

Aujourd'hui nos fabriques livrent annuellement au
commerce près d'un million de kilos d'acide stéarique, au

prix de 2 fr. 50 c. le kilo, ou 3 fr. 20 c. la bougie, et le cours du suif s'est parfois élevé jusqu'à 140 fr.

Pour parvenir à classer, par ordre de mérite, les concurrents en ce genre, il nous a fallu examiner très-attentivement l'aspect et la qualité des produits exposés et mis dans le commerce; attachant une grande importance aux propriétés qui caractérisent les produits les plus purs : sécheresse, blancheur durable, odeur très-légère, dureté, flamme brillante, lumineuse et constante; il a fallu, en outre, comparer les procédés de fabrication, vérifier les améliorations dues à chacun, apprécier les résultats des dispositions générales, de l'importance de la fabrique, etc.

Nous nous empressons de le déclarer ici, notre mission était d'autant plus difficile que tous les manufacturiers qui rivalisent d'efforts dans cette bonne direction étaient plus ou moins dignes de nos éloges. Voici l'ordre qui nous a paru ressortir évidemment de ces investigations laborieuses. Nous nous occuperons d'abord des exposants qui préparent des acides gras et les convertissent en bougies; nous parlerons ensuite de ceux qui se livrent seulement à l'extraction des acides et à leur raffinage.

M. Paillasson, rue des Trois-Bornes, 17, à Paris.

BOUGIE ROYALE.

L'usine fondée par M. Paillasson offre les plus méthodiques dispositions générales que nous ayons rencontrées : une machine à moyenne pression, de la force de six chevaux, utilise au chauffage sa vapeur expulsée; la saponification successive s'accomplit, avec autant de promptitude que possible, en proportions bien définies; la gradation des appareils de décomposition, de lavages, d'épuration, etc., simplifie beaucoup les manipulations et entretient une propreté remarquable dans les divers ateliers.

Une presse à chaud, de fort ingénieuse invention, facilite le travail et réduit la main-d'œuvre : seule entre toutes, elle permet d'opérer le chargement, le chauffage et le déchargement, sans enlever les plaques de la bâche ; on s'occupe, dans cette fabrique, de constater les effets de la tôle galvanisée comparativement avec ceux de pièces semblables en fonte de fer employées à nu. Les quantités de bougies fabriquées en saisons favorables sont de 500 kilog. et pourraient aisément être élevées à 1000 kilog. par jour ; les produits de cette fabrique tiennent le premier rang sous le rapport de l'aspect et de la blancheur.

Le jury accorde à M. Paillasson une médaille d'argent.

MM. Tresca et Éboli, manufacturiers à Paris, rue Thévenot, 42.

BOUGIES DE L'ÉCLIPSE.

MM. Tresca et Éboli ont cherché avec un zèle éclairé les moyens d'améliorer leur industrie ; ils sont parvenus à plusieurs résultats importants et nouveaux.

Tirant tout le parti possible des dispositions premières prises dans un emplacement restreint, ils fabriquent environ 350 kilog. de bougies par jour.

Dans leur usine, le savon calcaire est décomposé dans la cuve à saponification, ce qui économise le prix coûtant de l'un des principaux vases, le temps, la main-d'œuvre et le combustible pour pulvériser, tamiser et réchauffer le savon ; les substitutions du lait aux œufs pour la clarification et de l'ammoniaque à l'alcool pour le lustrage réalisent d'autres économies. L'emploi judicieux qu'ils ont fait des couleurs complémentaires leur permet d'obtenir la nuance voulue de blanc légèrement azuré, mais un peu moins translucide; enfin un chauffage plus prompt, suivi d'un plus rapide refroidissement, économise la moitié des moules et permet de supprimer l'emploi de la cire.

Ces perfectionnements notables rendent MM. Tresca et Éboli dignes de la médaille d'argent qui leur est décernée.

MÉDAILLES DE BRONZE.

M. Duriez, contre-maître dans la fabrique de MM. Gallet et Bigot.

Bien que la seule description des analyses de M. Chevreul suffise pour démontrer que les corps gras réagissent sûr les bases sans autre pression que celle de l'atmosphère, on sait que les premiers fabricants de bougies stéariques crurent devoir traiter les suifs en vases clos. Ce fut donc un véritable perfectionnement que la substitution d'un vase ouvert et en bois à la chaudière autoclave en tôle forte. Après bien des recherches, nous avons acquis la certitude que cette innovation, imitée depuis par tous les manufacturiers, est due à M. Duriez, actuellement contre-maître de la fabrique de MM. Gallet et Bigot; le jury récompense ses utiles travaux en lui décernant une médaille de bronze.

FABRIQUE D'ACIDE STÉARIQUE ET SAVONNERIE DE LA PETITE-VILLETTE.

Route d'Allemagne, n° 110, barrière de Pantin.

MM. H. Pilay et compagnie se livrent à la fabrication des acides stéariques en tourteaux et raffinés; ils en ont déjà livré 100,000 kilos de belle qualité au commerce, qu'ils ont préparés dans leur savonnerie de la Petite-Villette. Dans celle-ci, on remarque, au milieu d'un emplacement considérable, des dispositions assez bien prises pour le chauffage à la vapeur, des réservoirs construits en maçonnerie solide pour les huiles et les lessives, des fours à soude et des bâtiments disposés pour la fabrication de l'acide sulfurique et la décomposition du sel.

Ces opérations n'étant point encore toutes en activité, on ne peut porter un jugement définitif sur l'établissement; cependant, pour l'ensemble des produits stéariques et des savons de bonne qualité, le jury accorde à M. Pitay une médaille de bronze.

MENTIONS HONORABLES.

MM. Gallet et Bigot, avenue de Breteuil, 44; Bucaille, à Dugny; Boisset et Gaillard, à Charonne; et Bonnamy de Conninck et c^{ie}, à Nantes.

Parmi les fabricants dont les produits de bonne qualité ont contribué au succès commercial des bougies stéariques, MM. Gallet et Bigot, qui préparent la bougie du phénix, M. Bucaille, propriétaire de la fabrique de bougie stéarique dite du globe et de la bougie diaphane de Dugny, MM. Boisset et Gaillard de Charonne, qui fabriquent la bougie stéarique *de la Comète* et ont imaginé une ingénieuse disposition pour accélérer le coulage en moules, enfin MM. Bonnamy de Conninck et compagnie, à Nantes, qui préparent de la bougie stéarique et convertissent l'acide oléique en savon , méritent bien les mentions honorables que le jury leur décerne.

CITATIONS FAVORABLES.

M. Régnier, quai de Jemmapes, à Paris (bougies du Phare), dépôt, rue Chapon, 3.

La manufacture de M. Régnier doit être citée pour la beauté et la régularité de ses produits.

ACIDE STÉARIQUE PRÉPARÉ POUR LES FABRICANTS DE BOUGIES.

M. Delacrétaz, rue Croix-de-Nivert, 18, à Vaugirard.

Au premier rang des exposants manufacturiers en ce genre, la voix publique, d'accord avec celle des fabricants experts, place M. Delacrétaz. Les produits, tourteaux blancs et acides clarifiés en pains, qu'il livre au commerce, sont effectivement d'une blancheur et d'une qualité irréprochables, suivant nos essais.

La fabrique de M. Delacrétaz, fondée à Vaugirard, offre, dans son ensemble et dans ses détails, d'ingénieuses et utiles dispositions.

Nous y avons remarqué particulièrement son mode d'extraction des acides solides entraînés par l'acide oléique, les résultats de ses essais de saponification, le procédé pour retirer des eaux acides les dernières traces de substances grasses qu'elles charrient en s'écoulant.

Dans la même usine se trouve établie la préparation de l'acide sulfurique à l'aide des appareils les meilleurs, et que l'on doit à l'invention de M. Holker.

Cette circonstance permettant à M. Delacrétaz d'appliquer aux opérations stéariques, sans frais spéciaux de concentration, l'acide sulfurique de ses chambres, montre l'avantage de sa position spéciale ; elle explique aussi pourquoi nous nous abstenons de faire, en faveur de ce très-habile manufacturier, une proposition qui ferait double emploi avec celle comprise dans un rapport plus complet d'un de nos collègues sur l'ensemble des industries fondées par M. Delacrétaz, tant au Havre qu'auprès de Paris. (Voyez page 389.)

CHANDELLES.

Peu de perfectionnements notables ont été apportés dans la fabrication des chandelles ; peut-être le plus grand service à rendre aux consommateurs consistera-t-il un jour à supprimer cet emploi des matières grasses brutes.

Alors il restera toujours à encourager les procédés de fonte du suif, qui rendent cette opération plus productive, moins insalubre et moins incommode ; à cette occasion, nous devons citer les ingénieuses dispositions, pour la condensation des vapeurs, qu'avait prises un fondeur de Nantes, dont l'exemple mérite d'être cité. Quant à l'application de l'acide sulfurique pour la dissolution des membranes, on sait qu'elle est due à M. d'Arcet.

MENTION HONORABLE.

M. TAULET, à Paris, abattoir Montmartre.

Ses constants efforts pour obtenir dans un seul appareil les deux conditions utiles, ci-dessus, le rendent digne de la mention honorable que le jury lui accorde.

CITATIONS FAVORABLES.

M. Danrès, d'Avignon, et M. Goinard, de Rennes.

Il a donné des détails utiles sur les conditions principales à remplir pour accélérer l'extraction de la matière
grasse : il dégage cette matière en écrasant à chaud le tissu
adipeux entre deux cylindres.

Quant aux-produits moulés en chandelles, nous n'avons
pu y découvrir de véritables améliorations, de ces améliorations telles qu'elles pussent donner un nouvel essor à cet
incommode éclairage. On doit citer cependant, pour leur
bonne fabrication par les moyens connus, M. Goinard aîné,
de Rennes (Ille-et-Vilaine). Sa chandelle occupe le premier
rang pour la blancheur, mais elle manque de sécheresse.
Nous rappelons la citation favorable qu'il a obtenue
en 1834.

MM. François Acquier et cⁱᵉ, à Rodez (Aveyron).

Les chandelles de MM. François Acquier et compagnie
sont dignes d'une citation, parce qu'elles présentent toute
la sécheresse et la dureté qu'il soit possible de conserver au
suif.

BOUGIES-CHANDELLES.

La fabrication de ces produits intermédiaires entre les
chandelles et les bougies, introduite dans plusieurs établissements, ne pourra probablement acquérir d'importance qu'autant que les consommateurs, trouvant dans les
bougies-chandelles les principales qualités des véritables

bougies à un prix moindre, leur accorderaient la préfé-rence. De tels résultats sont loin d'être obtenus, d'être entrevus même, et d'ailleurs l'industrie en question est trop peu avancée pour que le jury émette une opinion dé-finitive à son égard.

BLANC DE BALEINE OU SPERMA-CÉTI.

Le blanc de baleine contenu dans le tissu adipeux en-veloppant la matière cérébrale du cachalot était connu des anciens, qui l'admettaient dans leurs préparations médici-nales; mais l'extraction en grand de ce beau produit et sa transformation en bougies diaphanes sont des industries contemporaines.

Ces applications donnèrent, il y a soixante ans, une grande impulsion à la pêche américaine du cachalot; une flotte de trois cents voiles, d'un tonnage de quatre-vingt mille tonneaux, y fut employée; les Anglais y consacrèrent, depuis quarante ans, des établissements considérables; fa-vorisée par une prime énorme de 4,000 fr. pour chaque navire, la pêche de leurs quatre-vingt-quinze baleiniers atteignit le tonnage de trente mille tonneaux, dont la va-leur fut quadruple de celle produite par les huiles des ba-leines franches.

La valeur des cargaisons d'huile de cachalot s'est élevée à 16 millions de francs, en Angleterre, et à 30 millions aux États-Unis.

Si d'ailleurs on se figure quels hommes de mer se peu-vent former par une navigation de deux ou trois années dans l'archipel indien, dans les mers orageuses du Japon, on comprendra de quelle immense utilité seraient des éta-blissements semblables pour notre marine. En 1825, l'usine fondée par M. Lajonkaire porta l'épuration de la substance cristalline et sa conversion en bougies de luxe, bien au delà des produits américains, plus loin même que les résultats de la fabrication anglaise; et cependant nous n'avons pas aujourd'hui un seul navire destiné à cette grande navigation, qui ouvre des voies nouvelles au commerce de l'Angleterre parmi les peuplades de l'Océanie!

MENTIONS HONORABLES.

M. Bucaille, à Dugny, près du Bourget.
M. Tresca de Paris, rue des Trois-Bornes.

Ils ont présenté des bougies diaphanes de très-belle qualité ; ils fournissent seuls à la consommation de Paris, qui ne s'élève pas au delà de 15,000 kilos par an. M. Bucaille, dans sa fabrique de Dugny, et M. Tresca, dans l'usine qu'il dirige en commun avec M. Ebold, préparent, en outre, de l'acide et des bougies stéariques. (V. page 476.)

Le jury leur décerne à chacun une mention honorable pour la bonne fabrication de leurs bougies diaphanes.

ÉCLAIRAGE AU GAZ.

Cette découverte de la chimie moderne, due à Lebon notre compatriote, reçut, en Angleterre, ses véritables applications utiles et la sanction de l'expérience : Murdoch la mit en pratique le premier, et Clegg améliora les appareils.

Aux matières premières indiquées par Lebon, un Anglais, M. Taylor, ajouta les huiles fixes et d'autres corps gras, puis la construction d'appareils spéciaux.

Depuis l'emploi de la résine par M. Chaussenot aîné, de l'huile de résine et des huiles pyrogénées des substances animales par M. Bérard et l'un de nous, les huiles obtenues des schistes et décomposées à l'aide de moyens particuliers constituèrent des innovations importantes.

La lumière fournie par le gaz-light, à Londres, est maintenant égale à celle de 240,000 lampes d'Argand ; elle se montre, en Angleterre, jusque sur les grandes routes. A Paris, son importance, depuis 1834, est triplée ; un capital de 18,000,000 dans sept usines s'applique à alimenter 36,700 becs équivalant à 72,000 quinquets (1). Cette production doublera encore par l'adoption du même système dans l'éclairage public de la ville. Chacun sait que les progrès de l'éclairage au gaz s'étendent de plus en plus dans les principales ville de France et d'Angleterre.

Son apparition dans ces deux pays parut un signal de détresse, une cause de ruine pour tous les autres procédés d'éclairage ; mais, chose remarquable, aucune consommation ne fut troublée par lui.

Comment donc s'était-il fait place? C'est que de proche en proche il y eut une sorte de concurrence entre les con-

---

(1)

Compagnie royale.	13,500 becs.
Compagnie française. . . .	12,000
Compagnie parisienne. . .	8,000
Compagnie Lacarrière. . .	4,000
Gaz portatif.	2,000
Compagnie européenne. . .	750
Total.	36,750

sommateurs pour obtenir cette facile lumière, dont l'éclat, par opposition, obscurcissait les lieux mal éclairés ; qu'ainsi le bon marché augmenta la consommation, et que, partout, l'industrie et le *comfort* y gagnèrent.

La commission des arts chimiques n'a rien à dire de nos grandes usines à gaz courant, qui emploient la houille, parce qu'elles n'ont pas exposé ; nous ne parlerons donc ni des différents moyens d'épuration imaginés chez nous, si dignes d'intérêt pourtant, et d'une plus sérieuse attention, ni des dispositions qui accrurent la quantité de lumière fournie par les becs : quant aux formes variées de ceux-ci, aux perfectionnements dans les tubes des conduites, aux effets de décors que les uns et les autres fournissent, ils sont du domaine des rapporteurs, nos collègues, de la commission des beaux-arts.

MÉDAILLE DE BRONZE.

M. Mathieu, gérant de la compagnie européenne d'éclairage par la résine, chaussée du Maine, près de Paris.

Cette compagnie extrait directement le gaz-light de la décomposition de la résine dans des appareils analogues à ceux construits antérieurement par M. Chaussenot aîné ; elle y ajoute le traitement des résidus, qui, chez elle s'élèvent à 0,25 et dont elle obtient un goudron et une huile essentielle : celle-ci, complétement décolorée par un moyen dû à M. d'Arcet, est désignée sous le nom de *vive essence* ; ses applications pour remplacer tout ou partie de l'essence de térébenthine dans certaines peintures et vernis, avec une économie de 10 à 15 pour 100, n'ont pas encore reçu la sanction d'une assez longue expérience.

Quatre usines montées par M. Mathieu et compagnie alimentent :

A Marseille. . . . . —	3,000 becs.
A Orléans.	1,500
A Calais.	1,500
Au Petit-Montrouge, près Paris.	700
Une cinquième, en construction à Toulon, doit alimenter. . .	2,500

Ces exposants livrent leur gaz-light au prix de 3 c. le pied cube ou 6 c. par heure d'éclairage pour chaque bec.

Le jury vote, pour l'ensemble des produits de M. Mathieu, une médaille de bronze, lui réservant des droits à une récompense plus élevée pour l'époque où ces applications nouvelles auront acquis une extension grande et définitivement assise.

MENTIONS HONORABLES.

M. SELLIGUE, à Paris, faubourg Saint-Martin, 126.

Nous signalerons ici, en première ligne, à l'attention publique une des plus curieuses innovations faites dans l'éclairage au gaz.

Un ingénieux manufacturier, auquel sont dues les dispositions de presses continues, dont plus de quatre-vingts sont en activité, un microscope, qui porte son nom, un

appareil à fabriquer les eaux gazeuses par la seule compression d'une action chimique, une machine à boucher
les bouteilles, des joints flexibles appliqués aux conduites
en poteries pour le gaz et les eaux. M. Selligue, a créé,
depuis 1834, une autre industrie tout entière.

Il a donné ainsi une valeur à des matériaux enfouis,
qui semblaient inutiles; trois usines montées par lui fournissent 2000 kilog. par jour d'huile de schiste, dont les
concessionnaires de ses brevets obtiennent économiquement un gaz lumineux et pur.

On lui doit la construction fort remarquable de fourneaux à distiller; les procédés économiques pour extraire
une huile des schistes.

Il a découvert les moyens de convertir en gaz des
huiles essentielles ou goudronneuses dont les procédés
usuels laissaient déposer une grande partie du carbone.

Ainsi ses appareils gazéifient plusieurs huiles jusqu'alors impropres à l'éclairage.

M. Selligue, avec la ténacité qui distingue son talent,
est parvenu à résoudre plusieurs autres problèmes.

Il a su tirer, des produits fractionnés de la distillation
de ses huiles brutes, une huile siccative, une huile applicable à des lampes spéciales, un résidu bitumineux, une
substance lubrifiante, enfin un principe à peine connu
dans nos laboratoires, la parafine; il l'a moulée sous la
forme de bougies qui développent une lumière blanche (1).

Ces produits d'une analyse manufacturière ne sont pas

____

(1) M. Selligue a mis, dans les salles de l'exposition,
1° Plusieurs échantillons des schistes qu'il exploite à Saint-Léger-

encore définitivement acquis aux applications stables, en concurrence avec leurs analogues dans l'industrie.

Devant faire porter ses décisions sur les produits exposés, principalement et tout en réservant à l'auteur ses droits aux premières récompenses pour l'ensemble de ses nombreux et remarquables travaux, le jury décerne à M. Selligue une mention honorable.

M. BREUZIN, à Paris, rue du Bac, 13.

NOUVEAU MODE D'ÉCLAIRAGE A L'ALCOOL.

On sait que l'alcool plus ou moins hydraté ou pur ne donne, en brûlant, qu'une lueur bleuâtre, tandis qu'après l'addition d'une huile essentielle le liquide peut développer une belle lumière; c'est qu'alors une suffisante quantité de particules charbonneuses brillent à la fois, incan-

---

Igornay, et Surmoulins, dans les cantons d'Épinal et d'Autun (Saône-et-Loire);

2° Les plans de son usine de Saint-Léger-du-Bois;

3° Un échantillon de l'huile ou bitume liquide de premier jet, vendu de 10 à 30 fr. les 100 kil., pour le gaz;

4° Un produit de consistance butyreuse pour le graissage des machines;

5° Une substance oléiforme propre à l'éclairage direct;

6° Un goudron ou brai gras souple, applicable aux travaux en mastic de bitume;

7° L'huile volatile extraite des mêmes matières, applicable dans les vernis et peintures brunes;

8° De la parafine cristallisée, la même épurée en cristaux blancs, à 2 fr. le kilo, des bougies de parafine avec 0,3 d'acide stéarique.

descentes, dans la flamme. Cette addition, appliquée d'abord en Amérique, n'aura de succès assuré qu'autant que l'on sera parvenu à rendre la combustion bien régulière et facile ; elle pourrait avoir de l'importance pour l'agriculture et l'industrie de plusieurs localités, en accroissant les débouchés des produits de nos bois résineux et des abondants alcools de diverses origines (1).

Afin d'atteindre ce but, M. Breuzin, dont les ustensiles d'éclairage sont bien connus et seront jugés ailleurs (voyez page 301), construit une lampe dont les effets sont déjà très-remarquables.

Dans cette lampe, le mélange alcoolique, commençant à se vaporiser par un chauffage extérieur de quelques minutes, continue à fournir aux trous du bec des courants continus de vapeur qui développent plusieurs flammes très-lumineuses, analogues à la belle lumière du gaz-light d'huile.

L'état de vapeur du mélange qui alimente la combustion explique comment on peut, sans répandre le liquide et sans éteindre le bec, incliner la lampe sous plusieurs angles.

Peut-être conviendrait-il de rechercher une huile moins coûteuse que l'essence de térébenthine.

Quoi qu'il en soit, l'usage, continué pendant un certain temps, de ce nouveau procédé, permettra de le bien apprécier, et il pourrait alors donner à son auteur des droits à l'une des premières récompenses : c'est donc surtout pour donner une date à cette conception ingénieuse de M. Breuzin que le jury lui vote aujourd'hui une mention honorable.

---

(1) De marcs, de vins, de fécules, de mélasses, de grains, etc., etc.

NON-EXPOSANTS.

MÉDAILLE D'ARGENT.

M Péligot, professeur de chimie à l'école centrale et répétiteur à l'école polytechnique, et M. Alcan, ingénieur, à Elbeuf, ancien élève de l'école centrale.

En remplaçant l'huile d'olive dans la préparation des laines par l'acide oléique, puis opérant le dégraissage par le carbonate de soude et supprimant enfin l'emploi de l'argile, MM. Péligot et Alcan ont introduit des économies notables dans la fabrication des draps, comme dans le travail des fils de laine, le dégraissage des fils et tissus obtenus jusqu'à ce jour par une dispendieuse action mécanique, et les ont transformés en une des réactions chimiques les plus simples, avec une économie qui dépasse 50 pour 100.

Si l'on y ajoute les avantages certains du meilleur emploi des déchets et résidus, la différence en bénéfice excédera le prix total de la dépense due à l'ancien procédé.

Cette importante application, ouvrant un débouché à l'acide oléique tiré du suif, contribue à développer les succès si remarquables déjà de la fabrication des bougies stéariques.

MM. Péligot et Alcan ont ainsi rendu un service très-grand à notre belle industrie des laines : de nombreuses attestations données par plusieurs fabricants d'Elbeuf, la déclaration formelle de MM. Bertèche, Bonjean jeune et Chenou de Sedan, les traités conclus avec plusieurs autres manufacturiers de la même ville, enfin les marchés d'acide oléique dont nous avons vérifié l'importance, notamment chez M. de Milly, ne laissent aucun doute sur la réalité de cette application nouvelle ni sur les avantages qu'elle promet, elle sera considérée comme l'une des plus notables améliorations acquises à notre industrie en 1839, et ne tardera pas, sans doute, à prendre un développement plus considérable et à mériter alors la première de nos récompenses.

M. Alcan, collaborateur de M. Péligot, dans l'application qui précède, s'est rendu, depuis sa sortie de l'école centrale, fort utile à l'industrie d'Elbeuf; il a créé, en 1836, un cours de physique et de mécanique gratuit pour les ouvriers; plusieurs grandes fabriques de draps ont été intégralement construites sur ses plans; divers appareils employés dans ces fabriques, ont été perfectionnés par lui; on lui doit une intéressante publication sur la laine filée.

Le jury central, pour récompenser une si utile direction et de si bons résultats, s'empresse de décerner à MM. Péligot et Alcan une médaille d'argent.

MÉDAILLE DE BRONZE

BOUGIE STÉARIQUE.

M. Binet, chez M. de Milly, à Paris, rue Rochechouart, 40.

M. Binet, depuis plusieurs années, seconde avec zèle M. de Milly dans toutes les parties de son exploitation; les améliorations suivantes lui sont dues :

1° Un mode de moulage au moyen de vases en fer-blanc de forme et dimensions telles que les acides gras démoulés en plaques peuvent être immédiatement placés sur la presse.

Ce procédé permet la suppression de trois à cinq ouvriers et du couteau à diviser; une diminution notable du fonds de roulement, car les acides gras coulés en moules sont cristallisés en quelques heures, tandis que le refroidissement se faisait autrefois attendre pendant deux ou trois jours dans les cristallisoirs; il en résulte plus de blancheur et de propreté dans les tourteaux; la séparation de l'acide oléique se fait d'ailleurs plus facilement lorsque les cristaux des acides gras n'ont pas été brisés.

2° De nouvelles têtes de pistons, dans les presses horizontales.

Cette disposition supprime la roulette, qui supportait dans sa course la tête du piston et qui avait l'inconvénient de couper les étendelles en crin.

3° Une machine à percer les cierges employés au service des églises.

Cette machine a permis d'appliquer l'acide stéarique à la fabrication des cierges d'église; jusqu'alors les essais pour couler des cierges prêts à être mis sur les chandeliers avaient été insuffisants, et ce débouché, très-important pour l'avenir de la fabrication, n'avait pu être définitivement créé.

Le jury décerne à M. Binet une médaille de bronze pour le récompenser des services qu'il a rendus à l'industrie stéarique.

CHAUFFAGE (1).

On doit placer au premier rang des industries celles qui ont pour but et pour résultat l'économie du combustible; cette économie intéresse les producteurs et les consommateurs; l'avenir d'un grand nombre d'établissements dépend d'elle, elle peut alléger les dépenses de tous.

Les pertes de chaleur sont des pertes de richesse publique, et elles sont grandes encore, malgré tous les travaux dont nous allons présenter un tableau rapide.

Après Keslar, qui construisit, en 1619, à Francfort, un poêle à huit étages superposés au foyer, muni d'ouvertures pour tirer à volonté, du dehors ou de l'intérieur de la chambre, l'air utile à la combustion, presque toutes les notions utiles dans ce genre ont été déduites des conceptions françaises; Dalesme, en 1686, émit la première idée d'un poêle fumivore (*furnus acapnos*); Francklin mit en expérience un tube à double coude, brûlant à flamme renversée; Gauger, dans sa *Mécanique du feu*, énonça, en 1709, les idées les plus rationnelles sur les calorifères salubres, et Guyton-Morveau publia, dans les *Annales de chimie*, la description des poêles suédois; on voit, dans l'*Encyclopédie* de Rees (anglaise), que les calorifères français furent employés presque exclusivement d'abord pour chauffer l'air des grandes maisons, à Londres.

____

(1) Voyez la cinquième section de la deuxième commission pour les rapports relatifs au chauffage des hauts-fourneaux et fours, des usines métallurgiques.

Le principal obstacle à la propagation de l'usage des calorifères économiques dans les appartements a toujours été de la part des consommateurs le désir de voir le feu : les perfectionnements modernes, avec cette condition, ont eu leur origine dans les cheminées en fonte de Desarnod ; le calorifère de ce dernier est encore un de nos bons modèles.

Une innovation importante consista, depuis, dans les foyers mobiles de M. Chaussenot aîné, qui modifièrent, à volonté, le tirage dans la cheminée et le rayonnement dans les chambres ; ils donnèrent lieu à l'une des plus importantes branches de cette industrie et à plusieurs ingénieuses modifications qui se partagent encore la vogue à Paris.

Si les Anglais nous ont devancés dans le chauffage des étuves, séchoirs, ateliers et grandes habitations par la vapeur, ils trouveraient en ce genre maintenant des modèles plus parfaits chez nous ; on sait, d'ailleurs, qu'ils nous ont depuis emprunté le système, plus constant et parfois plus économique, de la circulation de l'eau, dû à Bonnemain ; ils ont enfin profité des expériences, des théories et des applications sur le chauffage dues à nos savants (1).

Quant aux autres améliorations relatives aux divers fourneaux des fabriques, elles sont fondées, en général, sur la substitution de la houille ou du coke au bois, ou du bois desséché fortement au charbon de bois. De

---

(1) On peut citer, comme exemple, le chauffage de la bourse, établi sur les indications de MM. Thenard, Gay-Lussac et d'Arcet ; le grand calorifère de la Monnaie, dont M. d'Arcet a dirigé la construction, et qui emploie seulement les gaz naguère perdus de la carbonisation de la houille.

notables progrès ont été réalisés aussi à l'aide des dispositions nouvelles pour utiliser la chaleur perdue des produits de la combustion et de la carbonisation ; on jugera de toute leur importance si l'on apprécie les motifs que nous allons exposer des récompenses accordées par le jury central.

RAPPEL DE MÉDAILLE D'ARGENT.

M. Harel, rue de l'Arbre-Sec, 5o.

Les services rendus à l'économie domestique, par les nombreux et économiques ustensiles de chauffage que M. Harel construit, sont depuis longtemps connus et bien appréciés ; les rapports de la société d'encouragement et des précédents jurys les ont honorablement signalés à l'attention publique.

Le jury central, en 1839, s'empresse de confirmer de tels suffrages ; il constate les efforts soutenus dans cette manufacture, en votant en faveur de M. Harel le rappel de la médaille d'argent.

MÉDAILLES D'ARGENT.

M. Chaussenot, ingénieur civil, allée des Veuves, 87, à Paris.

Parmi les constructeurs qui s'occupent aujourd'hui du chauffage de l'air des habitations et des séchoirs, aucun n'a mis autant de persévérance et n'est arrivé à des résultats plus utiles que M. Chaussenot jeune.

Les perfectionnements apportés par l'auteur dans la dessiccation méthodique de l'orge germée et des récoltes de houblon ont fourni à la fois d'utiles préceptes et des applications avantageuses; une ingénieuse disposition qu'il a, plus récemment, introduite dans les courants d'air chaud appliqués aux dessiccations est la conséquence naturelle de ces idées.

Le modèle de grand calorifère exposé par M. Chaussenot offre les plus rationnelles dispositions que nous ayons rencontrées : d'une part, le tirage produit au centre de l'appareil a permis de faire circuler dans des galeries superposées, et redescendre successivement dans chacune d'elles, les produits de la combustion; d'un autre côté, l'air extérieur introduit sous la dernière couronne refroidit la fumée au moment où elle va passer dans la cheminée; il suit en sens inverse les circonvolutions, et s'élance, avec l'air chauffé au centre, dans le conduit général de l'air chaud.

Les effets avantageux de ce calorifère sont constatés dans le chauffage de vastes salles publiques, dans des étuves et séchoirs de fabriques, en France et à l'étranger.

Nous nous sommes assurés que, chez plusieurs manufacturiers habiles, le calorifère Chaussenot a remplacé avec succès des appareils dus cependant à des constructeurs capables.

On le rencontre, ainsi, chez des fabricants de cuirs vernis, de fécule, de cartons, de papiers peints, dans des blanchisseries, des teintureries, etc., etc.

M. Chaussenot, en perfectionnant la fabrication du sucre de fécule, a encore rendu un service important à l'industrie, dans une application qui intéresse à un haut degré l'agriculture, et qui rend l'auteur doublement digne de la médaille d'argent qui lui est décernée par le jury central.

M. Jametel, inventeur des fours aéro-thermes, à Paris, rue des Prouvaires, 38.

La cuisson économique du pain dans des fours continus chauffés à la houille fut, jusque dans ces derniers temps, l'un des problèmes qui excitèrent le plus les méditations et les essais de quelques ingénieurs; une heureuse idée, poursuivie et appliquée avec persévérance, permit enfin à M. Jametel d'en donner une élégante solution, fondée sur les deux principes remarquables qui suivent :

1° Maintenir, par le puissant réservoir de chaleur que donne une forte et perméable maçonnerie réfractaire, la température élevée qui assure dans le foyer une combustion régulière, accélérée ou ralentie ; 2° répartir, uniformément et sans cesse, la température utile dans la capacité superposée du four, au moyen de la circulation spontanée de l'air chaud, à volonté, aussi, rendue plus lente ou plus rapide.

L'auteur parvint, de cette manière, à réaliser tous les avantages que l'on avait pu se promettre d'une telle solution.

En effet, le four constamment chaud, permet de doubler le nombre des fournées.

La sole, ne recevant jamais de combustible, reste exempte de tous corps étrangers, et donne des pains parfaitement nets dessous comme dessus.

L'emploi du coke, combustible très-approprié à cette destination, est encore un résultat utile, puisqu'il évite les inconvénients de la fumée pour le voisinage, et favorise les progrès de l'éclairage au gaz en augmentant le débouché du principal résidu de cette fabrication.

L'adoption définitive du four aérotherme contribua aux progrès remarquables de la plus grande boulangerie de Paris, et permit de réaliser, dans l'intérêt de la salubrité publique, d'autres améliorations sur lesquelles nous reviendrons plus loin.

Pour d'aussi utiles résultats, fruits de plusieurs années de sacrifices, de recherches et de travaux, le jury décerne à M. Jametel la médaille d'argent.

M. Duvoir, constructeur d'appareils pyrotechniques, rue Coquenard, 11, à Paris.

M. Duvoir s'occupe, depuis longtemps, des appareils de chauffage : il a graduellement augmenté ses ateliers de construction ; des fournitures considérables ont récompensé ses efforts : plus de trois cents calorifères ont été établis par lui dans de grandes habitations et des usines. M. Duvoir emploie avec discernement la fonte, le cuivre et la tôle, dans la vue d'approcher des maxima de surfaces de chauffe dans un espace circonscrit, en évitant les chances d'altérations et de fuites, et facilitant les nettoyages dans les jeux de tubes, un peu compliqués, il est vrai, que la fumée parcourt.

Son ingénieux appareil à lessivage du linge, récemment amélioré, facilite le chargement et le déchargement alternatifs de deux cuviers servis par une seule chaudière.

Une disposition convenable opère, avec l'échauffement graduel des lessives, des aspersions et circulations intermittentes, qui excluent les inconvénients des fausses voies du filtrage.

Le système de lessivage de M. Duvoir est employé, avec succès, dans plusieurs établissements publics et blanchisseries particulières, notamment à l'hospice de la Salpêtrière.

Les chauffages de bains établis par l'exposant, ses grands fourneaux de cuisine offrent toutes les principales conditions de solidité, d'économie du combustible et de manipulations faciles.

Les constants et heureux efforts de M. Duvoir pour augmenter l'importance de ses commandes, en perfectionnant ses produits, complètent ses titres à la médaille d'argent que le jury central lui décerne.

RAPPEL DE MÉDAILLE DE BRONZE.

M. LASSALE, successeur de M. BRONZAC, rue Saint-Dominique-Saint-Germain, 25.

Il a introduit plusieurs perfectionnements réels dans la construction des cheminées mobiles.

Le premier, il y joignit un système de rotation qui permit de diriger, à volonté, la chaleur rayonnante et la vue du feu successivement dans deux, et même trois pièces contiguës ; il adapte à des cheminées semblables, des fours à cuire les aliments ; les vapeurs dégagées suivent les produits de la combustion. Sa cheminée-poêle à foyer mobile est solidement construite, les parties qui doivent offrir le plus de résistance sont en fonte.

Dans un des modèles, l'auteur a joint une fermeture, propre à éteindre le feu par l'interception de l'air.

Le jury rappelle la médaille de bronze décernée, en 1834, à cet établissement.

MÉDAILLES DE BRONZE.

M. Lespinasse, garde du génie, rue de Belle-Chasse, 44.

L'exposant, auteur d'un four particulier à cuire le pain, en a présenté un très-bon modèle. Nous nous sommes assurés, en suivant les opérations en grand dans la manutention militaire de Paris, des avantages réalisés par l'usage de ce four substitué aux fours ordinaires.

Les dispositions ingénieuses à l'aide desquelles l'air échauffé vient à volonté, en plus ou moins grande abondance, activer la combustion du bois à l'avant du four, régularisent et facilitent beaucoup cette combustion, permettent de tenir la bouche du four close, et produisent les bons effets des fours à réverbère.

Ces données ont d'autant plus d'importance qu'elles s'appliquent aux grandes dimensions des fours, et à un travail suivi depuis plus d'un an.

La sole est assez étendue pour recevoir à la fois 200 pains de 1 kilog. 1/2 ou 300 kilog., et le nombre des fournées étant de 12 à 15, le produit journalier s'élève de 3,600 kilog. à 4,500 kilog. pour un seul four ; la valeur du combustible employé égale seulement les 0,6 de celle du bois nécessaire dans les anciens fours. Le chauffage et le nettoyage sont beaucoup plus faciles que dans le système ancien, et la cuisson est plus égale.

Toutefois, nous devons le dire, le problème n'est pas ici résolu complétement; les dispositions eussent dû permettre de brûler le combustible en dehors de la capacité où le pain doit être placé, de façon à éviter le nettoyage de la sole et rendre la cuisson continue, avantages très-notables que nous avons signalés dans les heureuses innovations d'une boulangerie modèle. (Voyez page 221.)

Le jury décerne à M. Lespinasse, pour les améliorations précitées, la médaille de bronze.

M. Perrève, constructeur de calorifères, faubourg Saint-Denis, 103.

Le système de M. Perrève se distingue de tous les autres par la simplicité des moyens d'exécution; la facilité de l'adapter à presque tous les fourneaux, cheminées ou poêles, et d'accroître ses surfaces de chauffe en superposant un plus grand nombre de ses tambours. On a pu remarquer enfin que toutes les pièces se peuvent aisément, ou mouler en fonte, ou emboutir mécaniquement en tôle.

Rien ne s'opposerait, d'ailleurs, à ce que, renfermé dans une chambre à air chaud, on le fît servir à la fois au chauffage et à la ventilation.

Le calorifère-Perrève est en usage dans un grand nombre d'établissements publics et particuliers; plusieurs bibliothèques, hospices et maisons de détention l'ont adopté, ainsi que des fabriques de fécule, de papiers peints et de tôles vernies, des raffineries et des imprimeries. Soixante-dix appareils, sur ce modèle, ont été dernièrement commandés par le ministre de la guerre, en Belgique.

Dans plusieurs des applications ci-dessus énumérées, le chauffage obtenu équivaut à cinq parties d'eau vaporisée pour une de houille.

Pour l'ensemble de ces résultats, l'auteur mérite bien la récompense que le jury lui accorde en lui donnant la médaille de bronze.

M. Cerbelaud, fumiste, rue Saint-Lazare, 77.

Les calorifères de cet exposant ont un foyer en fonte traversé par des colonnes creuses qui entourent le combustible.

L'air s'échauffe en passant sous le foyer, puis dans ces colonnes, et suivant les contours extérieurs du foyer, il rencontre alors successivement plusieurs étages de tambours semblables, en tôle, communiquant entre eux par des tubes qui les soutiennent et concourent à favoriser la circulation ; au-dessus du dernier tambour, la fumée se réunit dans une cheminée centrale.

Les dispositions de cet appareil permettent de multiplier les surfaces de chauffe, sans perte de tôle ; les nettoyages y sont faciles. Ses bons effets ont été constatés dans un grand nombre d'applications pour le chauffage des maisons, des pensionnats, et des divers établissements, notamment des serres, teintureries, féculeries, fabriques de cartons, raffineries de sucre, vinaigreries, séchoirs d'étoffes, blanchisseries, etc.

M. Cerbelaud a placé un grand nombre de ses cheminées à devantures en laiton et circulation d'air ; plusieurs de ses calorifères et cheminées ont été exportés de France ; il a imaginé un ustensile commode pour enlever la suie des conduits cylindriques en briques dites cintrées.

Pour ses constructions bien entendues et l'extension donnée aux moyens d'économiser le combustible dans plusieurs industries importantes, le jury accorde à M. Cerbelaud la médaille de bronze.

M. Léon Duvoir, de Melun.

M. Léon Duvoir expose un cuvier à lessive d'une construction ingénieuse : séparé en deux capacités par un faux fond, la partie inférieure renferme la lessive chauffée par un foyer entièrement immergé. Lorsque le liquide est en ébullition, la pression de la vapeur le fait monter par un conduit terminé en pomme d'arrosoir, il est ainsi injecté sur le linge dans lequel il s'infiltre; l'injection et la filtration se renouvellent spontanément chaque fois que le liquide est redescendu en quantité suffisante et bouillant.

Cette circulation intermittente produit un bon effet; l'appareil est économique de combustible et de main-d'œuvre, les attestations de personnes fort recommandables prouvent qu'il est en usage dans plusieurs établissements publics et chez les blanchisseurs. Nous savons, de plus, qu'un calorifère à circulation d'eau et plusieurs autres ustensiles destinés au chauffage fonctionnent très-bien; qu'enfin l'auteur est fréquemment consulté, dans la ville, pour ses connaissances pratiques en pyrotechnie.

M. Léon Duvoir, par l'ensemble de ses travaux et les services évidents qu'il rend dans cette localité, est digne de la médaille de bronze que le jury lui accorde.

M. Gervais, rue Saint-Jacques, 155.

L'exposant s'est occupé, avec soin, de la construction des calorifères à circulation d'eau, et plus particulièrement dans une de leurs plus utiles applications : le chauffage des serres. Ses appareils fonctionnent très-bien chez M. Tamponet, rue de la Muette; M. Modeste, à Belleville; M. Paillette, rue du Petit-Banquet; et dans l'École botanique du Luxembourg.

On comprendra facilement les avantages de ce système, si l'on songe à l'extrême importance d'une température régulière pour entretenir, durant les saisons froides, la végétation des plantes.

Lorsqu'on emploie le chauffage direct par les calorifères et tuyaux de fumée, ou même le chauffage par la vapeur, il faut des soins de tous les moments pour réaliser ces conditions : si le feu cesse durant la nuit, la température s'abaisse rapidement, soit que, dans le premier cas, les produits de la combustion cessent de se développer, soit parce que, dans le second cas, la vapeur ne se produisant plus au dessous de 100°, toutes les parties éloignées du fourneau ne reçoivent plus de chaleur.

Dans le système de la circulation de l'eau, loin que le feu cesse brusquement, le chauffage doit se prolonger assez pour ne point nécessiter les soins de nuit : c'est qu'alors, dans les tuyaux remplis d'eau, la circulation continue au-dessous de 100°, tout le temps que des différences de température existent, que, d'ailleurs, l'eau est l'agent le plus économique, doué de la plus grande capacité pour la chaleur qu'on puisse mettre en usage : on s'en fera une idée en se rappelant qu'à températures et volumes égaux la quantité de chaleur que l'eau recèle est 3,200 fois plus grande que celle de l'air, qu'ainsi un mètre cube d'eau, en cédant un seul degré, soutiendra d'un degré la température de 3,200 mètres cubes d'air.

Ces notions ne sont comprises que d'un trop petit nombre de constructeurs et de propriétaires de serres, elles ne sauraient être proclamées trop haut : le jury central espère atteindre ce but en récompensant les travaux de M. Gervais par la médaille de bronze qu'il lui décerne.

M. Chevalier-Curt, rue Saint-Jacques, 264, et M. Chevalier-Curt, rue des Ursulines.

Constructeurs de grands fourneaux de cuisine, ces habiles industriels ont tous deux adopté le même système de fourneaux et calorifères à la houille.

La direction des gaz brûlés change, par le mouvement de deux registres et chauffe, plus ou moins à volonté, les vases culinaires symétriquement disposés dans les ouvertures circulaires de la plate-forme supérieure en fonte.

Des modèles de plusieurs dimensions, dont les prix varient entre les limites de 150 à 7,000 fr., ont été placés dans un grand nombre d'habitations particulières et de maisons d'éducation.

Au collège Sainte-Barbe, un de ces fourneaux, du prix de 6,000 fr., a réalisé une économie très-notable et bien constatée dans les préparations alimentaires pour 300 personnes, le chauffage de l'eau en été et des dortoirs en hiver. Un fourneau semblable, un peu plus grand de l'autre de ces exposants, a présenté des résultats analogues dans l'établissement de la Légion d'honneur de Saint-Denis. Son prix était de 7,000 francs.

Le jury, pour récompenser les travaux utiles des frères Chevalier, accorde à chacun d'eux une médaille de bronze.

DESSICCATION DES BOIS.

Dans l'état de nos connaissances, les bois de travail ne peuvent être économiquement mis à l'abri des plus grandes variations de volume, si préjudiciables à leurs divers usages, que par une dessiccation poussée assez loin et assez graduellement pour contracter leurs tissus sans les déchirer ou les faire fendre.

Deux exposants sont parvenus à ce résultat par des voies différentes.

M. Antoine, dessiccateur et marchand de bois, rue de Bellièvre, 4, quai d'Austerlitz.

Cet exposant est parvenu à opérer la dessiccation des bois assez graduellement pour garantir les résultats de cette opération, relativement même aux bois très-compactes, tels que le cormier et le buis, si sujets à se gercer.

Il emploie environ trois mois pour les épaisseurs de 55 millimètres en planches de bois ordinaires, durs et blancs. Les frais de dessiccation ne dépassent pas 2 cent. par mètre de surface, et l'établissement peut dessécher 2000 mètres par jour.

Il vend ses bois desséchés au même prix que les bois ordinaires. Offrant aux consommateurs l'avantage de pouvoir immédiatement employer ses produits, il parvient à les écouler assez rapidement pour compenser les frais de dessiccation.

Le jury, approuvant une aussi bonne direction, qui tend à l'amélioration des bois de travail sans frais spéciaux pour l'acheteur, récompense M. Antoine en lui décernant la médaille de bronze.

MM. Marie et Charpentier, route de Neuilly, 100, à Paris.

Le moyen mis en usage par MM. Marie et Charpentier, pour dessécher les bois, est nouveau : il consiste dans l'étuvage, par un courant d'air échauffé à l'aide des produits gazeux de la carbonisation de la houille.

Les dispositions du four à coke et de l'étuve sont telles, que l'on peut graduer convenablement les progrès de la dessiccation, et la terminer en trente à quarante jours pour des épaisseurs de 4 à 8 centimètres, qui exigeraient plusieurs années dans les chantiers. L'appareil de 33 mètres de longueur sur 6 mètres 60 centimètres peut contenir 80,000 mètres superficiels de bois et donner, par an, 960,000 mètres de bois desséchés.

100 mètres de sciage de chêne coûtant environ 1 franc 25 centimes de dessiccation par le procédé Marie et Charpentier, il est facile de calculer l'avantage de ce procédé, comparativement avec le mode ancien d'apprêt des bois. En effet, les 100 mètres, qui ont une valeur de 40 francs, coûteraient, pour acquérir en chantier la qualité des bois de quatre ans, 8 francs en intérêts à 5 pour 100.

Pour comprendre, d'ailleurs, les résultats précités de l'application nouvelle, il suffit de se rappeler que la quantité de chaleur utilisée est fournie par la combustion de produits qui, dans l'ancienne méthode de fabrication du coke, étaient perdus.

Lorsque MM. Marie et Charpentier seront parvenus à donner une grande extension à leur moyen de dessiccation des bois, ils seront dignes d'une récompense plus élevée que celle à laquelle, dès à présent, ils ont des droits : le jury leur accorde la médaille de bronze.

RAPPEL DE MENTION HONORABLE.

Madame LAROCHE, rue Saint-Étienne, 15.

Madame Laroche continue à bien confectionner les fourneaux de cuisine ; elle a rendu les opérations plus économiques encore et plus faciles par des grilles mobiles, et en utilisant la chaleur des foyers par une circulation autour des fours.

Le jury rappelle à madame Laroche la mention honorable qui lui fut décernée en 1834.

MENTIONS HONORABLES.

MM. MILLET et JAQUIN MILLET, rue Montmartre, 164.

Successeurs de M. Millet père, ces exposants ont abaissé les prix et perfectionné la construction des cheminées à foyers mobiles, des cheminées à devantures ornées et des calorifères qui avaient bien établi déjà la réputation, en ce genre, de leur devancier : comme lui, ils fabriquent aussi les mitres percées de trous dites fumifuges, de son invention. L'ensemble de ces produits avait obtenu une mention en 1834.

MM. Millet et Jaquin Millet sont bien dignes de la mention honorable que le jury leur accorde de nouveau.

M. Petit, rue Grange-Batelière, 21.

M. Petit a exposé une cheminée d'une construction nouvelle; ce qui la distingue, c'est que son foyer, occupant le centre de quatre chambranles, offre deux faces sur chacune desquelles on voit le feu à découvert. Placée au milieu d'une salle, cette ingénieuse construction échauffe donc beaucoup par rayonnement; en outre, le feu, entouré des tubes communiquant avec des réservoirs inférieurs et supérieurs, élève la température de l'air pris au dehors, et qui afflue dans la pièce par quatre bouches de chaleur à larges sections, au haut des quatre chambranles.

A l'aide d'une *coupole* ouverte dans un tuyau droit ou communiquant avec quatre tubes recourbés, la fumée se dégage, soit directement au-dessus du feu, soit en gagnant, sous le plancher, un conduit adossé aux murs.

Une autre cheminée-calorifère du même auteur laisse bien voir le feu, et facilite une active circulation d'air entre des enveloppes doubles en fonte. Elle évite également une forte élévation de température, tout en utilisant la plus grande partie de la chaleur du combustible.

La cheminée à double face est destinée aux grandes salles publiques et aux hôpitaux; la cheminée calorifère convient aux appartements et chambres ordinaires.

Toutes deux réalisent, avec le système de ventilation de l'auteur, les conditions hygiéniques que l'on pouvait attendre d'un docteur en médecine, membre du conseil de salubrité.

Le jury décerne à M. Petit une mention honorable.

M. Billard, successeur de M. Jaquinet, rue Neuve-des-Petits-Champs, 78.

Il a exposé une cheminée dont le fond est garni de tuyaux qui prennent l'air froid dans une caisse, l'échauffent et le laissent échapper par des bouches de chaleur latérales.

Dans son poële-cheminée, des tuyaux servent au chauffage de l'air, et la fumée circule autour d'un four d'office avant de se rendre dans la cheminée.

M. Billard construit aussi des cheminées à foyers mobiles; il est digne de la mention honorable que le jury lui accorde.

M. Leplant, à Arras (Pas-de-Calais).

M. Leplant a présenté une cheminée-calorifère pour laquelle il reçut une médaille à l'exposition d'Arras.

L'air extérieur arrive à la cheminée dans un réservoir, passe dans un tuyau qui est situé au-dessus du foyer, et se rend dans une autre boîte posée à la partie supérieure pour se répandre ensuite dans l'intérieur de l'appartement.

Un tablier à coulisses permet de modérer à volonté l'accès de l'air. Dans cette cheminée on brûle du charbon de terre ou du bois, à volonté. Son prix est de 189 francs. Elle est bien construite, à chauffage salubre et économique.

Le jury donne une mention honorable à M. Leplant.

M. Grenier, tôlier-mécanicien, rue Saint-Germain-l'Auxerrois, 43.

Il construit plusieurs fourneaux en poêles bien disposés et solides; les parties résistantes, en fonte, sont coulées sur ses modèles ; la plupart sont destinés à chauffer à la fois les ateliers ou habitations, et les fers à repasser des blanchisseurs, des teinturiers, des tailleurs, des chapeliers et à chauffer des aliments ; ils sont économiques de combustible et bien appréciés des personnes qui les emploient. Le jury accorde une mention honorable à M. Grenier.

RAPPEL DE CITATION FAVORABLE.

M. Hurez, faubourg Montmartre, 42.

Il continue à bien confectionner plusieurs sortes de cheminées, les unes à foyer mobile, les autres à foyer fixe et circulation d'air entre des parois échauffées.

Il a, en outre, présenté une cheminée-calorifère dans laquelle le combustible est en grande partie entouré d'une double enveloppe remplie d'eau, communiquant par des tubes montant dans le conduit de la fumée, avec un tambour sous forme de poêle, destiné à échauffer un étage supérieur.

La fumée traverse, comme dans la chaudière d'une locomotive, des tubes entourés d'eau, des manomètres, tubes de niveau, soupapes, robinets et obturateurs, offrant les indications nécessaires. Ces dispositions, un peu simplifiées, auraient certains avantages, sous les rapports de l'économie du combustible et de la durée du chauffage.

M. Hurez n'a pas cessé d'être digne de la citation favorable qu'il obtint en 1834 ; le jury la lui rappelle.

CITATIONS FAVORABLES.

Madame veuve DARCHE, rue Charlot, 4.

Madame veuve Darche a exposé des poêles économiques pour les blanchisseurs, des brûloires à café et des poêles de ménage; ces ustensiles sont bien construits et d'un usage commode.

Le jury accorde une citation favorable à madame veuve Darche.

M. VOITELAIN, rue Bourbon-Villeneuve, 57.

M. Voitelain construit des cheminées à foyers mobiles, auxquelles il a récemment ajouté, sans augmenter ses prix de vente, un petit mécanisme destiné à faire, à volonté, mouvoir le rideau et le foyer au moyen de deux poignées spéciales placées latéralement. Il occupe vingt ouvriers chez lui.

Le jury accorde une citation à M. Voitelain.

MM. JAQUINET et GRAUX, rue Grange-Batelière, 18 et 20.

MM. Jaquinet et Graux ont exposé une cheminée à foyer tournant sur pivot. Une petite manivelle extérieure facilite ce mouvement, en sorte qu'on peut à volonté faire passer, d'une pièce dans une autre, la vue et le rayonnement du combustible.

Le foyer mobile est porteur d'une plaque articulée, et laisse régler convenablement le passage de la fumée.

Le jury accorde à ces constructeurs habiles une citation favorable.

M. ROGER, rue de Surênes-Saint-Honoré, 25.

M. Roger a exposé un calorifère orné pour salles de bains.

La bonne construction du foyer pour favoriser une combustion complète, la circulation de la fumée autour des surfaces chauffantes et les dispositions bien entendues pour la destination spéciale de ce poêle calorifère méritent d'être citées favorablement.

M. BÉNARD, rue des Marais-du-Temple, 2.

M. Bénard a exposé des cheminées de plusieurs modèles qui sont caractérisées par un mécanisme connu, mais très-bien et économiquement exécuté. Cette disposition a pour but et pour résultat constant de déterminer, par le choc du courant de fumée sur une lame contournée en hélice, un mouvement de rotation qui, transmis à une broche, facilite beaucoup, rend plus économique et régulière une opération culinaire assez importante dans un grand nombre d'établissements. Le mouvement ainsi obtenu ne nuit pas au tirage, il évite même le refoulement de la fumée par des réactions accidentelles.

L'exposant a bien rempli les commandes nombreuses qui lui ont été faites de ses cheminées à tournebroche et mouvement spontané.

Le jury accorde à M. Bénard une citation favorable.

M. CHEVALLIER, rue Montmartre, 140.

M. Chevallier, l'un de nos meilleurs constructeurs de divers petits appareils de chauffage, sorti des rangs des plus intelligents ouvriers, a, lui-même, créé toute son industrie. Il occupe un grand nombre d'ouvriers, confectionne très-bien une foule d'objets très-commodes pour chauffer l'air des appartements et l'eau des bains, pour rafraîchir les boissons, etc.

Le jury lui décerne une citation favorable.

M. Barbeau, quai de la Mégisserie, 32.

M. Barbeau fait fondre, sur ses modèles, plusieurs cheminées, poêles et grilles en fonte, économiques, solides et bien exécutées. Un commerce important répond à ses soins, et le jury l'en récompense en lui décernant une citation favorable.

M. Bousseroux, rue Mandar, 5.

M. Bousseroux a présenté des fourneaux culinaires de grandes et petites dimensions, de prix très-variés, en raison du nombre des foyers et des garnitures, depuis 500 f. jusqu'à 18 et même 10 fr. Ces appareils se distinguent par des dispositions simples pour régulariser l'accès de l'air, et utiliser une partie de la chaleur des produits de la combustion.

Le jury accorde une citation favorable à M. Bousseroux.

M. Durand, à la Sauvetat-du-Drôt (Garonne).

Four propre à cuire les prunes et autres fruits.

Les fruits que l'on se propose de sécher se placent sur des claies en fer, à différents étages. Une cloison horizontale, percée de trous, partage le four en deux parties. Ce four nécessite l'emploi du charbon de bois; il n'a pas d'ouvertures spéciales qui permettent la circulation de l'air et le dégagement de la vapeur d'eau.

Toutefois, si on le compare avec les fours employés dans le département, on voit qu'il offre de notables avantages. Un rapport favorable fut fait, en 1831, par la Société d'agriculture, sciences et arts d'Agen, sur le nouveau four.

Le jury accorde une citation favorable à M. Durand.

M. Faurie, rue de Clichy, 4 et 26.

M. Faurie. Cet exposant a envoyé un fourneau de cuisine bien établi, chauffant à la houille plusieurs vases, à l'aide d'un seul foyer.

Il mérite la citation que le jury lui accorde.

NOUVEAU PROCÉDÉ DE CHAUFFAGE APPLIQUÉ AUX SOUDURES.

MÉDAILLE D'OR.

M. Desbassayns de Richemont, faubourg Saint-Honoré, 83.

CHALUMEAUX A AIR ET HYDROGÈNE DITS AÉRHYDRIQUES, ET SOUDURES AUTOGÈNES.

M. Desbassayns de Richemont a imaginé, mis en pratique et perfectionné un très-intéressant appareil, à l'aide duquel l'hydrogène, produit par la réaction entre l'eau, l'acide sulfurique et le zinc, est poussé dans un tube flexible au bout duquel il rencontre l'air simultanément insufflé.

Les deux gaz, mêlés dans les proportions d'un volume du premier et deux du second, à l'aide de robinets, alimentent, au bout d'un troisième tube flexible, un jet de flamme ou dard de chalumeau.

Ce dard est devenu, entre les mains habiles de M. Desbassayns, un véritable *outil de feu :* dirigé sur le joint de deux lames en plomb, au point où le bout d'une lanière du même métal suit la pointe de la flamme, la fusion des trois parties est complète, mais tellement circonscrite, qu'elle se borne à établir la jonction, et que la consolidation s'opère en suivant de très-près la flamme qui s'éloigne.

Chacun a pu, en effet, voir, à l'exposition, les nombreuses soudures en plomb, sans aucun métal étranger, faites à des vases de toutes les formes, de toutes les épaisseurs ; on a pu admirer le travail de création si originale, établi dans les ateliers de la rue d'Astorg, où les plus difficiles problèmes, la plupart jusqu'alors impossibles même , de réunions entre des lames, tubes, serpentins et vases divers en plomb, sont devenus des ouvrages courants d'une exécution très-facile : toutes ces soudures sont aux mêmes prix que les anciennes soudures à l'étain.

Mais, pour une invention si remarquable, notre mission devait s'agrandir, et nous avons voulu suivre ses applications, dans des travaux plus considérables, réunissant tous les genres de difficultés et qui dussent, par leur nature même, profiter le plus évidemment de l'arme puissante offerte aux industries chimiques.

On comprend qu'il s'agissait de vérifier la possibilité, ainsi que les avantages du système dans la construction des grands vases en plomb de différentes épaisseurs, destinés à des fabrications où tout autre métal est moins bien approprié ou même inapplicable. Déjà, il y a près d'un an, l'occasion nous avait été offerte d'assister, chez MM. Buran et compagnie, à la confection d'un grand cristallisoir à borax , doublé de lames en plomb, de 8 millimètres d'épaisseur. Depuis lors, l'usage continuel de ce vase, d'une contenance de 15,000 litres, ainsi que l'emploi de plusieurs chaudières soudées de même dans cette usine, ont prouvé la bonne qualité et la résistance des soudures autogènes.

Nous savions que, dans la grande fabrique d'acide sulfurique de la Folie, près Nanterre, le nouveau système était définitivement adopté; que, dans la plus étendue de nos raffineries d'or et d'argent, MM. Saint-André, Poisat et compagnie, ayant employé le même moyen pour construire des bassins et chaudières en plomb, en avaient obtenu autant de succès; que les mêmes résultats avaient été obtenus dans les constructions de quatorze grands cristallisoirs, chez M. Delacrétaz.

Toutefois nous avons voulu nous rendre témoins d'une des épreuves les plus grandes et les plus décisives; il s'agissait, effectivement, des soudures à faire sous nos yeux, pour composer les parois de vastes chambres en plomb, dont une seule offrait une longueur de plus de 20 mètres.

Ce fut dans la belle fabrique de produits chimiques de MM. Arnould et Bertrand, à Saint-Denis, que cette construction eut lieu, et nous devons dire qu'elle mit bien mieux en évidence pour nous les avantages de l'application nouvelle.

Là nous avons vu, en effet, une énorme nappe de plomb réunie à l'aide des soudures autogènes, offrant une étendue de 22 mètres sur 6 mètres de largeur, descendue d'un seul morceau, puis solidement appliquée à l'aide d'agrafes réservées sur les tables elles-mêmes formant une des parois de la chambre.

Nous nous sommes assurés que, dans toutes les positions, les soudures, ou plutôt la réunion immédiate des tables, s'opéraient avec une extrême facilité, et une économie d'un tiers et parfois des 0,8 de tous les frais. Plusieurs autres avantages non moins importants sont par là, dès aujourd'hui, acquis irrévocablement à notre industrie.

C'est ainsi que toutes les soudures plus ou moins riches en étain, et plus ou moins altérables par les actions chimiques ou électrochimiques, ou encore par les effets des dilatations et contractions, sont pour toujours exclues des constructions dans diverses manufactures où elles nécessitaient des réparations fréquentes ;

Que, pour toujours aussi, les dangers imminents des incendies, par l'incurie des aides plombiers, les chances des vols de soudure et des tentations fâcheuses auxquelles les ouvriers cèdent parfois, disparaissent.

Les dangers d'un autre ordre, auxquels les plombiers sont exposés par les transports de métal en fusion, jusqu'aux parties supérieures des chambres en plomb, sont complétement annulés aussi, et la vie d'un ou plusieurs hommes ne peut plus être compromise par ces accidents qu'occasionnait la chute de la soudure fondue, ni par les asphyxies dues à la combustion du charbon dans des espaces clos ou mal ventilés.

Nous avons acquis encore la certitude de l'emploi facile du *dard de feu*, pour les soudures des vases en platine avec l'or ; de son application à souder le zinc avec du plomb allié seulement de 0,05 d'étain ; à braser le fer, la tôle, le cuivre rouge et le laiton.

On conçoit que ces brasures se peuvent actuellement faire et réparer très-rapprochées les unes des autres sans que la fusion s'étende aux plus voisines.

Une des plus curieuses dispositions imaginées par M. Desbassayns de Richemont, pour utiliser son procédé, consiste dans un fer à souder entretenu constamment chaud à la température utile, par une injection de gaz passant dans le manche de la poignée et lançant le dard enflammé sur le dos du fer.

Il en résulte que l'ouvrier, sans aucune perte de temps, sans avoir ni l'embarras ni la pénible occupation de remettre au feu et d'ôter plusieurs fers successivement, conserve à la main un outil léger, facile à manier, toujours prêt à servir.

La réunion immédiate du plomb permet encore de construire des serpentins à chauffage Taylor pour les applications où le plomb doit être exclusivement employé; de doubler même des tubes en fer ou en cuivre, de telle sorte que la ténacité de ceux-ci se réunisse à la moindre altérabilité du second.

On construira des vases en plomb doublés de bois dans lesquels l'acide sulfurique, l'eau de Javelle, etc., mis à l'abri des suites accidentelles par les chocs auxquels cédaient les bouteilles, n'occasionneront plus tant de graves accidents pendant leurs transports par roulage ou sur des vaisseaux.

On comprend, sans peine, combien, dans un très-grand nombre d'opérations des laboratoires, une température élevée, constante et presque instantanément obtenue pourra abréger le temps et faciliter les essais : le chalumeau aérhydrique produit tous ces résultats.

Dans les soudures les plus usuelles des plombiers, des fontainiers, il rendra de très-notables services en réalisant de grandes économies : pour en citer un exemple frappant, il nous suffira de dire qu'au lieu d'un lourd nœud de soudure enveloppant, à leur jonction, deux tubes de 8 à 9 centimètres, exigeant 4 kil. de plomb et étain qui coûtent

9 fr., on emploiera, pour la soudure autogène, seulement une valeur de 50 centimes de matière première.

Dans la crainte de fatiguer l'attention par une énumération plus longue, nous dirons, en terminant, que l'invention de M. Desbassayns de Richemont est de la plus haute importance, car elle s'applique à plusieurs industries et à un très-grand nombre de fabriques auxquelles elle rend des services signalés, que ses succès sont assurés par l'expérience faite, autant que par les engagements pris par plusieurs de nos meilleurs manufacturiers d'en faire usage pendant quinze années.

Le jury, pour récompenser dignement des efforts aussi heureux, décerne la médaille d'or à M. Desbassayns de Richemont.

———

CITATION FAVORABLE.

VEILLEUSES.

Fabrique de M. JEUNET, à Passy, dépôt rue et terrasse Vivienne, 2.

Ces veilleuses sont faites avec de l'argile plastique pétrie, puis moulée mécaniquement à l'aide d'un ingénieux appareil qui fixe et coupe les mèches, laissant une ouverture au centre de chaque disque de terre.

La matière première coûte 1 fr. les 100 kil. et 1 fr. de pétrissage.

Dans l'établissement on peut préparer plus de 60,000 veilleuses par jour, qui se vendent, en gros, 25 centimes le 100.

Des flotteurs destinés à maintenir les veilleuses sont livrés au prix de 27 centimes la douzaine.

Nous nous sommes assurés que ces veilleuses réalisent toutes les conditions désirables; leur pose très-facile et leur durée constante les distinguent. On remarque, dans la même fabrique, une machine commode pour débiter les allumettes en bois.

Le jury accorde à l'auteur une citation favorable.

DISTILLATION DES VINS.

MÉDAILLE D'OR.

C'est à plusieurs de nos compatriotes, mais surtout à M. Cellier-Blumenthal, que sont dus les perfectionnements de la distillation des vins; l'invention de la continuité dans cette opération.

On a remarqué, aux expositions précédentes, les appareils construits par M. Derosne qui ont généralisé l'emploi de ce système.

NON-EXPOSANT.

M. CELLIER-BLUMENTHAL, à Bruxelles.

Parmi les hommes dont les ingénieuses conceptions ont acquis une juste célébrité, dont les noms sont cités dans nos cours scientifiques, la France peut présenter, au monde industriel, Édouard Adam, bien digne, s'il eût vécu, de la plus haute récompense que nous puissions décerner, et M. Cellier-Blumenthal, auteur des deux plus importantes découvertes dans l'art de la distillation.

Ce fut à Paris qu'en 1813 M. Cellier-Blumenthal imagina son système de distillation continue, que de 1813 à 1818 il le mit en pratique et l'améliora, qu'en 1819 il obtint du jury central une médaille d'argent; alors ce procédé n'était pas encore sanctionné par une assez longue pratique.

Mais, depuis, les savants ainsi que les plus habiles manufacturiers de tous les pays ont universellement reconnu que l'appareil Cellier-Blumenthal est le seul rationnel; les jurys des expositions précédentes ont admis ce principe en récompensant, soit l'exécution, soit les perfectionnements les plus notables des appareils distillatoires; de récentes innovations en ce genre viennent aujourd'hui même rendre hommage à cette incontestable vérité, car elles s'appliquent au même système.

Le jury du département de la Seine s'est empressé d'inscrire au premier rang, sur sa liste, le nom Cellier-Blumenthal. Le jury central, voulant récompenser cet inventeur des services qu'il a rendus à la distillation des vins, lui décerne la médaille d'or.

-MÉDAILLE D'ARGENT.

NON-EXPOSANT.

M. LAUGIER, ingénieur-chimiste à la Chapelle-Saint-Denis.

Il a fait construire sur ses plans, chez plusieurs distillateurs, un appareil dont l'effet est continu pour l'écoulement du vin et intermittent pour la décharge des vinasses.

Cet appareil distillatoire offre une simplification heureuse des bons systèmes en usage; il donne, soit dans le premier jet, soit dans les rectifications, des liquides alcooliques, exempts, autant que possible, d'odeur désagréable; il n'exige enfin que les quantités de combustible indispensables en application manufacturière pour distiller l'alcool et porter toute la masse à la température utile.

Les dispositions imaginées par l'auteur sont donc bien entendues et de nature à perfectionner l'art important de la distillation des vins; elles sont adoptées dans plusieurs grandes distilleries de mélasses, dont les ateliers de préparation des moûts et de fermentation furent aussi méthodiquement construits sur ses dessins.

Le jury accorde à M. Laugier la médaille d'argent.

RAPPEL DE MENTION HONORABE.

M. ÉGROT, rue du Faubourg-Saint-Martin, 268.

Deux appareils distillatoires seulement ont été admis dans les salles de l'exposition, l'un de M. Egrot, habile chaudronnier de Paris, auquel le jury confirme la mention honorable obtenue en 1834.

CITATION FAVORABLE.

M. CALLAUD d'Angoulême.

Un autre appareil de M. Callaud d'Angoulême mérite d'être favorablement cité.

DISTILLATION DES EAUX AROMATIQUES ET HUILES ESSENTIELLES.

Les opérations qui ont pour but d'extraire des plantes les huiles essentielles odorantes pures ou dissoutes sous forme d'eaux aromatiques ont une importance notable surtout dans nos départements méridionaux, car c'est sous l'influence de la température douce ou élevée de ces contrées que se développent, en plus fortes proportions, les huiles essentielles dans les végétaux. Ces circonstances expliquent l'étendue considérable de plusieurs cultures qui alimentent l'industrie dont nous nous occupons.

MÉDAILLE DE BRONZE.

M. GISCLARD fils, à Albi (Tarn),

Fabricant d'essences d'anis, d'absinthe, de menthe poivrée, de genièvre et de girofle, obtint, en 1834, une mention honorable; depuis il a accru et perfectionné ses opérations.

Ses appareils peuvent suffire à une distillation journalière qui s'élève jusqu'à 4,250 kilog. Le commerce de l'anis a une telle importance pour les environs d'Albi, que les cultivateurs en ont vendu, cette année, pour une valeur de 800,000 fr.

Ces faits, constatés par le jury départemental et les données obtenues sur la qualité des produits de M. Gisclard, le rendent digne de la médaille de bronze que le jury lui décerne.

MM. Méro et Curault, à Grasse (Var).

Ces fabricants éclairés, ont fait parvenir au jury une notice statistique intéressante sur la production annuelle, la préparation, la qualité et les moyens d'essai des essences et des eaux aroma tique

Leurs appareils sont construits de façon à opérer la distillation dans plusieurs séries de vases à l'aide d'un seul générateur, et à produire, d'un seul coup, les effets de deux ou trois cohobations; sans doute, il reste quelques observations encore à faire, dans la vue d'obtenir les maxima de produits et l'arome le plus suave, le plus agréable ; ces messieurs ne peuvent manquer, en continuant leurs actives recherches, d'obtenir ces utiles résultats ; leur eau et liqueur de marasques a toute la suavité désirable.

MM. Méro et Curault emploient 25,000 kil. de fleurs d'oranger, dont les deux tiers viennent des jardins de Grasse et le surplus de l'Italie, 3,000 kil. de roses et 4 à 5,000 kil. de cerises marasques ; la plus grande partie des 120,000 kil. de menthe poivrée, qu'on récolte dans leur localité, d'une culture continuée ou alternée dans le même terrain, donne deux qualités différentes.

Ils ont construit une seconde distillerie à Saint-Laurent-du-Var, afin de recevoir plus directement et de travailler, avant qu'elle se soit altérée, la portion de fleurs d'oranger qu'ils font venir des jardins de Nice.

MM. Méro et Curault obtiennent annuellement 30000 litres d'eau de fleurs d'oranger et 16 kil. d'essences ou néroli ; ils préparent 3,000 litres d'eau de roses, et environ

500 gr. d'essence avec les roses des environs; 2,400 litres d'eau de marasques avec les cerises du pays; la quantité de menthe qu'ils distillent leur donne 150 kil. d'essence, dont la valeur est de 100 à 130 francs le kil.; ils ont abaissé les prix des produits de la menthe, du thym, et de la lavande en obtenant de plus fortes proportions de ces essences rectifiées que celles produites par les anciens appareils.

Le jury décerne à MM. Méro et Curault une médaille de bronze.

CITATIONS FAVORABLES.

MM. Gayrard et Lacrèze, d'Albi.

Ces exposants ont fondé, depuis trois ans, une fabrique où ils s'occupent principalement de la distillation de l'anis et de l'absinthe, et obtiennent environ 3,000 kil. d'essences par an.

Leurs produits, estimés dans le commerce, méritent d'être cités favorablement.

M. Faguer, rue de Richelieu, 93,

A exposé des teintures aromatiques de vanille, de benjoin et du Pérou, qu'il est parvenu à décolorer, en leur conservant leur odeur suave: ce résultat mérite d'être cité favorablement.

OMISSIONS.

Suite du rapport de M. Pouillet, omis page 51.

MACHINES A PAPIER.

MÉDAILLES D'OR.

M. CHAPELLE, à Paris, rue du Chemin-Vert, 3.

Pour fabriquer le papier à la main, il faut passer par une série d'opérations qui exigent de la part des ouvriers tant d'habileté, tant de justesse, et des soins si variés, qu'il a été bien permis de douter pendant longtemps qu'il fût possible de faire du papier avec des machines. Mais, depuis quelques années, le doute n'est plus permis ; la mécanique a triomphé de toutes les difficultés, et la réforme est maintenant accomplie, car il n'y a pas un seul pays de l'Europe où de grandes et belles machines, semblables à celles que nous avons vues à l'exposition, ne fassent une très-redoutable concurrence à la plupart des papiers qui se fabriquent à la main. M. Chapelle est, parmi nos habiles mécaniciens, celui qui a peut-être le plus contribué à cette complète réforme dans la papeterie, soit par le nombre des machines qui sont sorties de ses ateliers depuis quatre ou cinq ans, soit par l'importance des perfectionnements qu'il a su y introduire. Exclusivement livré à ce genre de fabrication, il y a acquis une incontestable supériorité.

Le jury décerne à M. Chapelle une médaille d'or.

M. Koechlin (André), à Mulhouse (Haut-Rhin).

M. André Koechlin ayant obtenu une nouvelle médaille d'or pour l'ensemble des produits qui sortent de ses ateliers, nous ne rappelons ici la machine à papier qu'il a présentée à l'exposition que pour assigner à cette machine le rang très-distingué qu'elle mérite pour sa bonne construction.

MÉDAILLES D'ARGENT.

MM. Sangfort et Varral, à Paris.

L'établissement de MM. Sangfort et Varral compte déjà plusieurs années de succès : ils se livrent presque exclusivement à la fabrication des machines à papier, cylindres, presses, roues hydrauliques, et tout ce qui tient à la papeterie ; on doit à ces messieurs plusieurs modifications intéressantes ; ils fournissent annuellement, en France et à l'étranger, un assez grand nombre de machines à papier d'une très-bonne construction.

Le jury décerne à MM. Sangford et Varral une médaille d'argent.

M. Durieux, à Belleville, rue des Moulins, 16.

M. Durieux présente, à l'exposition, des formes et des papiers fabriqués à la main, portant des filigranes d'un caractère particulier dont il est l'inventeur. Les filigranes clairs, qui marquent la feuille au moment où elle se fait ;

sont depuis longtemps employés par les fabricants, soit pour distinguer dans le même établissement les papiers de différentes espèces, soit pour distinguer les établissements eux-mêmes les uns des autres. On a voulu aussi quelquefois en faire usage pour donner au papier une sorte de timbre originel qui en empêche la contrefaçon ; mais c'est un moyen de sûreté peu efficace, tant il est facile d'établir sur une forme les filigranes clairs les plus précis ou les plus compliqués. Les nouveaux filigranes de M. Durieux sont d'une tout autre nature : il en a en lettres simplement opaques, en lettres opaques et ombrées ; enfin il en a qui représentent des figures ou des bas-reliefs parfaitement modelés, des paysages, des monuments, etc., etc. On ne peut pas dire sans doute que ces filigranes, si habilement exécutés, soient tout à fait inimitables, et qu'ils présentent des garanties certaines ; mais, du moins, la contrefaçon en est rendue à la fois dispendieuse et difficile. Cette nouvelle invention de M. Durieux mérite donc beaucoup d'intérêt, et le jury lui décerne une médaille d'argent.

CARDES.

RAPPEL DE MÉDAILLE D'ARGENT.

M. MALMAZET, à Lille (Nord).

Le jury se plaît à reconnaître que M. Malmazet s'est rendu de plus en plus digne de la médaille d'argent qui lui fut décernée à l'exposition de 1834 pour ses cardes de toute espèce, et il en fait le rappel en sa faveur.

TABLE DES MATIÈRES.

TROISIÈME COMMISSION.

MACHINES ET USTENSILES AGRICOLES.

PREMIÈRE SECTION.

§ 1er. Machines à élever l'eau.................................... 5
§ 2. Soufflets 15
§ 3. Garde-robes hydrauliques................................ 16
§ 4. Appareils de filtrage..................................... 19
§ 5. Outils de sondage.. 21
§ 6. Sur la machine à broyer les bois de teinture............. 24
§ 7. Lampe de sûreté nouvelle................................ 26

SECTION II.

Machine pour fabriquer les tissus, fabrique à tisser, peignes,
cardes... 39

SECTION III.

Grands mécanismes.. 51

SECTION IV.

Machines et mécanismes employés pour les constructions navales, hydrauliques et civiles....................... 78
§ 1er. Constructions navales........................ 81
§ 2. Constructions et machines hydrauliques.............. 90
§ 3. Barrages des rivières........................ 91
§ 4. Constructions civiles........................ 95
§ 5. Chemins de fer et routes ordinaires................. 99

SECTION V.

§ 1er. Outils, machines-outils, petits mécanismes........... 104
§ 2. Outils.............................. 124
§ 3. Carrosserie........................... 146
§ 4. Serrurerie............................ 154
§ 5. Serrurerie de précision..................... 161

SECTION VI.

INSTRUMENTS ARATOIRES.

§ 1er. Établissements ou ateliers de construction, d'instruments aratoires et charrues, extirpateurs, herses, etc............. 169
§ 2. Des semoirs........................... 184
§ 3. Des faux et faucilles...................... 186
§ 4. Des machines à battre...................... 192
§ 5. Des tarares, moulins-cribleurs, greniers mobiles et appareils de conservation des grains.................. 195
§ 6. Moulins, machines à broyer, écraser, pulvériser, couper, etc. 201
§ 7. Pressoirs, machines à exprimer le jus, les huiles, etc.... 205
§ 8. Industrie séricicole....................... 207
§ 9. Ruches d'abeilles........................ 210

SECTION VII.

INDUSTRIES AGRICOLES.

Féculeries, amidonneries, distillation des vins, des essences et des eaux aromatiques, clarification des vins, bluteries, farines, pétrins mécaniques, machines à fabriquer les pâtes......... 211

§ 1er. Féculeries.................................... 212

§ 2. Pétrins mécaniques............................. 218

§ 3. Presses à vermicelles, pâtes d'Italie et panification....... 220

§ 4. Clarification des vins........................... 222

QUATRIÈME COMMISSION.

DES INSTRUMENTS DE PRÉCISION ET DES INSTRUMENTS DE MUSIQUE.

PREMIÈRE SECTION.

Horlogerie.. 224

§ 1er. Horlogerie de précision...................... 226

§ 2. Pendules.................................... 232

§ 3 Horloges publiques.......................... 239

§ 4. Horlogerie de fabrique....................... 244

SECTION II.

§ 1er. Dynamomètres, grandes balances et mesures de capacité. 249

§ 2. Balances de précision et instruments de physique divers.. 258

§ 3. Baromètres, thermomètres, instruments divisés sur verre, aréomètres................................... 264

§ 4. Optique.................................., 268
§ 5. Instruments divisés............................ 278
§ 6. Globes terrestres et célestes, machines planétaires....... 287

SECTION III.

Éclairage.................................... 289
Première catégorie. — Éclairage public spécial............... 293
Deuxième catégorie. — Éclairage domestique............... 296

SECTION IV.

Arquebuserie.................................... 312

SECTION V.

Instruments de musique........................... 327
§ 1er. Instruments à cordes......................... 330
§ 2. Instruments à cordes et à archet...................... 348
§ 3. Instruments à vent.......................... 355
§ 4. Instruments à vent en cuivre...................... 359
§ 5. Instruments acoustiques........................ 372
§ 6. Cordes d'instruments de musique................... 373
§ 7. Cloches, timbres............................ 375
§ 8. Boîtes à musique............................ ib.
§ 9. Appareils d'acoustique......................... 376

CINQUIÈME COMMISSION.

PREMIÈRE SECTION.

Chimie...................................... 377

§ 1er. Acides, alcalis, sels et autres produits chimiques........ 378
§ 2. Préparation et conservation des substances alimentaires.. 402
§ 3. Savons............................ 417
§ 4. Colles.................................... 423
§ 5. Cires à cacheter........ 427
§ 6. Pains à cacheter............................... 430

SECTION II.

Sucres et fabrication des couleurs, vernis, etc.

§ 1er. Sucres.................................... 433
§ 2. Couleurs, vernis, peinture, encre d'imprimerie, cirage... 448

SECTION III.

Éclairage.................................... 471

FIN DE LA TABLE DU DEUXIÈME VOLUME.